生态农业系统动力学
——管理策略的生成与仿真

王翠霞　著

科学出版社
北京

内 容 简 介

本书基于作者所主持的两项国家自然科学基金项目和一项江西省教育厅科技项目的研究成果撰写而成，全面展示了系统动力学模型理论与方法在生态农业系统管理策略生成、效果仿真评价、优化研究中的规范化应用，这一研究范式可推广到其他社会、经济、环境系统问题的关系、过程和机制的分析以及管理策略的研究。

本书可供高等院校管理科学与工程、工商管理、公共管理、农业经济管理等专业的本科生、研究生参考，也可供相关领域的科研人员和教师参考。

图书在版编目(CIP)数据

生态农业系统动力学：管理策略的生成与仿真/王翠霞著. —北京：科学出版社，2020.9

ISBN 978-7-03-063896-0

Ⅰ.①生… Ⅱ.①王… Ⅲ.①生态农业系统-系统动力学-研究 Ⅳ.①S181.6

中国版本图书馆 CIP 数据核字(2019) 第 289017 号

责任编辑：王丽平 孙翠勤／责任校对：彭珍珍
责任印制：吴兆东／封面设计：陈 敬

科学出版社 出版
北京东黄城根北街 16 号
邮政编码：100717
http://www.sciencep.com

北京九州迅驰传媒文化有限公司 印刷

科学出版社发行 各地新华书店经销

*

2020 年 9 月第 一 版 开本：720 × 1000 1/16
2020 年 9 月第一次印刷 印张：16 1/4
字数：320 000

定价：118.00 元

(如有印装质量问题，我社负责调换)

前　言

生态农业是现代农业的发展方向，种养结合将养种业和养殖业紧密衔接，是我国目前广泛存在的生态农业模式。该模式有效和持续运行的关键是系统内能流、物流的畅通和物质的循环利用；具体途径多以农业废弃物沼气工程为纽带，连接养殖、养种、农村生产生活用能，将畜禽养殖产生的粪污作为养种业的肥源，养种业为养殖业提供饲料，并消纳养殖业废弃物，通过养种平衡实现污染物的零排放。

随着规模养殖的发展，为了使种养业无缝衔接，根据养殖废弃物就地消纳的要求，结合规模养殖区域养种业的特点，我国当前的养种循环生态农业模式主要有以养殖大户为主体的家庭农场小循环模式，以规模养殖企业、农业合作社为主体的区域中循环模式，以及 2014 年后逐渐形成的以养种废弃物第三方集中处理为核心，衔接“种养业—清洁能源—生态”的区域大循环生态农业模式。

三种循环生态农业模式的基本目标均为养种平衡，从而实现污染物的零排放。然而在现行家庭联产承包责任制下，规模养殖主体自有土地有限，需与区域内众多中小养种主体有效衔接，通过区域化的养种循环生产，消除养殖废弃物污染和养种业化肥污染，生产绿色能源和生态农产品；通过销售环节的规模化，促进养、种主体共同增收。因此，当前规模化发展的生态循环农业系统不仅包含由养殖、养种、废弃物资源化处理构成的生态农业规模化生产子系统，还包含生态农产品和清洁能源组成的生态农业供给子系统，以及生态农产品需求与生态农业主体增收子系统。各子系统内部诸要素之间以及子系统之间相互作用，形成一个动态反馈的复杂系统。

动态复杂系统中的决策是一系列决策，这一系列决策制定应遵循一定的规律和原则，系统动力学中称此规则为系统的政策 (即管理策略)。复杂系统中一项政策实施后，通常会出现反直观的后果。因此系统管理策略的生成、实施效应的预测评价问题，是生态农业系统有效运行和可持续发展的重要问题之一。

系统动力学 (System Dynamics, SD) 是模拟分析复杂性动态行为、进行系统管理策略分析和动态调整优化研究的有效方法。在系统动力学产生后的 60 余年里，其反馈仿真分析方法被广泛应用于社会经济、生态能源、环境、供应链等领域管理决策问题的研究，被誉为社会、经济、生态等复杂大系统的“战略与决策实验室”。

本书作者自 2005 年始，致力于生态循环农业的管理问题研究，在国家自然科学基金项目的支持下，以江西养种循环生态农业为例，依托研究基地，将系统动力学反馈结构分析与动态仿真理论方法应用于养种废弃物生物质资源利用、生态农业规模化经营等问题的研究，为生态农业发展提供了有效的动态管理策略，同时也为系统动力学反馈结构分析与动态仿真提供了创新方法。

基于作者的系列研究成果，全书根据研究内容划分成五个部分，共 15 章，全面展示了系统动力学模型理论与方法在三种循环生态农业模式管理策略生成、效果评价，以及策略优化研究中的规范化应用。

第一部分　导论

第 1 章解释了我国生态农业系统循环模式及发展不同阶段的管理问题；第 2 章概述了系统动力学基本概念与模型方法、模型建立与政策仿真的过程，以及系统动力学反馈结构分析的工具和技术：因果回路图、流图与系统仿真方程的建立规则。

第二部分　规模养殖户小规模养种循环生态农业系统管理策略研究

2005 年前后广泛存在的规模养殖户以消除养殖污染为目标的小规模养种循环生态农业，在沼气、沼肥等养殖废弃物生物质资源的循环利用过程中存在系列管理问题。制定复杂系统管理策略，首先需要明确其内在的反馈结构。本书作者在对规模养殖户小规模养种循环生态农业管理策略的研究中，提出的关键变量顶点赋权因果关系图分析法，是分析系统反馈结构及其动态变化的有效方法。

第 3 章给出了关键变量顶点赋权因果关系图的定义，介绍了建立关键变量顶点赋权因果关系图分析法的动机，以及该方法用于反馈结构分析制定系统管理策略的基本步骤；之后以泰华生猪规模养殖场小规模生态农业系统为例，演示了关键变量顶点赋权因果关系图分析方法应用的全过程，提出了五条保障规模养殖户小规模养种循环生态农业系统可持续发展的管理策略。第 4 章首先阐述了南昌大学贾仁安教授 1998 年建立的系统动力学流率基本入树的概念，以及本书作者在 2008 年对此概念进行拓展，定义的新流率基本入树概念；然后，以泰华规模生猪养殖生态农业系统为例，采用流率基本入树建模方法构建了规模养殖户小规模养种循环生态农业系统流图模型，建立了系统仿真方程，并基于此进行策略仿真研究。在这部分研究中，作者提出了主导反馈基模仿真分析法，利用该方法对所提出的规模养殖户小规模养种循环生态农业系统管理策略实施仿真分析，评价策略实施效果，进一步改进优化策略，针对系统实际现状提出具体对策方案。第 5 章介绍了规模养殖户小规模养种循环生态农业系统管理策略在泰华养殖区域内的实施情况及效果，并通过系统分析广大中小规模生猪养殖户发展的上限制约，以及农户专业合作经济组织对消除养殖户发展制约作用，研究构建了基于农户生猪养殖专业合作经济组织的管理对策，并在辐射区域内建立了推广体系。

这一部分全面展示了一个应用系统动力学模型方法进行生态农业系统管理策略研究的范式，即“关键变量顶点赋权图分析法生成系统管理策略 → 系统动力学参数调控政策仿真分析评价策略实施效果，提出具体对策方案 → 对策方案实施 → 推广体系构建”。这一研究范式可推广到其他社会、经济、环境系统问题管理策略的研究。

第三部分　生态农业区域规模化经营的系统管理策略研究

规模农业模式包含土地集中型规模农业与合作经营型适度规模农业。土地集中型规模农业，指通过连片土地的集中，扩大农业经营主体的耕地规模，其对于提升农业生产效率的优势明显；合作经营型规模农业是指分散经营的小规模农户，在不改变各自土地占用规模的条件下，实行一定的产前、产中和产后联合，从而实现经营规模的扩大。我国当前以农户家庭经营为主体的经济格局，决定了我国养种循环生态农业的规模化发展模式应该以养殖企业与区域内农户养种结合的农业区域规模化合作经营模式为主。

农业区域规模化经营涉及规模养殖、养种、废弃物处理沼气工程、初级农产品生产销售、市场及养种主体增收等子系统，在现行耕地制度下，建立企业与农户紧密合作的利益统一体，实现生产、销售各环节的规模化，这是一个动态的复杂的过程。

本部分采用系统动力学反馈结构分析方法，探索建立生态农业区域规模化经营管理策略，通过动态仿真研究模拟规模化经营管理和协调策略对农业区域规模化经营动态过程的影响，检验、修正管理和协调策略。

第 6 章系统分析了我国循环生态农业区域规模化经营存在的现实问题，综述研究现状，提炼出本部分的研究目标。第 7 章建立了系统发展对策生成的子系统流位反馈环结构分析法，并将此方法应用于研究基地江西省萍乡市银河杜仲规模养殖区域生态农业规模化经营的管理策略生成研究，通过区域合作规模化经营生态农业系统的反馈结构分析，结合社会经济系统整体策略生成原则，提出具有针对性的生态农业区域规模化经营管理策略。第 8 章详细介绍了生态农业区域规模化经营策略仿真模型的建立过程；模型建好后，建模者以及模型的应用者常常都很想知道：这个模型对不对？能不能相信模型对系统未来模拟的结果？这就是模型的有效性检验问题。系统动力学模型的检验应该包括两个方面：模型结构检验和模型行为检验。第 9 章阐述了系统动力学模型检验的含义，概括性介绍了系统动力学几种常用直接结构检验方法和针对系统结构的行为检验方法。第 10 章首先对银河杜仲生态农业规模化经营系统动力学模型进行了现实性检验、极端情况检验，之后通过政策参数调控，对第 7 章研究提出的“扩大生态农业系统养种业生产规模、提高生态农业技术水平、完善绿色生态农产品市场”三项生态农业规模化区域合作规模化经营策略进行政策实验，模拟分析各项政策对生态农业养殖规模、农地环境及主体收益的作用，并提出针对性的具体对策措施；第 11 章是生态农业规模化区域合作规模化经营管理策略在银河杜仲生态农业规模化经营区域的实施情况及效果介绍。

第四部分　农业废弃物第三方集中资源化管理策略研究

本部分是作者近三年的研究成果。2016 年 10 月农业部等六部委印发《关于推进农业废弃物资源化利用试点的方案》，提出探索市场主导、政府扶持、鼓励和引导企业参与农业废弃物资源化利用模式的总体思路。同年 12 月环境保护部会同农业部、住房和城乡建设部印发了《培育发展农业面源污染治理、农村污水垃圾处理市场主体方案》，提出创新畜禽养殖等农业废弃物治理模式，在完善特许经营、政府购买等配套措施基础上，采取养殖废弃物第三方治理、按量补贴的方式吸引市场主体参与，即通过政府和社会资本合作 (Public-Private-Partnersh, PPP) 模式吸引社会主体参与养种循环生态农业的建设与运营。

本部分对农业废弃物第三方治理沼气工程终端产品和发酵原料的政府补贴政策进行系统动力学仿真研究，分析优化补贴方案，为制定高效率的农业废弃物第三方治理政府补贴政策提供理论依据。江西新余市罗坊沼气站，是采用“政府引导、企业主导、市场运作”的 PPP 运营投资模式，由江西正合环保工程有限公司投资、建设和运营的农业废弃物第三方集中资源化模式。该公司以此沼气站为核心和枢纽，整合罗坊镇上游 N 家养殖企业和下游 N 家养种企业，以农业废弃物资源化利用和有机肥生产为核心建成农业废弃物资源化利用中心和有机肥处理中心，打造了一条“N2N”的“三位一体”循环生态农业模式。

第 12 章采用流率基本入树建模法分子系统建立了农业废弃物第三方集中资源化模式的系统动力学模型；第 13 章首先对第 12 章建立的模型进行有效性检验，之后以江西新余市罗坊沼气站农业废弃物第三方集中资源化模式为例，实施政策仿真实验。

第 13 章在政府补贴政策效果仿真研究中，建立了政策参数取值参考区间确定方法，参考试凑法的基本思路，尝试在参考区间选择参数初始值，设置初始补贴方案；然后结合参数调控仿真实验，逐步调整改进补贴参数，搜索优化最优参数，提高政策参数优化的效率。

第五部分　“新零售”时代生态农业的增长上限及研究展望

近年来，在国家农业供给侧结构性改革政策和市场需求双重因素的驱动下，我国生态农业规模化发展取得了长足的进步，生态农产品供给与需求的总量矛盾不再明显。突出的矛盾转变为农产品生产的结构性过剩，以及销售与运输不畅等流通领域的问题。

互联网、移动互联网时代的到来，生鲜电商、新零售等的迅猛发展，为生态农业带来了巨大的发展机遇。新零售是一种以消费者体验为中心的数据驱动的泛零售形态。2016 年 10 月，马云在阿里云栖大会上提出 “线上 + 线下 + 物流” 深度融合的 “新零售” 理念，受到社会各界的广泛关注。新零售商业模式的崛起，为生态农业带来了巨大的发展机遇。阿里、京东、苏宁等电商巨头在农业领域的介入，使得生态农业发展进入全产业链融合发展时期。

第 14 章通过分析绿色生态农产品 “卖难买难” 表象下生态农业发展的新上限，回顾农产品流通渠道演化实践及已有的理论研究，分析上限的原因，介绍新零售商业模式的变革及其为生态农业发展带来的机遇。

第 15 章通过对已有理论与实践研究分析，提炼出 “新零售” 时代的生态农业管理以及系统动力学方法有待进一步研究的问题。作者于 2019 年 8 月获批的国家自然科学基金项目 “新零售趋势下生态农产品产业链反馈结构优化与动态协同研究”(编号：71961009) 计划对这些问题展开研究。

本书获得国家自然科学基金项目 “农村规模养殖区域生物质能产业开发反馈理论和仿真研究”(编号：70961001)、“生态农业区域规模化经营模式反馈分析与动态仿真理论应用研究”(编号：71461010)、江西省教育厅科技项目 “农业废弃物第三方集中处理补贴政策的 SD 仿真优化研究” (编号：GJJ170337) 的支持；感谢江西财经大学信息管理学院对本书出版的资助。

衷心感谢我的博士生导师南昌大学贾仁安教授，2005~2008 年这三年的博士课程的学习，开启了我对于生态农业系统管理领域的研究生涯。贾老师对农村、农民诚挚的情感，对系统动力学理论创新研究的执着，感动和感染了我，同时也使我领悟了科学研究的艰辛、意义和快乐。十余年里，我一直谨遵导师贾仁安教授管理科学研究当 “顶天立地” 的教诲，直面养种循环生态农业发展现实问题的动态演化，从中提炼出科学问题。2010~2013 年，针对江西农村广泛出现且逐年加剧的生猪规模养殖二次污染问题，对我国南方农区规模养殖区域养殖粪污生物质能开发、污染治理问题展开了研究，探索种养循环的生态农业模式；2014~2018 年，面对我国畜禽养殖业规模化的迅猛发展，传统的种养平衡模式被打破，养种循环需在一个更大的区域范围内进行的发展趋势，开始了在以农户家庭经营为主体的经济格局中，养殖企业与区域内农户养种结合的农业区域规模化经营模式的研究；2017 年，针对国家和各地政府正在探索的特许经营、投资补助及财政补贴方式推行的农业废弃物第三方治理 PPP 模式，研究了政府对该模式各项补贴政策效率问题。本书就是根据以上研究成果撰写而成的。

感谢项目研究基地萍乡泰华猪场的彭玉权先生、银河杜仲的经理张理康、江西正合新余罗坊沼气站的负责人万里平总经理，他们为我的研究提供了大量的实际数据资料，感谢江西省农业厅农村能源工作办公室的周国珍、黄振侠同志，感谢萍乡市湘东区农业局的同志，感谢广大的农民朋友。

感谢 MIT 的 Jay W. Forrester 教授和他所创立的系统动力学，感谢复旦大学王其藩教授对我提出的“关键变量顶点赋权因果关系图分析法”的创新性给予的肯定。至今仍清楚记得 2008 年 6 月那个阳光灿烂的上午，王老师在我博士学位论文答辩会上的点评：关键变量顶点赋权因果关系图分析法将图论的赋权思想引入因果反馈结构分析，做到了定性与定量的有效结合，创新性突出。

最后要感谢丁雄——我的丈夫，也是我最好的朋友，研究中的好伙伴，他的支持、他的想法和对一些重要问题的感知帮助我顺利地完成了本书。

王翠霞

2019 年 6 月

目　　录

第五部分 "新零售"时代生态农业的增长上限及研究展望

第一部分　导　　论

生态系统循环模式是我国农村规模养殖区域广泛存在的生态农业模式，“适度规模的养种循环家庭农场”式的小规模养种循环、“规模养殖企业 + 合作社 + 农户连片种植特色农产品”和“规模养殖户 + 规模种植户”的生态农业区域规模化经营、以农业废弃物第三方集中资源化为核心，衔接“种养业–清洁能源–生态”的区域大规模种养循环是我国当前最广泛存在的循环生态农业模式。

生态农业的种养循环、区域规模化经营，涉及规模养殖、种植、废弃物处理沼气工程、初级农产品生产销售、市场及养种主体增收等子系统，在现行耕地制度下，建立企业与农户紧密合作的利益统一体，实现生产、销售各环节的规模化，这是一个动态的复杂的过程。

系统动力学反馈结构分析理论和动态仿真技术是分析动态复杂性行为的有效方法。在系统动力学产生后的 50 余年里，其反馈仿真分析方法被广泛应用于项目管理、生产管理、公共管理、供应链管理，资源环境管理等领域，被誉为社会、经济、生态等复杂大系统“战略与决策实验室”。

本部分为全书的导论，系统回顾了生态农业的发展历程，阐述了我国生态农业系统的循环模式及发展不同阶段的增长上限问题；概述了系统动力学模型的基本概念、观点及模型建立与政策仿真的过程；介绍了系统动力学反馈结构分析的工具和技术，以及因果回路图、流图与系统仿真方程的建立规则。

第1章 生态农业系统循环模式及其管理问题

1.1 生态农业系统循环模式

生态农业实践于 20 世纪初最早兴起于欧洲，20 世纪 30 年代在瑞士、英国、日本得到发展，20 世纪 60 年代欧洲的一些农场尝试实施生态耕作。20 世纪中期，许多发展中国家在经济发展的同时面临较大的生态环境压力，开始积极寻求与实践生态农业发展模式：菲律宾的玛雅农场通常被认为是生态农业的一个典范；泰国农业由政府和民间机构协助，实践各种生态农业模式。各类生态农场因地制宜，充分利用区域内物种间小循环，实行农业生态模式。

美国土壤学家 W. Albreche 于 1970 年首次提出生态农业的理论概念，1981 年英国农业学家 M. Worthing 将其定义为"生态上能自我维持，低输入，经济上有生命力，在环境、伦理和审美方面可接受的小型农业"。1990 年之后生态农业在世界各地均有了较大发展，走生态农业的可持续发展之路已成为世界各国农业生产的共识。

欧美国家倡导的生态农业是针对以往石油农业提出的一种新型农业类型，其出发点是追求小型封闭式农业系统自我循环的合理性。针对石油农业带来的一系列问题，以小型农场为主推广生态农业，宁可牺牲生产效率而获得环境的保护与食品的安全，企业效益主要通过政府的价格补贴与保护而维持。因此，欧美国家的生态农业以小规模经营为主，政府主要以补贴诱导和进行政策鼓励，很少执行强制化的规定。

我国从 20 世纪 70 年代末 80 年代初开始建设生态农业。马世骏院士在 1981 年的农业生态工程学术讨论会上提出了"整体、协调、循环、再生"的生态工程建设原理，此次全国农业生态工程学术讨论会上提出生态农业是农业生态工程的简称。1991 年 5 月，马世骏拟订了中国生态农业的基本概念：生态农业是因地制宜应用生物共生和物质再循环原理及现代科学技术，结合系统工程方法而设计的综合农业生产体系。这一概念的核心部分被写进农业部颁布的生态农业建设区建设技术规范，成为全国开展生态农业建设的行为规范。从这一概念可以看出，我国生态农业的概念和定位与 M. Worthing 的原初定义相近，生态农业被视作一种自我循环的小型农业，或者一种生态工程，被圈定在一个小的界限范围内，通过小范围小规模的畜牧业、施用农家肥、实行作物轮作等途径，实现系统内部的自我维持、自我循环。

自 20 世纪 90 年代开始大力推进生态农业建设，经过二十多年科研工作者和广大农技人员对生态农业的研究与实践以及政府部门的大力倡导，我国在生态农业领域取得了较大发展，在不同区域进行了试点示范，因地制宜地建立了一批示范样板，取得了显著的生态、经济和社会效益。然而，我国生态农业的发展从一开始就面临着两大问题：一是人多地少的资源状况如何满足食品消费需求和农民增收的发展需求，二是如何遏制农村环境恶化趋势。在我国生态农业的实践中，受制于当前土地制度的安排，生态农业多是以家庭为基础的小规模方式，生态农业通常被视作一种自我循环的小型农业系统，或者一种生态工程，而被圈定在一个小的界限范围内，通过小范围小规模的畜牧业、施用农家肥、实行作物轮作等途径，实现系统内部的自我维持、自我循环。曾作为典型模式推广的有：① “四位一体” 能源生态农业的北方模式，就是在百余平方米的塑料太阳温室旁，建一个约 $8m^3$ 的地下式沼气池，地面修建一个 $20m^2$ 左右的圈舍，构建一个相对简单封闭的生态能源系统；② “猪–沼–果/蔬/粮食/经济作物” 能源生态农业的南方模式，基本内容就是每家建设沼气池，再饲养几头猪，沼气作为生活用能源，农作物施用沼肥；③ “五配套” 能源生态农业的西北模式，以发展农户房前屋后的园地为重点，每户建设沼气池、果园、暖圈、蓄水窖和圈舍，以沼气利用为纽带，配套发展，形成 “牧 (畜)–沼–果–牧 (畜)” 的农村庭院式循环体系。所有这些自我循环的小型农业系统定位下的生态农业，是以通过物质循环和能量多级利用的小规模的养种循环为核心，“小而全” 的传统生态农业模式劳动力成本高、管理标准化水平低，缺乏市场化的引导、规模经营、专业化生产和品牌化推广，经济效益低下，束缚了生态农业在生态效益和社会效益上的发挥。不少地方的生态农业建设陷入了不能很好地适应现代农业产业化、专业化和规模化发展需要的困境，生态农业建设面临着挑战。以沼气为纽带的 “养殖–沼–种植” 种养结合模式是我国当前主要循环农业模式。经多年的探索，形成了一些适宜不同地域特征的典型种养循环生态农业模式，如北方的 “四位一体” 生态农业模式，西北的 “五配套” 生态农业模式，南方的 “猪–沼–作物” 生态模式、生态庭院模式、丘陵山区 “猪–沼–果 (茶)” 等生态农业模式；以沼气为纽带的健康养殖模式、综合生态水产品养殖模式、农业废弃物加工综合利用模式等等。21 世纪我国开始转向大规模生态建设和大规模经济建设同步进行与协调发展的历史时期。适度规模化经营的生态农业是我国现代农业的发展方向。

生态农业是以物质循环和能量多级利用的养种循环为核心的养种循环生态农业模式，是当前我国尤其是南方农区畜禽养殖污染控制主要采取的方式。当前养种循环生态农业模式，通常是以规模养殖户为主体，在自有或租种的零散、有限的农地上进行的半封闭式简单的小规模养种循环，难以形成集约经营，取得规模效益；而且由于种植技术含量不高，废弃物资源化水平较低，养殖规模扩大后，仍有大量剩余沼气、沼液，重新引起二次污染，严重危害农业生态环境，也制约着规模养殖自身的发展。因此，要保障规模养殖的健康持续发展，促进农民增收，需要在更大的范围内组织养种循环生态农业规模化生产。

江西地处长江中下游南岸，是我国南方地区的重要农业省份。粮食种植、生猪养殖是江西农业的两大传统支柱产业。全省生猪规模化养殖比例达到 87%，产值超过粮食产值，成为农村经济的重要支柱产业和农民增收的重要来源，“猪–沼–作物 (水稻/果/蔬/棉/猪青饲料)” 的养种循环生态农业模式在江西各地广泛应用。

1.2 生态农业系统动态复杂性

“整体、协调、循环、再生” 是我国生态农业的基本原则。养种循环生态农业模式，是当前我国尤其是南方农区畜禽养殖污染控制采取的主要方式。养种平衡，从而实现污染物的零排放是我国南方农区生态农业模式的基本特征。在农村规模养殖区域内，以规模养殖企业 (或规模养殖户) 为核心主体，以综合开发利用沼气能源、沼肥和粪肥资源为主线，规模养殖主体通过开垦荒山地或通过土地流转，逐步扩大土地规模，同时通过与区域内众多种植农户合作，将大量分散的农地纳入养种循环的规模化生产范围，带动农户因地制宜地发展特色作物规模有机种植；通过区域化的养种循环生产，消除养殖废弃物污染和种植业化肥污染，生产绿色能源和绿色农产品；通过销售环节的规模化，促进养殖主体和区域内农户共同增收。

随着以规模养殖户为主体的农村养殖业规模化迅猛发展，生态农业的规模化经营需考虑有效组织与规模养殖相匹配的规模化种植。在现行家庭联产承包责任制下，规模养殖主体自有土地有限，养殖业和种植业之间关系断裂。规模养殖主体通过开垦自有荒山地或通过区域内土地流转，将大量分散的农地纳入养种循环的规模化生产范围，通过区域化的养种循环生产，消除养殖废弃物污染和种植业化肥污染，生产绿色能源和生态农产品；通过销售环节的规模化，促进养、种主体共同增收。因此，生态农业规模化系统不仅包含由养殖、种植、废弃物资源化处理构成的生态农业规模化生产子系统，还包含生态农产品和清洁能源组成的生态农业供给子系统，以及生态农产品需求与生态农业主体增收子系统。各子系统内部诸要素之间以及子系统之间相互作用，形成一个动态反馈的复杂系统 (图 1-1)。

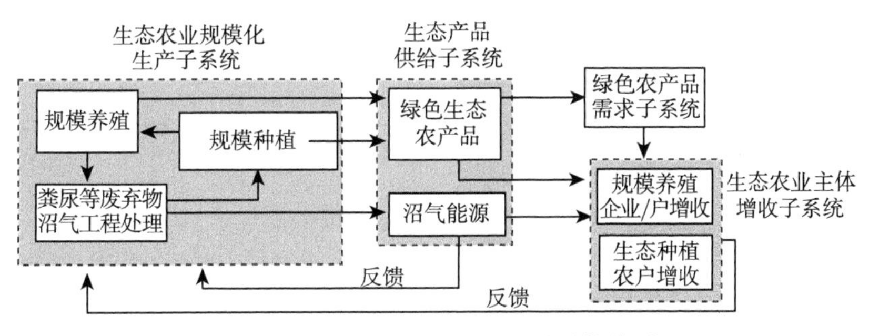

图 1-1 养种循环生态农业反馈结构体系

图 1-1 显示，生态农业系统由一定区域内不同生态经济单元：规模养殖系统、种植系统、农村生产生活能源系统、绿色农产品供给与需求子系统、养种主体增收子系统等相互耦合而成，是有人参与的非线性复杂系统。系统内各子系统以及系统各要素间围绕生物质能的循环利用形成物质流、能量流。系统之外的饲料供给、蔬菜粮食等农产品销售、畜禽产品销售、薪柴等传统燃料取得的成本、化肥和燃煤等化石能源的供给情况，以及农村劳动力状况等环境因素又通过相关的子系统共同影响着系统物质和能量的流动，使之不断处于动态变化之中 (图 1-2)。

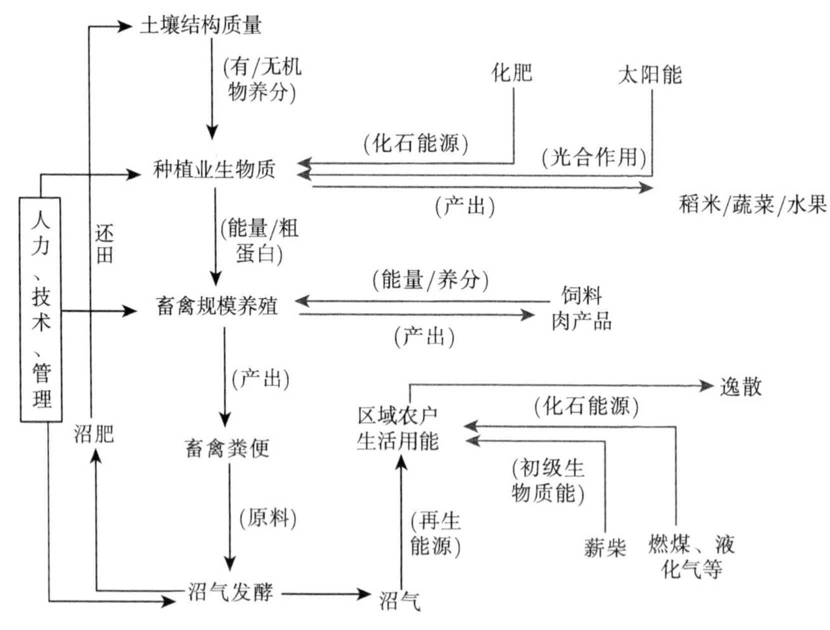

图 1-2　生态农业系统生物质能反馈循环流动示意图

这种动态的变化使得规模养殖、种植、沼气能源开发利用等子系统出现了一系列亟待解决的具体问题，且这些问题随着生态农业的发展而演变，呈现动态变化的特征。

1.3　生态农业系统种养循环模式构建初期的增长上限

伴随着 21 世纪初规模养殖污染治理沼气工程发展起来的规模养种生态农业，是以沼气工程为纽带的种养循环生态农业。农村户用沼气池及规模化畜禽养殖场和养殖小区大中型沼气工程主要是政府作为投资主体，直接以货币和实物的形式将该项技术推广到农户，是政府主导型推广体系。

以政府作为投资主体，由政府补贴大部分的沼气工程建设模式，其推广主要受制于政府的财政支付能力，如果政府的支付能力下降或者政策发生变化，该项技术必将因为本身不能盈利而需要大量额外的后续投入和缺乏良性运行的机制而难以维持长效性和可持续性。可见，农村规模生猪养殖废弃物综合利用污染治理目标的实现是一项复杂的系统工程，养殖户作为一个逐利的理性经济人，在采用创新管理对策和技术时，必然会衡量对策和技术本身的投入成本和经济效益，只有当他能从中获取净收益时，污染控制对策和技术才有可能被采纳。

我国南方农区生猪饲养专业户、家庭规模猪场的特点是：以家庭为单位，专门从事生猪生产，其产品量较大、专业化程度相对较高，猪肉商品率高，可获取一定的规模效益，该项生产活动的收入在家庭经济收入中占有较大比例；资本、技术、信息管理非常稀缺；多数按政府要求建有沼气池，但池容有限或沼气、沼液综合利用配套设施不完善，猪场与住房相连或就在附近，周边即为农田、山旱地或水塘，养殖业和种植业相对不分离，但自身没有足够数量的配套耕地消纳猪场产生的粪尿废水或沼液，沼气多数直接排入大气中。养殖业的这种经营方式，使得猪场所在小区域内粪尿等养殖废弃物数量大且集中，在一定的时空范围内没有足够的土地将其消纳，同时猪粪水或经过厌氧发酵后的沼液因还田利用人力成本高而被随意地堆弃排放，原本可用作肥料的生猪粪尿反而成为污染物，对大气、土壤和水环境造成严重的污染。另一方面由于化肥工业的迅速发展，人们大量使用化肥，多数地方猪粪便、沼液得不到还田利用，富含有机质的养殖废水或沼液随意流入沟渠，随灌溉水进入农田和沿途水域，沼气直接排入大气中。农村的规模生猪养殖以饲养专业户为主，猪场所处农村小流域环境及养殖粪污处理和污染情况在我国南方水稻生产区具有一定的代表性。江西省政府对生猪生产引发的环境问题极为关注，为避免猪粪水直接排放对环境的污染，每年投入大量资金用于鼓励和启动农村规模养殖沼气工程建设，目前，全省大部分生猪规模猪场都实施了养殖粪尿沼气开发工程。养种循环生态农业发展初期，主要是以规模养殖户为主体，在自有或租种的零散、有限的农地上进行的半封闭式简单的小规模养种循环。政府投资主要用于沼气池、储气柜等工程设施建设，对沼气工程产出的沼气、沼液等综合利用缺乏监管和规划。

1.3.1 规模养殖子系统中亟待研究解决的问题

饲料是该子系统主要的物质和能量投入，也是外界环境对整个系统的输入。饲料输入对该子系统进而整个系统的作用具有如图 1-3 所示的反馈结构，此反馈结构由左边的饲料时间效益增长正反馈环和右边的重金属污染制约负反馈环构成。

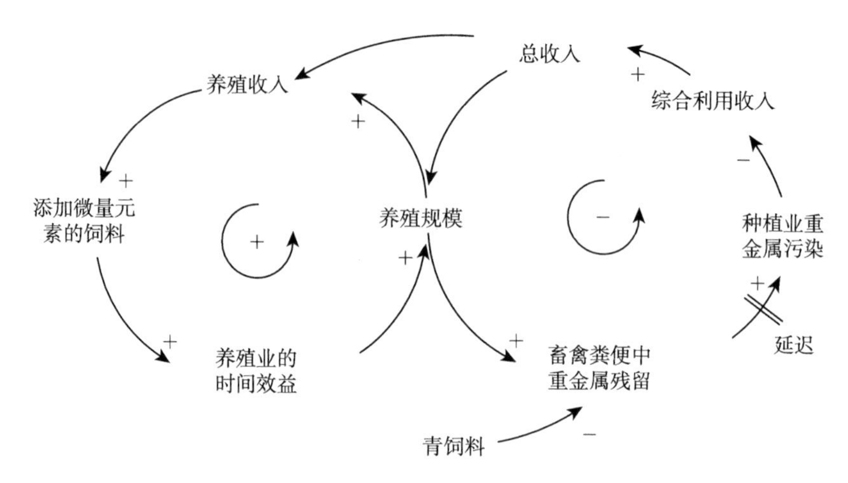

图 1-3　规模养殖工业饲料重金属污染成长上限基模

饲料时间效益增长正反馈环：工业配合饲料大量使用含重金属的添加剂，能促进畜禽生长、提高养殖业的时间效益。传统的青饲料喂猪，一头猪由 10kg 养至 90kg，一般要 150～185 天，而现在用配合饲料，只需要 120 天左右，时间效益比传统养殖高 20%～35.1%，费时少，本金周转快，养殖户普遍选择购买配合饲料，工业饲料与养殖规模间构成正反馈。

重金属污染制约负反馈环：添加剂中的重金属元素进入畜禽体内后不易被分解吸收，使得畜禽粪便中含有较高的重金属残留，造成综合利用中的重金属污染。据调查，曾被作为发展生态经济的南方模式加以推广的赣南“猪–沼–果”沼液综合利用模式，在江西许多地区推广时，因重金属污染，一般果树种植三至四年以后，就会出现果树烂根的现象，种植户因此遭受很大损失。所以配合饲料的大量使用最终会影响到养殖规模的扩大，由于重金属污染的形成有一个累积过程，即延迟，所以这个负反馈结构的作用初始阶段并不明显，具有隐蔽性，这就使得污染现象复杂。重金属污染是规模养殖的一个重要的成长上限。对于具有这种反馈结构特征的基模，彼得·圣吉 (Peter M.Senge) 博士运用系统动力学理论，在其学习型组织理论研究中得出管理方针：不要去推动正反馈环，而是要除去负反馈环的制约因素 (Senge，1990)。

我国畜禽养殖废弃物资源化利用生态风险防控技术的研究尚处于起步阶段，对于养殖粪便中重金属的去除还缺乏有效的技术。因此，为了实现畜禽养殖与种植业的安全链接和畜禽养殖业可持续发展，本系统面临的关键问题是：如何利用区域内现有资源，以青饲料喂养生猪，从源头减少养殖业重金属污染？如何根据不同蔬菜种类 (品种) 富集重金属的特征和规律，筛选出抗重金属污染的蔬菜品种，在综合利用沼肥资源进行种植业生产的同时修复被污染的土壤？

1.3.2 沼液综合利用、有机农作物种植子系统亟待解决的问题

农村家庭联产承包责任制下，土地的使用权分散，规模养殖专业户缺乏综合利用沼液从事种植业生产的土地。另一方面农村青壮年劳动力大量外出务工，而沼液农作物种植是劳动密集型生产，养殖户精力有限，加上种植业本身收益比较小，受天气因素影响大，政府又没有专项投资，所以养殖户不愿投资或无力投资。这些因素使得养殖业向种植业转移、循环的废弃物量所占比例仍然很低，大部分直接排放入水沟、水塘、小河，其中所含的大量有机养分白白流失，而且还严重污染农业用水源甚至是饮用水源，农村的生活、生产、生态环境遭受到严重的破坏，这种现象将愈演愈烈，最终养殖业自身的发展也将难以维持，产生如图 1-4 所示的规模养殖沼液综合利用受农户积极性制约的成长上限基模。

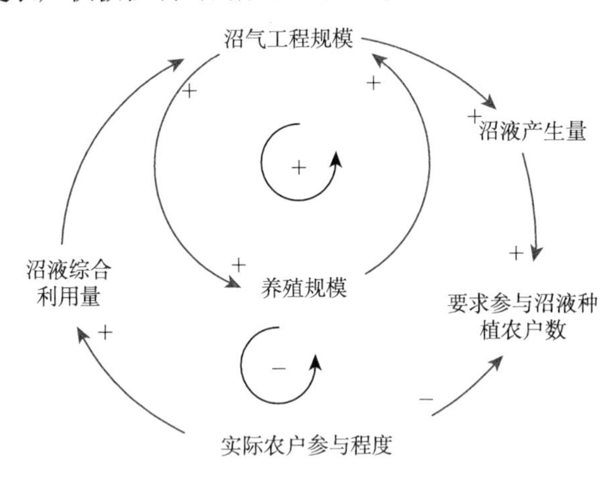

图 1-4 沼液综合利用受农户积极性制约的成长上限基模

该系统面临的主要问题是，如何稳固推广基于沼液分流多级过滤好氧储存工程的五条生物链开发利用模式？在大量农民外出务工的条件下，如何建立土地使用权转让制度？如何集中区域内土地或组织调动区域内农户的积极性，开展沼液有机水稻、蔬菜、青饲料、林果种植，实现养殖区域农田和旱地沼液种植规模化、产业化？

1.3.3 沼气能源综合利用子系统亟待解决的问题

沼气的主要成分是甲烷 (CH_4)(60%~70%) 和二氧化碳 (CO_2)(25%~30%)，甲烷的发热值很高，是一种清洁燃料。作为可再生能源的重要优势领域，沼气的开发和利用虽然起步很早，但是一直没有得到应有的重视。农村居住分散，沼气输送困难，对沼气能源的优质性能还不甚了解，沼气使用灶具需额外支出等等，使习惯了薪柴、秸秆作燃料的农户对使用沼气没有积极性。这些因素使得农村规模养殖场大

量的沼气资源不能有效利用。由于政府对沼气排放没有任何限制和监管措施，所以养殖户常常将用不完的沼气直接对外排放，其中的温室气体和有毒气体造成严重的环境污染，而且大大降低了政府对农村规模养殖沼气工程投入的效率。农户行为与政府沼气工程投入效率之间构成如图 1-5 所示的反馈关系。

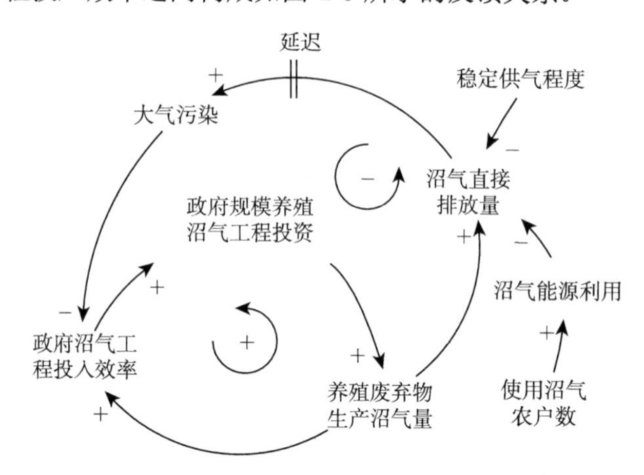

图 1-5　沼气开发利用积极性增长上限基模

图 1-5 增长上限基模中的负反馈环，在系统的运行中具有举足轻重的地位。在系统运行过程中，我们要做的不是推动正反馈环的运行，而是消除负反馈环，这才是增长上限反馈结构的杠杆解。因此，本系统面临的关键问题是：如何根据农村各地的实际，促使养殖户和政府解决沼气开发、输送、稳定供应的技术问题，履行为农户稳定供气的责任？如何使区域内农户走出使用煤炭甚至薪柴为炊事燃料的传统习惯，积极采用沼气燃料？如何解决区域内农户沼气使用初期设备资金？此外，还有沼气能源的进一步开发，如沼气发电等问题，皆需进行深入研究。

针对上述系列问题，作者依托主持研究的国家自然科学基金项目“农村规模养殖区域生物质能产业开发反馈理论和仿真研究”(项目编号：70961001)，以地处长江中下游水稻主产区的江西省为研究背景，对农村规模养殖区域普遍存在的沼气、沼液生物质资源的浪费及由此引发的二次污染的问题，从规模养殖区域生物质能循环利用的视角，将系统动力学动态复杂性反馈分析和仿真理论技术与图论、多目标优化理论相结合，研究有效推广沼气、沼液综合利用工程实施运行的系列管理问题，为江西乃至整个中国南方丘陵规模养殖区域沼气能源充分利用和沼液资源多生物链综合开发的生物质能产业的开发、废弃物生态综合利用的模式的推广提供管理理论和应用成果。

2010~2014 年底在课题研究基地江西省萍乡市排上镇兰坡村泰华猪场规模养殖区域，开发了建立沼液分流多级过滤净化好氧存储工程，实现了养种结合的

“猪–沼液–水稻”、“猪–沼液–冬闲田 (旱地) 蔬菜”、“猪–沼液–果”、“猪–沼液–鱼饲料”、“猪–沼液–红薯” 生物质饲料生产五条生物链沼液综合利用的生态模式，对综合利用沼液、消除沼液污染进行了初步研究探索；在江西九江德邦牧业养种循环生态农业基地 (简称为德邦牧业)、江西萍乡银河杜仲养种循环生态农业基地 (简称为银河杜仲)，针对农村规模养殖区域出现的沼气、沼液生物质资源浪费及引发的二次污染问题，从规模养殖废弃物污染治理、生物质能循环利用的视角，研究构建了“猪–沼液–水稻/棉花/蔬菜/猪 (鱼) 饲料/果树/杜仲林地” 等养种循环的生态农业模式，在一定程度上解决了规模养殖环境污染问题，并在沼气能源和沼液资源综合利用工程、管理等方面都积累了大量经验。

项目团队在研究基地银河杜仲养殖场自有 600 亩[①]范围内，设计实施了如图 1-6 所示的以开发沼气能源、吸收消纳沼液为目标的养种循环生态农业模式。通过生猪沼液、有机肥的开发和利用，在养殖场区内有效地将养殖、种植有机结合起来，实现了绿色养殖、绿色种植，并取得了很好的效果。

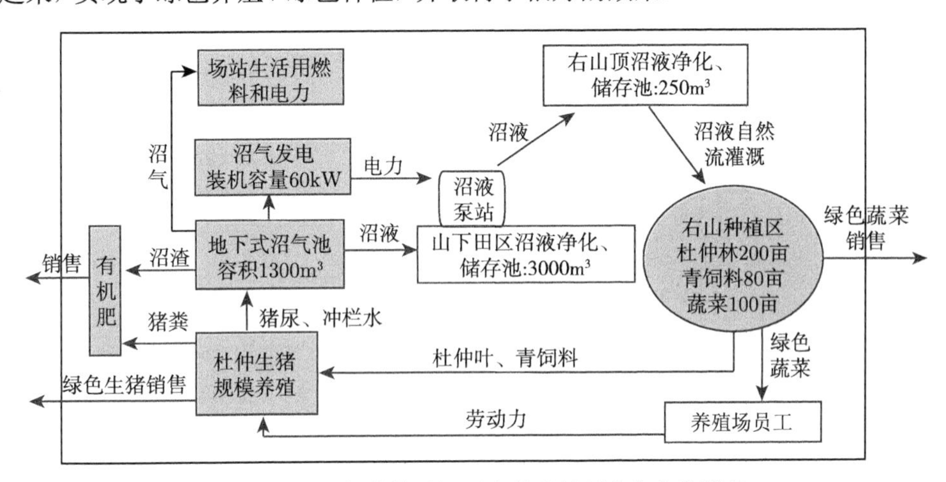

图 1-6 银河杜仲养殖场区内养种循环生态农业模式

1.4 生态农业系统养种循环模式规模化发展阶段的增长上限

“猪–沼–作物 (水稻/果/蔬/棉/猪青饲料)” 的养种循环生态农业模式在江西各地广泛应用。以规模养殖户为主体的养种循环，养殖户在自有或租种的零散、有限的农地上进行的半封闭式简单的小规模养种循环，难以形成集约经营，取得规模效益；而且由于种植技术含量不高，废弃物资源化水平较低，养殖规模的扩大后，仍有大量剩余沼气、沼液，引起二次污染，严重危害农业生态环境，也制约着规模养

① 1 亩 ≈ 666.67 平方米。

殖自身的发展。因此，要保障规模养殖的健康持续发展，促进农民增收，需要在更大的范围内组织养种循环农业规模化生产。

生态农业系统种养循环模式规模化发展阶段面临的管理问题，主要表现在以下方面。

1.4.1 土地流转缓慢，制约养种循环生态农业规模化生产

养殖场内可供开发荒山地有限，随着养殖规模的扩大，污染再次出现，急需增加消纳沼液农地面积。然而，目前当地农民非农收入不稳定，对于多数农户来说，土地既具生产功能，又有就业和社会保障功能，因此农户不愿转让土地经营权，土地流转缓慢，大范围的土地集中型农业规模化生产推广困难；另一方面，养种循环生态农业项目是一项投资回报期长、涉及项目较多的系统性工程，用于基础建设的一次性投入大、持续管护成本高，而规模企业由于养殖场区内种植面积有限，基础设施使用效率不高，小规模有机种植利微甚至亏本，制约了规模养殖户开展养种循环生态农业项目的积极性。调研发现，这种情况在江西其他规模养殖区域普遍存在。

因此，如何在当前土地分散承包的经济格局下，推动养种循环生态农业在更大范围内和更高层次上规模化发展，是有待进一步研究解决的问题。

1.4.2 绿色农产品价值优势难以转变为价格优势

养种循环强调减少甚至不使用化肥、农药，产出符合无公害、绿色和有机标准的农产品，提高了农产品质量，能够满足现代市场需求。然而，目前养种循环生态农业组织化程度较低，单个农户以分散方式进入市场，消费市场的产品信息不对称，导致市场认同度低，绿色农产品价值优势难以转变为价格优势，从而导致养殖场及周边农户参与积极性均不高。在江西许多地区，一度出现了沼液种植面积减少与养殖场附近实现沼液种植难的状况。众多种植农户无组织、分散种植与销售引起的信息不对称，导致绿色农产品价值优势难以转变为价格优势，制约着养种循环生产的持续发展。

如何解决养种循环绿色农产品价值优势难以转变为价格优势的问题，提高有机种植的收益，减小农产品销售风险，调动区域农户参与沼液种植的积极性，很多关键管理问题有待研究和解决。

1.5 本章小结

我国目前最广泛存在的循环生态农业模式包括“适度规模的养种循环家庭农场”式的小规模养种循环、“规模养殖企业 + 合作社 + 农户连片种植特色农产品”

和“规模养殖户 + 规模种植户”的生态农业区域规模化经营、以农业废弃物第三方集中资源化为核心衔接“种养业–清洁能源–生态”的区域大规模种养循环三种模式。生态农业的种养循环，涉及规模养殖、种植、废弃物处理沼气工程、初级农产品生产销售、市场及养种主体增收等子系统，在现行耕地制度下，建立企业与农户紧密合作的利益统一体，实现生产、销售各环节的规模化，这是一个动态、复杂的过程。生态农业在发展的不同阶段都面临着不同的增长上限问题。

第2章　系统动力学基本概念与模型方法

系统动力学 (System Dynamics, SD) 又译作 “系统动态学”，起源于 20 世纪 50 年代 Jay W. Forrester 及其同事在麻省理工学院斯隆管理学院 (MIT Sloan School of Management) 的工作，是一门分析研究系统动态复杂行为的学科，也是一门自然科学与社会科学交叉融合的学科。

系统动力学反馈结构与动态仿真分析，以控制论为基础，以因果分析和计算机模拟技术为手段，将控制论中的反馈与因果关系的逻辑分析结合，面对复杂的现实问题，从系统的微观结构入手，建立系统动力学仿真模型，并对模型实施某些参数 “调控”，通过仿真展示复杂系统的宏观动态行为，分析影响系统行为的系统内部反馈环结构和时间延迟，寻找解决问题的途径。系统动力学反馈结构与动态仿真分析方法是分析和生成复杂性系统干预政策的有力工具之一。

系统动力学仿真分析不是从理想状态出发，而是以现存的系统为前提，通过仿真实验，从多种可能的方案中选择理想的方案，以寻求改善系统的机会和途径。系统动力学仿真主要是分析系统行为的变化趋势，而不在于给定精确的数据。

2.1　反馈系统

2.1.1　系统的定义

系统动力学定义系统为：一个由相互区别和相互作用的若干元素有机地组合而成的具有特定功能和有赖于一定环境而存在的集合体。

系统的内部变量又称为系统的要素，系统的内部与系统边界及系统环境关系如图 2-1 所示。

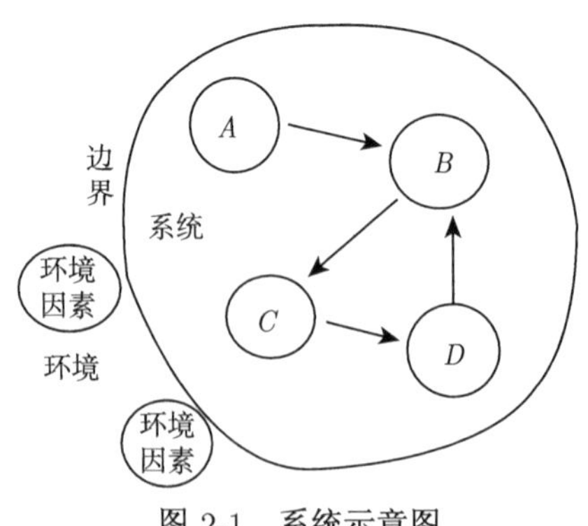

图 2-1　系统示意图

此定义与系统论中对系统的定义相似。系统论是系统动力学的基础。

2.1.2 反馈

反馈 (Feedback)，是控制论的基本概念，指将系统的输出返回到输入端并以某种方式改变输入 (图 2-2(a))，它们之间存在因果关系的回路，进而影响系统功能的过程。在这种情况下，我们可以说系统“反馈到它自身”。系统内某个单元或子块其输出与输入间也可能存在类似的反馈关系 (图 2-2(b))。

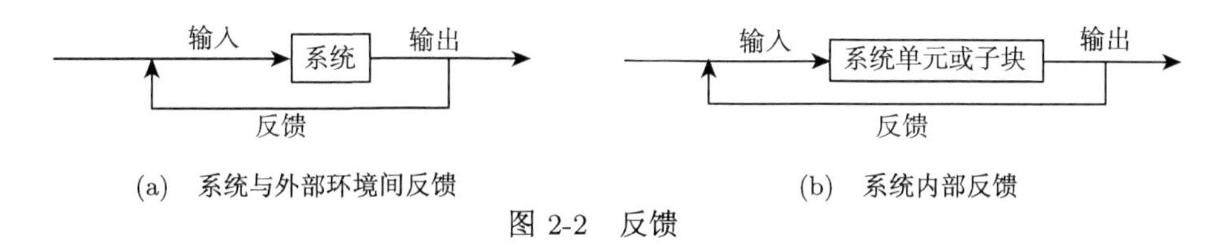

(a) 系统与外部环境间反馈　　(b) 系统内部反馈

图 2-2 反馈

反馈可以从单元或子块或系统的输出直接联系至其相应的输入，也可经由媒介 —— 其他单元、子块或系统实现。换言之，所谓“反馈”就是信息的传输与回授。“输入”指相对于单元、子块或系统的外部环境施加于它们本身的作用，而“输出”则为系统状态中能从外部直接测量的部分。系统的输入为系统中受环境作用的要素，系统的输出为系统中作用于环境的要素。例如：生产系统输入是原材料、能源、人力等，输出为生产成品等。

系统动力学定义反馈是一个过程，在这个过程中，一个最初的原因通过一系列的因果关系，最终影响到它自己。例如，气温骤降时，房间里的人可能会穿上毛衣，或者可能会生起取暖的炉子。而生起炉子可能使储罐中的燃油液位下降，进而可能导致未来购买更多燃油；同时生炉子也可能导致燃烧装置的磨损，从而可能导致进一步的维修，等等。然而，这些因果链都没有反馈影响室温。事实上，如果我们分析的目标是控制房间室温，那么气温骤降导致的生炉子这一活动的反馈作用就是加热室内的散热器，促使室温升高。

2.1.3 反馈系统与反馈回路

1. 反馈系统

所谓反馈系统就是包含反馈环节与其作用的系统。它要受系统本身历史行为的影响，把历史行为的后果回馈给系统本身，以影响系统未来的行为。

例如库存—订货系统就是一个简单的反馈系统。发货使库存量减少，当库存低于期望水平以下一定数值后，库存管理人员就按预定规则向生产部门订货，货物经一定延迟到达，然后使库存量逐渐回升。图 2-3 描述了这一反馈系统。

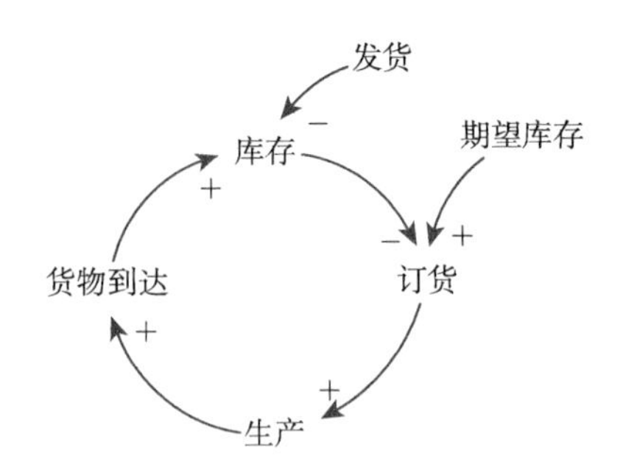

图 2-3 库存—订货控制系统

种养循环生态农业系统也是一个包含众多反馈环节的反馈系统。例如图 2-4 所示的一个规模养殖户家庭农场种养循环生态农业系统，其中养殖规模、沼液污染量、农户种植面积、养殖户收入等系统变量通过四个反馈环节相互直接或间接影响。

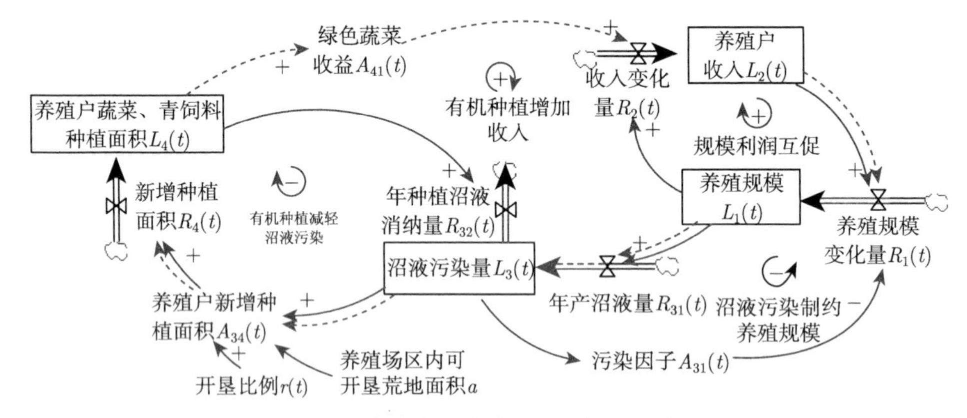

图 2-4 家庭农场种养循环生态农业系统

2. **反馈回路**

图 2-3 给出的库存—订货系统与图 2-4 给出的家庭农场种养循环生态农业系统都是反馈系统，从图中可以看出它们都形成了闭合的回路 (或称环)，称之为反馈回路 (或反馈环)。

Meadows 这样描述一条反馈回路：一条封闭的因果关系链，连接一组决定、规则或物理法则或行动，这些决定、规则或行动依赖于存量 (流位变量) 的值，然后通过一个流量 (流率变量) 再次返回以改变现有存量。

可见，反馈回路就是一系列因果与相互作用链组成的闭合回路。因此，反馈系统就是闭环系统。单回路的系统是简单系统；具有三个或三个以上回路的系统是复杂系统。如图 2-3 所示的库存—订货系统是简单反馈系统；如图 2-4 所示的家庭农场种养循环生态农业系统是一个具有四个回路的反馈系统。

3. 反馈系统的分类

在分析反馈系统的行为与其内部结构的关系时，首先要区别反馈的种类。按照反馈过程的特点，可将反馈划分为正反馈和负反馈。

正反馈回路的特点是，发生在其回路中任何一处的初始偏离与动作沿回路一周将获得增大与加强。即正反馈回路能产生自身运动的加强过程，在此过程中运动或动作所引起的后果将反馈，使原来的趋势得到加强。

负反馈的特点是，能自动寻求给定的目标，使系统输出与系统目标的误差减小，未达到 (或者未趋近) 目标时将不断作出响应，系统趋于稳定。

具有正反馈特性的回路称为正反馈回路 (也称作增强回路)，具有负反馈特性的回路称为负反馈回路 (也称作平衡回路、寻的回路)。分别以上述两种回路起主导作用的系统则称为正反馈系统与负反馈系统。

2.2 系统动力学基本观点：行为主要取决于结构

系统动力学理论认为复杂系统行为的性质主要 (但非全部) 取决于系统内部的结构，即其内部的变量间的因果反馈结构与反馈机制。在一定条件下，外部环境的变动，外部的干扰会起着重要作用，但归根结底，外因只有通过系统的内因才能起作用，系统在内外动力和制约因素的作用下按规律演化发展。

2.2.1 正反馈系统行为

所谓正反馈系统就是正反馈回路起主导作用的系统。如前所述，正反馈回路的特点是，发生于其正反馈回路中的任何一处的初始偏离与动作沿回路一周将获得增大与加强，因此，正反馈系统可具有诸如非稳定的、非平衡的、增长的和自增强的特性。图 2-5 给出了两个正反馈例子。

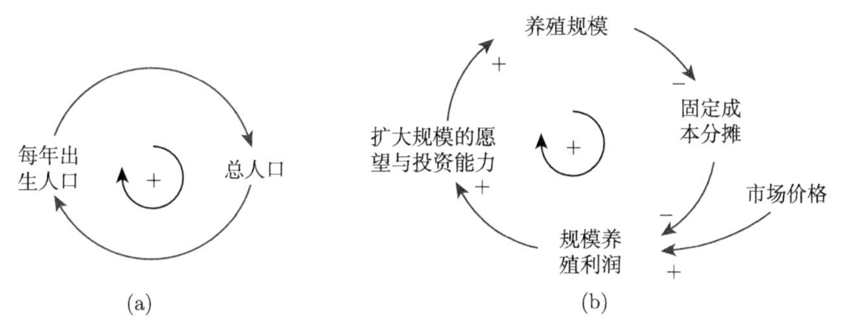

图 2-5 正反馈举例

图 2-5(a) 是人口的自然增长过程，若不考虑意外与人为控制因素的影响，它呈现正反馈的特点。

图 2-5(b) 是养殖规模—养殖利润正反馈系统。养殖规模扩大，在市场价格稳定的情况下，规模经济使得养殖利润增加，而养殖利润越大则农户扩大养殖规模的愿望就越强烈，同时扩大规模所需的投资能力也越强，这又进一步促进了养殖规模的扩大。

又如，生态农产品的质量取决于农户生态种植的技术和努力程度。生态农产品销售利润越高，农户就越有积极性努力学习改进种植技术，生态农产品的质量就越有保障，而高质量的农产品转而又促进了其销售量，于是形成正反馈的增长过程 (图 2-6)。

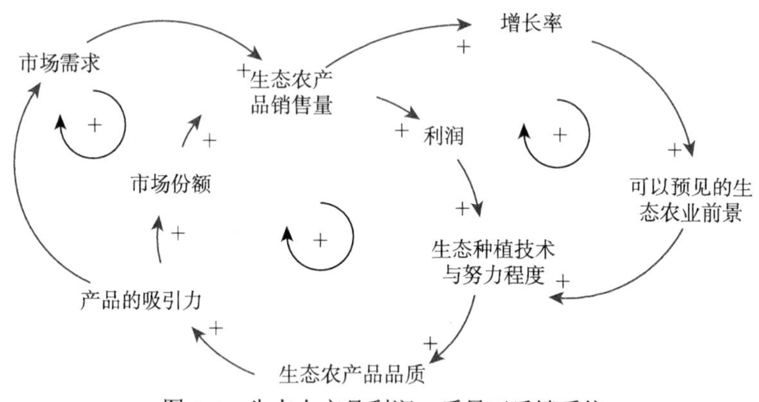

图 2-6　生态农产品利润—质量正反馈系统

图 2-6 所表示的正反馈系统是高度非线性化的，包含了多重正反馈回路。

以上三个正反馈系统例子都表现出正反馈回路的自增强、不稳定特性。在实际系统中，就系统产生的后果而言，正反馈回路可以导致良性循环与恶性循环两类。

正反馈结构导致系统的指数增长 (或指数衰减)(图 2-7)。

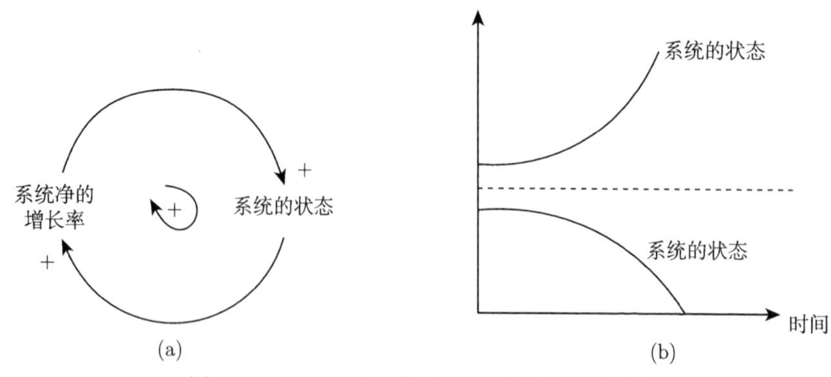

图 2-7　反馈结构系统的增长特性与崩溃特性

以大家熟悉的细菌裂变繁殖的例子演示正反馈系统的指数增长行为。

一名生物学研究人员在烧瓶中培养大肠杆菌，繁殖增加了大肠杆菌的数量。繁殖速率越高，单位时间内瓶中的大肠杆菌就增加越多；而繁殖速率则直接取决于瓶子里已经有多少大肠杆菌。即烧瓶中大肠杆菌的数量会影响繁殖速率，反过来，繁殖速率又影响着大肠杆菌的数量。我们可以沿着因果箭头来追踪整个反馈回路，大肠杆菌数量增加，会使得繁殖速率随之增加，进而使烧瓶中大肠杆菌数量较初始数量增加。这个正反馈过程如图 2-8 所示。

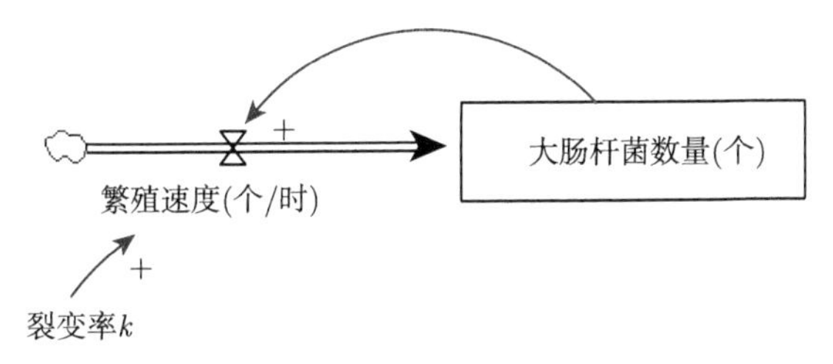

图 2-8 正反馈: 大肠杆菌繁殖的正反馈系统

那么随着时间的推移，大肠杆菌的数量会发生什么变化？假设烧瓶最初容纳 100 个大肠杆菌细胞。大肠杆菌的数量增加一倍大约需要半小时。假设大肠杆菌有足够的空间和营养，可以不受阻碍地生长。四小时后，研究人员会在烧瓶里发现多少大肠杆菌？

我们可以给出此问题的解析解。设 t 时刻的大肠杆菌数为 $N=N(t)$，$\frac{dN(t)}{dt}$ 表示大肠杆菌的增长速度，于是有

$$\frac{dN(t)}{dt}=kN(t) \tag{2-1}$$

这个微分方程的初始条件为

$$N_0=100 \tag{2-2}$$

解方程并代入初始条件得

$$N(t)=N_0e^{kt} \tag{2-3}$$

由 (2-3) 式可见：在正反馈结构之下，大肠杆菌的数量呈指数增长。

将“大肠杆菌的数量增加一倍大约需要半小时”即“倍增时间为 0.5 小时”，代入 (2-3) 式，得

$$e^{k\cdot 0.5}=2$$

解得

$$k=2\ln 2$$

则 (2-3) 式的具体表达式为

$$N(t) = 100e^{t\ln 4} = 100 \times 2^{2t} \tag{2-4}$$

将 $t = 4$ 代入 (2-4) 式，得

$$N = 100 \times 2^{8} = 25600$$

图 2-9 显示了图 2-8 模型在 Vensim 中运行时大肠杆菌的指数增长情况。四小时后，大肠杆菌数量从 100 个增加到 25600 个!

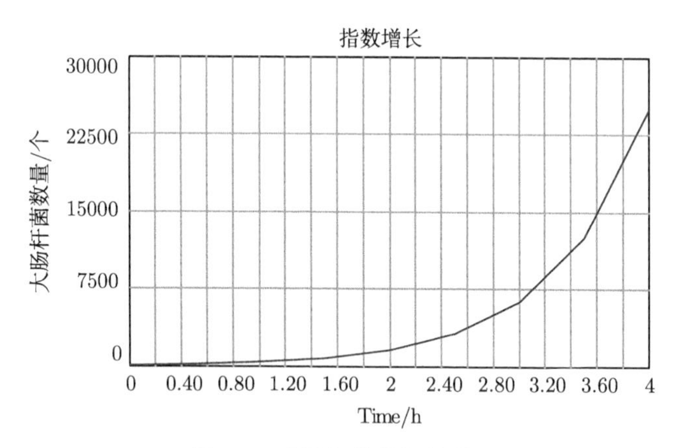

图 2-9　大肠杆菌的指数增长

2.2.2　负反馈系统行为

所谓负反馈系统就是负反馈回路起主导作用的系统。如前所述，负反馈回路的特点是：力图缩小系统状态对于目标状态 (或某一平衡状态) 的偏离，因此负反馈系统亦称为稳定系统、平衡系统或自校正系统。

例如，一个骑自行车的孩子就在使用一个负反馈过程：当自行车向左摇摆过多时，孩子会向右摇摆来纠正，然后当自行车向右摇摆过多时，他会再次向左摇摆来补偿。负反馈系统能够对系统扰动进行自我纠正。

例如，图 2-3 给出的库存—订货系统就是一个简单的负反馈系统。发货使库存量减少，当库存低于期望水平以下一定数值后，库存管理人员就按预定规则向生产部门订货，货物经一定延迟到达，然后库存量逐渐回升。

又如图 2-10 所示的一个简化交通系统，系统由交通拥挤程度、扩建道路的压力与道路状况等变量组成，是一个简单的负反馈系统。

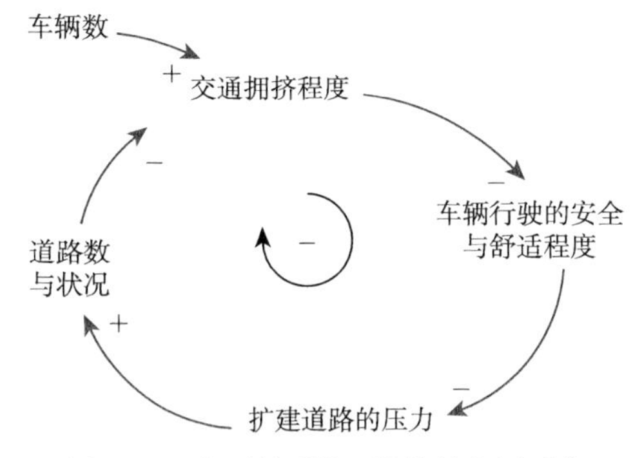

图 2-10　负反馈系统：简化的交通系统

负反馈系统中状态变量的行为是寻找趋于目标的平衡、均衡和停滞 (图 2-11)。

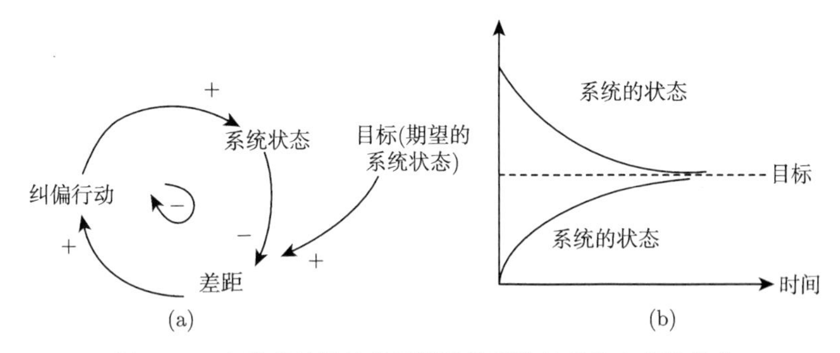

图 2-11　有明确目标的负反馈结构系统及其状态变化趋势

指数衰减结构是负反馈系统的一种特殊情况，其目标是隐含的，例如死亡速率和折旧系统 (图 2-12(a))。

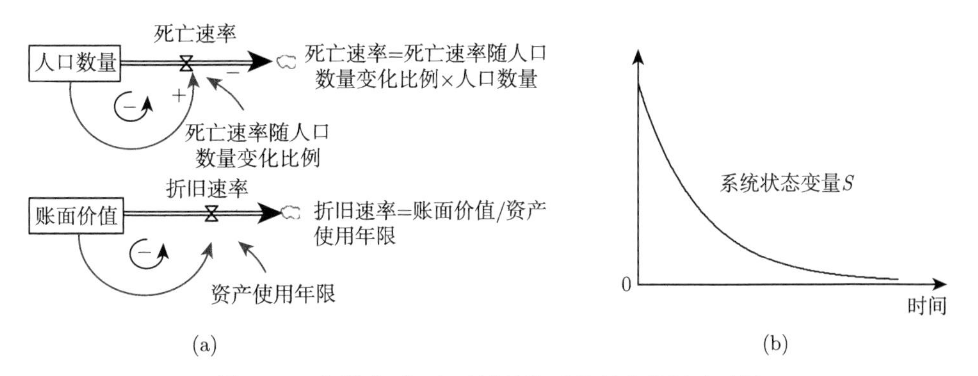

图 2-12　指数衰减：负反馈结构系统行为特征及示例

对于这种指数衰减的负反馈系统，点 $S = 0$ 是系统的平衡点 (图 2-12(b))：没有人就没有死亡速率；资产流失到零，就没有什么东西可以折旧了。

如图 2-13 所示的污染消散系统也是一个指数衰减的负反馈系统。随着污染总量的增加，污染向周围环境消散的速率增加，消散速率的增加将减少污染总量。

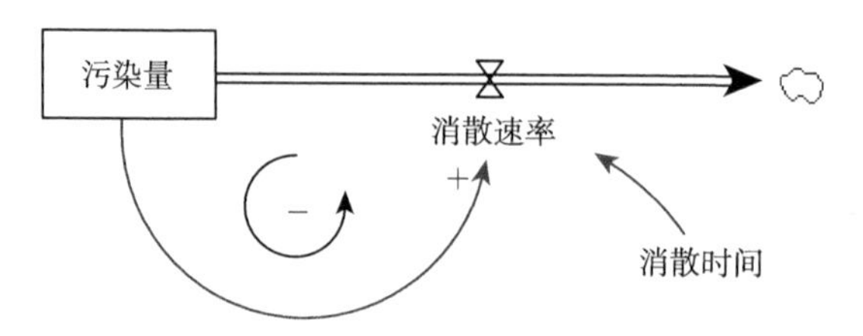

图 2-13　指数衰减负反馈系统：污染消散系统

污染需要很长时间才能消散。污染总量越大，消散速率越快，经过一段较长时间之后，将使总污染水平降低；而随着污染水平的下降，消散速率也随之降低，直到所有的污染都消散。这是一个负反馈系统过程，刻画了自然系统的自净化从而使环境可持续的过程。

2.3　系统动力学模型建立与政策仿真过程概述

模型是对现实的一部分的外在的、明确的表现，它只是对现实系统及其待解决问题突出本质特征的描述。一个模型也可能只是对实际系统一个断面或侧面的描述；在一定意义上说，若从不同角度对同一个实际系统及其问题进行建模，就可以得到系统许多不同的断面，也就可以更加全面、深刻地认识系统，寻找出更好的解决问题的途径。这是一个深刻的定义，也适用于系统动力学。

系统动力学模型以反馈回路来描述系统结构，建立系统动力学模型的主要目的就是通过描绘决定系统动态变化的反馈过程、存量和流量结构、时间延迟以及非线性，帮助人们理解系统动态变化为什么会发生，向人们提供一个进行学习与政策模拟分析的工具。系统动力学中使用因果关系图和存量流量图 (简称流图) 来刻画系统的反馈结构。

系统动力学从系统的微观结构出发建立系统的结构模型，用回路描述系统结构框架，用因果关系图和流图描述系统要素之间的逻辑关系，用方程描述系统要素之间的数量关系，用专门的仿真软件进行模拟分析。

系统的结构产生行为的原理启发建模者去发现系统的反馈回路结构。建立系统动力学模型，应用模型进行反馈结构及仿真分析，解决实际系统问题的过程通常可分为五个步骤。

2.3.1　明确问题及其动态特性

所谓问题是指系统内部各部分之间存在的矛盾、相互制约与作用、产生的结果与影响。系统动力学反馈结构与仿真分析的目的就是要研究这些问题，并寻求解决它们的途径。所以系统动力学建模的第一步，就是明确有待解决的问题是什么。

事实上确定问题、定义变量、构思模型是一个反复的过程。建模者在确定问题的同时，对导致这些问题的根本原因以及该系统的各方面产生一些看法，从而提出某些有关系统的问题的假设和对问题所涉及的变量进行定义，这些假设又反过来有助于加深建模者对问题的认识，然后再提炼问题与有关变量的定义，或添加新的问题。确定问题、定义变量和构思通常有两条普遍原则：一是要明确建模的目的；二是要集中于问题与矛盾，而不是整个系统。这两条原则的作用犹如专业照相工作者用的滤色镜，把冗余的细节滤掉，使建模者专注于反馈系统中的重要方面，使建模者在建立系统动力学模型时，从考虑一切转向仅考虑有关的某些方面和事项。

问题确定之后，建模还应当确定问题动力学特征。那么什么是动力学问题呢？从系统动力学的观点看，所谓动力学问题至少有两个特点。

第一个特点是，它是动态的，它所包含的量是随时间变化的，能以时间为坐标的图形表示。例如，人口增长，使用沼气作为生活燃料的用户的增减，规模养殖区域参与有机种植的农户数量的增减，城镇与农村的生活品质和物价的涨落等等都是动力学问题。

第二个特点是，它包含了反馈概念。关于这一特点，后文将进一步讨论。系统动力学认为各种组织系统，经济、社会系统，生态农业系统，事实上几乎所有有人参与的系统都是反馈系统。工程人员遇到的伺服机构与闭环控制系统，生理学家所遇到的体内自动平衡、高保真度的放大器，都是反馈系统的例子。

有别于控制论，系统动力学的研究重点是那些源自反馈机制的系统动力学问题，尤其是社会经济生态管理系统中的动态问题。

2.3.2 建立系统结构模型

一个规范的模型较人们头脑中的非规范模型更加清晰，更便于人们沟通思想，借助系统动力学模型，人们能分析判断对存在问题的批评与实验假设的正误。相形之下，脑力模型则模糊不清，其模糊性来自客观事物的复杂性和多样性，而人脑往往只反映过多的直观细节；而且，思维模型的不清晰性使人们之间发生误解、难以沟通，并导致应用上的错误。

按系统动力学的观点，系统行为的性质主要 (但非全部) 取决于系统内部的结构，其中系统结构的含义包括两个方面：一是指组成部分的子结构及其相互间的关系；二是指系统内部的反馈回路结构及其相互作用。系统动力学提供了许多工具来帮助建模者建立描绘系统结构的规范模型。这些工具包括系统边界图、子系统图、因果回路图以及流图。

1. 系统边界图

系统的边界规定哪些部分应该归入模型，哪些部分不应归入模型。系统的边界是一个想象的轮廓，把建模目的所考虑的内容圈入，而与其他部分 (环境) 隔开。在边界内部凡涉及与所研究的动态问题有重要关系的概念与变量均应考虑进模型；反之，在边界外部的那些概念与变量均应排除在模型之外。在建模的过程中，建模者应不断提出一个这样的问题，已考虑的界限的充分性如何？假使边界扩大后，原先推荐的政策是否仍然有效？对于所考虑的问题，相应的边界总是存在的。

如何决定系统边界之所在？边界应划在何处？按照系统动力学的观点，正确地划出系统边界的一条准则是把系统中的反馈回路考虑成闭合的回路。应力图把那些与建模目的关系密切、重要的量都划入边界，边界应该是封闭的。系统动力学认为，一个系统的动态行为的模式是由系统边界内各部分的相互作用所产生的。也就是说，“边界” 两字隐含着：某一特定的动态行为模式主要由系统内部决定。

确定系统边界应首先明确建模目的，面向问题，从确定所需研究的问题出发，而不是盲目地去建立一个所谓的系统模型。不明确建模目的，是无法回答哪些变量和子系统是重要的，亦无从确定系统的边界。

系统边界图是明确和直观表示系统边界的工具。一旦初步明确建模目的之后，下一步就需要定义所要解决的问题与有关的变量，并初步确定系统的界限。系统的边界往往不是一目了然的，它是一个想象的轮廓。把与建模所要解决的动态问题有密切关系的最小数量的变量与部分划入，使系统与其环境隔开。明确目的、确定问题与划定边界是一个逐步深入了解系统和分析问题、认识问题相辅相成的反复过程。在此过程中，绘制出系统边界图。系统边界图通常列出内生变量、外生变量以及从模型中排除在外的关键变量，直观地概括展示出模型的范围。图 2-14 是为研究泰华小规模养种循环生态农业系统可持续发展问题所绘制的系统边界图。

2. 子系统图

一旦待研究的问题明确，系统边界及重要变量明确，下一步就是研究系统与其组成部分之间的关系以及重要变量与有关变量之间的关系。为了研究系统的反馈结构，首先要分析系统整体与局部的关系，进而追溯因果与相互关系链和回路，然后把它们重新连接在一起形成回路。子系统图是基于系统边界图的进一步分析，显示了模型的整体结构，使用方块、多边形或圆圈等简明地代表系统的主要子块 (即子系统)，并描述它们之间的物流、资金流和信息流等，用以确定系统总体中各局部间的反馈机制。子系统可以是公司、客户或组织的子单位，子系统图表达了有关模型的边界和概括程度的信息，它们也传达一些关于内生和外生变量的信息。子系统图是概要，通常应当简单一些，不应当包含太多细节。

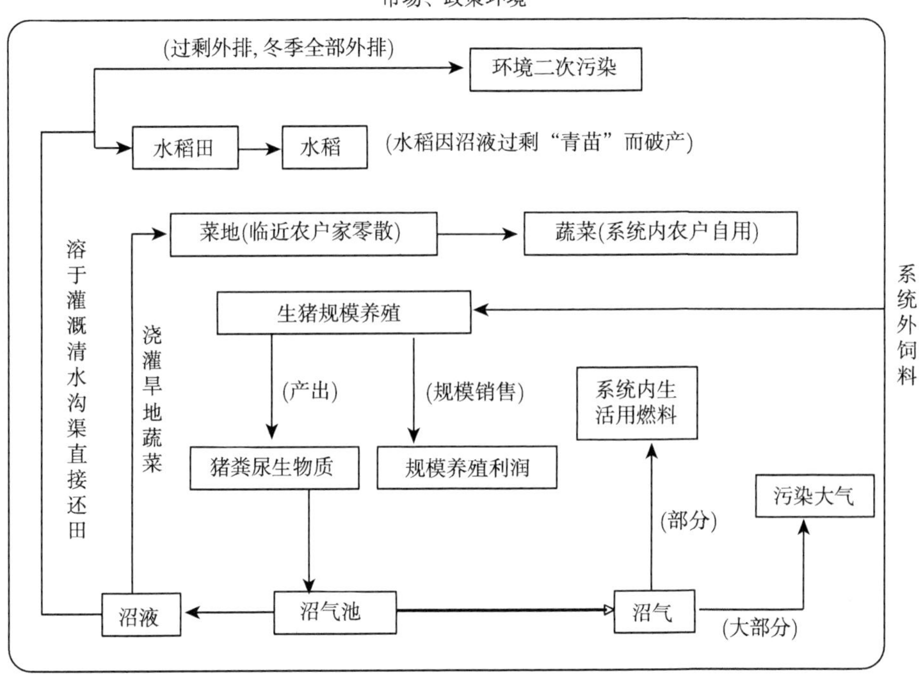

图 2-14　系统边界图示例

子系统图在系统建模与系统结构分析的初步阶段显得很有用。其简洁性将十分有助于分析系统内各子系统间的反馈耦合关系以及系统内可能存在的主要回路。

例如，图 2-15 是生态农业区域规模化经营系统的子系统图，图 2-16 是泰国对虾商业化养殖系统动力学模型中建立的对虾商业化养殖系统的子系统图。

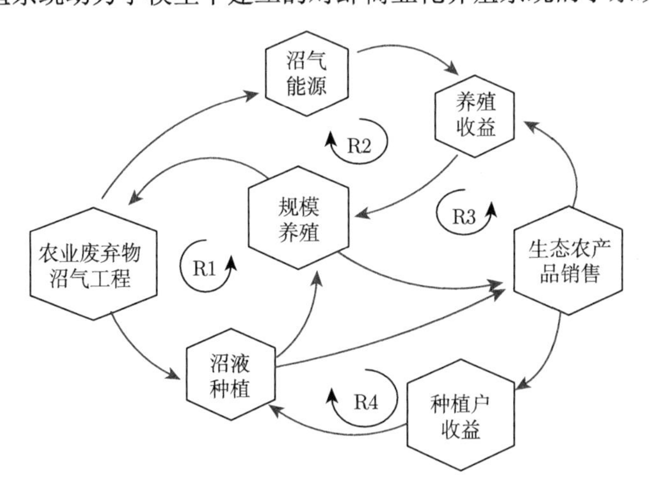

图 2-15　子系统图示例：生态农业区域规模化经营系统中各子系统反馈关系

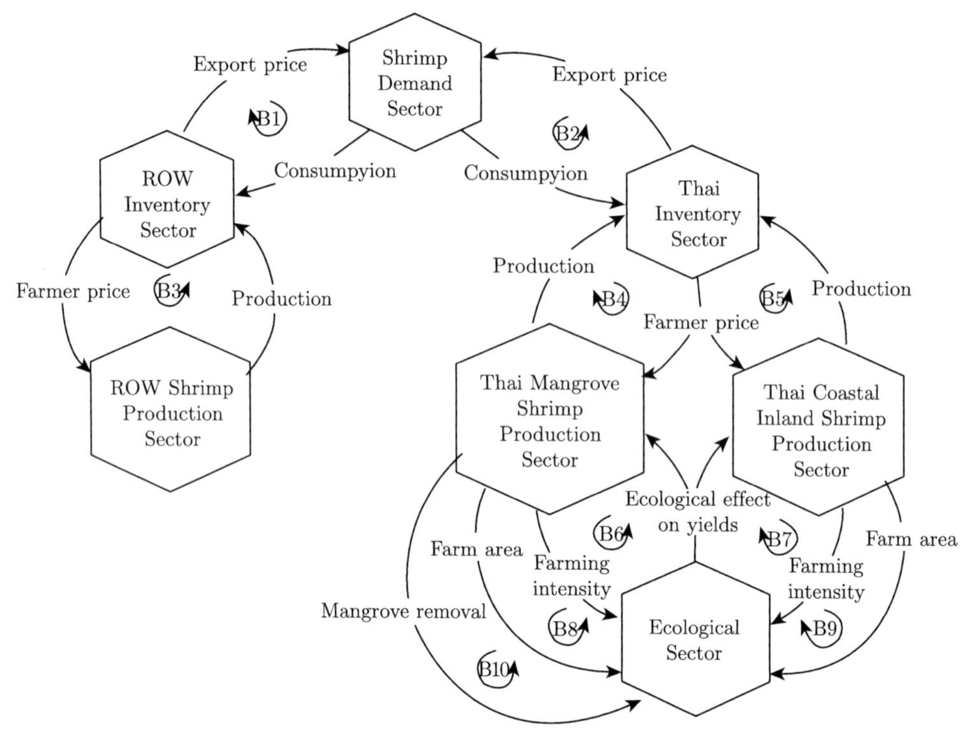

图 2-16　子系统图：对虾商业化养殖模型的各部门间反馈结构示意图 (Arquitt et al., 2005)

3. 因果回路图 (亦称作因果关系图)

系统边界图和子系统图显示了模型的边界和体系，但没有显示变量之间的关系。因果回路图 (Causal Loop Diagram, CLD) 是勾画反馈结构的一个灵活有用的工具，是显示变量之间因果链的简图，因果链用原因到结果的箭头表示。本书第 3 章介绍了构建和深刻理解因果回路图的规则和例子。

4. 流图 (存量流量图的简称)

因果回路图强调了系统的反馈结构，流图强调了其背后的物理结构。流图将系统变量区分成存量、流量、辅助变量、常量，追踪物流、资金流、信息流通过系统的积累。存量刻画系统当前的状态，如养殖规模、沼液种植土地面积、沼气能源使用量等。流量是存量增加或减少的速率，例如养殖规模的增加、新增沼液种植土地面积、沼气用户数的增加或减少等等。存量表征了系统的状态并且产生作为决策基础的信息。决策改变流量的速率，改变存量和闭合系统中的反馈回路。本书第 4 章概述了流图模型的组成及其建立方法。

贾仁安于 1998 年提出了系统动力学流率基本入树建模法，他的团队在此基础上持续研究，形成了基于流率基本入树模型的系统动力学反馈动态复杂性分析方法体系，本书的研究正是基于这一方法体系的应用研究及理论创新研究成果，后面章节将围绕生态农业不同模式管理策略的研究案例，详细再现流率基本入树建模方法构建系统反馈流图的过程，示例流率基本入树方法体系的反馈仿真分析过程。

2.3.3 建立定量的规范模型：仿真方程

完成初始的动态假设、系统边界图，以及因果回路图、流图等概念模型之后，我们需要了解模型的可靠性，了解以及预测系统的行为特性。但大多时候一个复杂概念模型的动态关系是不清楚的，所以通过其推理系统的动态行为特性的可能性和准确性是非常有限的。虽然有时可以通过数据搜集或现实系统中的实验直接测试动态假设，但在许多情况下，特别是社会经济系统中，做能够显示动态假设缺陷的现实世界实验是很困难的、危险的、不合伦理的甚至是不可能的。在大多数情况下，我们必须借助计算机，在虚拟世界中进行这些实验。而计算机是不接受定性描述语言的，因此采用计算机进行仿真模拟实验之前，我们需要将所建立的流图转化为充分定义的定量模型，将概念模型所刻画的变量及其之间的因果反馈关系转换成计算机仿真所需要的所有数学公式、参数和初始条件。

方程是流图模型中各直接相关变量间因果作用关系的数学表达，是为进行计算机仿真实验而建立的系统定量模型。建立方程的过程可以提高建模者对问题的理解程度，能让建模者认识到在概念阶段未注意到的或未讨论的模糊概念和未消除的矛盾。建模者在建立一个概念模型的过程中往往产生重要的洞察力，这些前期理解以及所建立的概念模型，为建立系统定量方程打下了基础。事实上，有经验的建模者在概念模型建立的过程中就会写下一些方程并估计其参数作为一种消除歧义和测试初始假设的方式，在写方程阶段用来找出方程的缺陷并改进其对系统的理解。

这一步骤就是确定系统中状态、速率、辅助变量之间的数量关系，即模型方程，根据现实情况确定状态变量的初始值，估计政策参数的取值范围，并将所建方程及状态变量初始值、常量及政策参数值写入 Vensim 软件，建立规范的计算机仿真模型。

贾仁安创立的系统流率基本入树模型直观地描绘了各变量间的直接影响关系，为建立仿真方程提供了清晰直观的思路。基于流率基本入树所刻画的系统变量间线段性因果逻辑关系，建立系统方程的方法显得十分有效。本书将在后续章节仿真方程的建立中介绍此方程建立方法。

2.3.4 模型测试

模型是对现实的模拟，确切地说，是对我们感知到的现实的模拟。为了验证模型的可用性，我们必须确定在现实中观察到的规律、法则在模型中仍然成立。确认的途径是运用正规的或不正规的方法来比较模型表现与检验指标是否符合。

系统动力学建模者已经创建了各种专门的测试来发现缺陷并改进模型。常用的有量纲一致性测试、现实性测试、极端条件测试和灵敏度测试。具体方法可以参见本书相关章节。

2.3.5 政策仿真与评估

以系统动力学理论为指导，借助模型进行模拟与政策分析，寻找解决问题的对策，并付诸实施，再从实践中获得进一步的系统信息，修正模型 (包括结构与参数的修改)，去解决新的矛盾与问题。

关于这一点，环境系统动力学专家、华盛顿州立大学 Andrew Ford 教授指出，系统动力学模型，无论是在商业系统、生态系统或是其他任何系统中，都是为了理解系统而非进行点预测。他认为，为避免错误的理解，应当避免由单一模拟得出任何结论。系统动力学仿真应当通过模拟结果的相互比较，帮助管理者管理复杂系统。

本书所涉及的模型仿真均是通过调节政策参数取值，模拟比较不同仿真结果，获得管理启示，可供读者参考借鉴。

这里需要指出的是，建模与政策的仿真分析是一个反馈过程，不是步骤的线性排列。模型要经历不断的反复，持续进行质疑、测试和精炼。图 2-17 将建模与仿真过程精确地描述为一个反复的循环。初始的目的是画出模型的边界和范围，但是从建模过程中学到的东西可能反过来改变我们对问题的基本理解和我们努力的方向。反复可能在其中任何一步到另一步之间发生。

图 2-17 还显示了建模与政策的仿真实验是在虚拟与真实世界之间不断反复实验和学习的过程。模拟模型是基于我们的心智模式和从现实世界中搜集的信息而构建的。在现实世界中使用的策略、结构和决策规则可以在模型代表的虚拟世界中被表达和测试。模型中所做的实验和测试反过来改变我们的心智模式，并促成新策略、新结构和新的决策规则的设计。接着，这些新的策略在现实世界中实施，它们的反馈效果引出我们新的洞察，并对定量模型和心智模式进一步改进。建模不是产生绝对答案的一次性活动，而是在模型代表的虚拟世界和行动代表的现实世界之间的持续循环过程。本书对于三种不同生态农业系统管理策略研究，其系统动力学模型的构建、政策方案的设计与仿真分析、策略的实施均体现了这一持续反馈的循环过程。

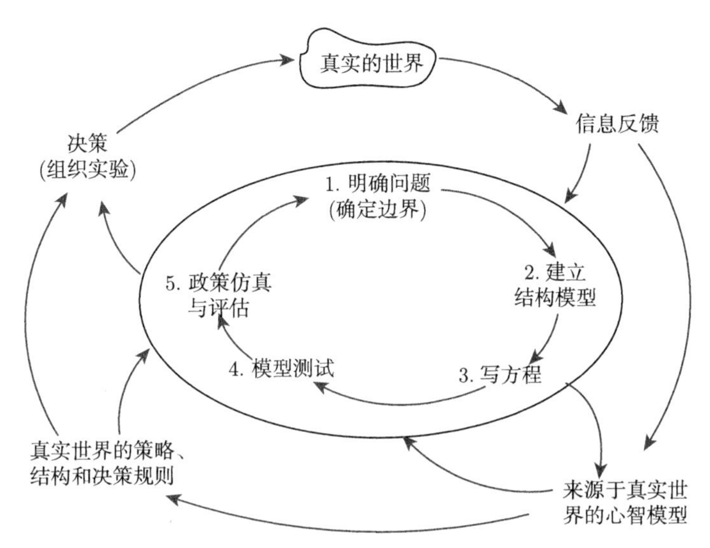

图 2-17 模型建立与政策仿真研究过程是反复的任何一步的结果都可能导致重新修改早期的任何一步

2.4 系统动力学反馈结构分析技术

系统动力学研究强调信息反馈作用的复杂系统，反馈是系统动力学的一个核心概念。一个复杂的反馈系统中往往包含多重反馈结构，系统动力学反馈结构分析就是为了获取那些决定我们系统动态的关键反馈。因果回路图 (或称因果关系图) 和流图是系统动力学刻画复杂系统反馈结构的技术和工具。

2.4.1 因果回路图

系统动力学可以帮助我们分析着重强调信息反馈作用的复杂系统。因果回路图就是刻画系统中信息反馈作用的一种技术，是一种定性描述系统中变量之间因果反馈回路结构的图示模型，因果链指的是原因和结果之间的关系，回路指原因和结果所构成的闭合链。CLD 很适合下列目的：

(1) 迅速表达关于系统动态形成原因的假说；

(2) 引出并表述个体或团队成员的心智模式；

(3) 如果你认为某个重要的反馈是问题形成的原因，你可以用 CLD 将这个反馈传达给他人。

1. 因果回路图中的记号

绘制因果图有其简单规则，本章前面几节的很多图都是因果关系图，例如

图 2-5，图 2-6，图 2-10。一张因果关系图包含多个变量，变量之间由因果链连接，每条因果链都具有极性，或者为正 (+) 或者为负 (–)，该极性指出了当原因变量变化时，结果变量会如何随之变化。有一些系统动力学文献，因果链极性由 S 和 O 标注，代表原因变量和结果变量之间的同向 (Same) 和反向 (Opposite) 变化。表 2-1 简要给出了因果链及其极性的定义和实例。

表 2-1 因果链及其极性：定义和实例

符号	解释	数学公式	例子
$X \xrightarrow{+} Y$ $X \xrightarrow{S} Y$	在其他条件相同的情况下，如果原因变量 X 增加 (减少)，那么结果变量 Y 增加 (减少)。即 X 和 Y 两个变量的变化方向相同	$\frac{\partial Y}{\partial X} > 0$	$X \xrightarrow{-} Y$ $X \xrightarrow{O} Y$
产品质量 $\xrightarrow{+}$ 销售量 努力 $\xrightarrow{+}$ 成果	在其他条件相同的情况下，如果原因变量 X 增加 (减少)，那么结果变量 Y 减少 (增加)。即 X 和 Y 两个变量的变化方向相反	$\frac{\partial Y}{\partial X} < 0$	产品价格 $\xrightarrow{-}$ 销售量 懒惰 $\xrightarrow{-}$ 成果

因果链的极性描述的是系统的结构，而非变量的行为。也就是说，它们描述的是：如果发生一种变化将出现什么结果。它们并不确定变化是否会真正发生。例如，产品质量可能提高，也可能下降 —— 因果链并不能告诉你哪种可能性会变成现实，它们只能告诉你如果原因变量变化会出现什么情况。

两条或两条以上的因果链组成的回路构成因果回路 (又称反馈环)。由于因果链有正负之分，因此因果链组成的因果关系回路也有正负之分。

正因果关系回路是指自身具有加强其变化效果能力的闭合回路。在正反馈回路中，当某个变量发生变化时，经过回路的作用会使这种变化进一步增强，使这个变量的变化幅度不断加大。正反馈回路亦称作正反馈环、增强回路，由 “+” 或 “R” 标识 (图 2-18(a))。

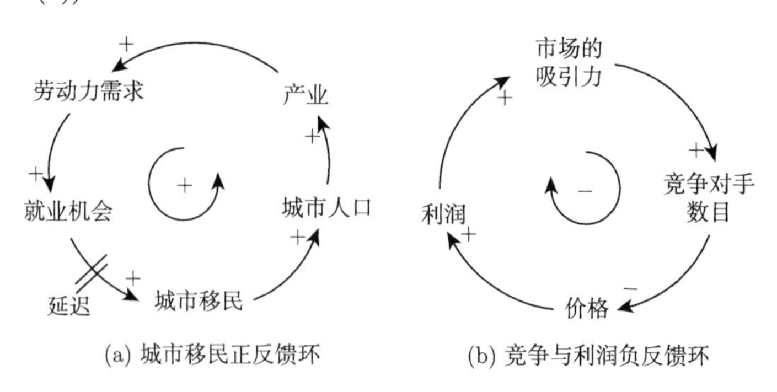

(a) 城市移民正反馈环 (b) 竞争与利润负反馈环

图 2-18 标出因果链极性和回路极性

负因果关系回路是指自身具有抑制变量变化和进行调节能力的闭合回路。在负反馈回路中，当某个变量发生变化时，经过回路的调节作用会抑制这一变量的变化，使其变化幅度减弱。负反馈回路亦称作负反馈环、平衡回路，由 “–” 或 “B” 标识 (图 2-18(b))。

在 Vensim 中的画回路工具中还能够找到一些其他符号表示正反馈回路与负反馈回路。例如用雪球滚下山的符号表示正反馈，用天平的符号表示负反馈。

注意所有因果链都应标识，并且回路极性标识符显示了哪个回路为正，哪个为负。回路标识符对顺时针回路来说应该顺时针画出 (反之亦然)。

由若干正、负反馈环耦合构成的回路图称为因果回路图或因果关系图。图 2-19 中的两个回路表示出生与死亡相互作用影响种群数量。

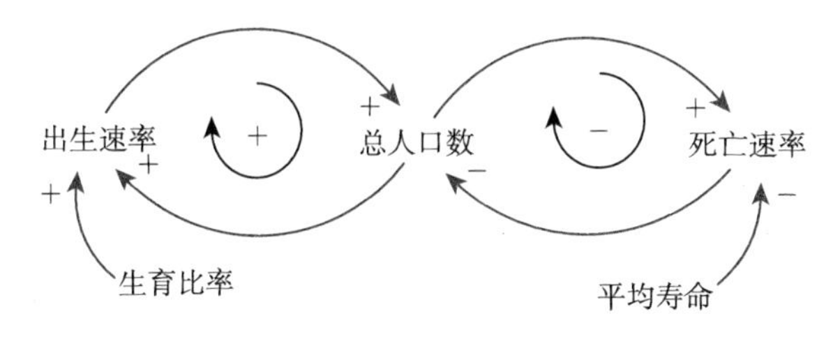

图 2-19 人口模型因果回路图

这类回路之间的耦合十分常见，例如图 2-20 所示的是控制汽车市场上供给与需求之间相互作用的两个反馈环耦合而成的因果回路图。图形左边反馈环所描述的就是汽车市场中 “供给反应” 的特征：汽车制造商生产的汽车产量，构成了经销商的汽车库存量，库存较多将导致汽车的市场价格下降，而市场价格下降反过来又会导致汽车产量的减少；右边回路描述的是 “需求反应” 的特征：如果汽车价格上涨，零售商的销售量就会下降 (或保持不变)。零售将使经销商库存量减少，库存减少就会促使经销商提高价格。

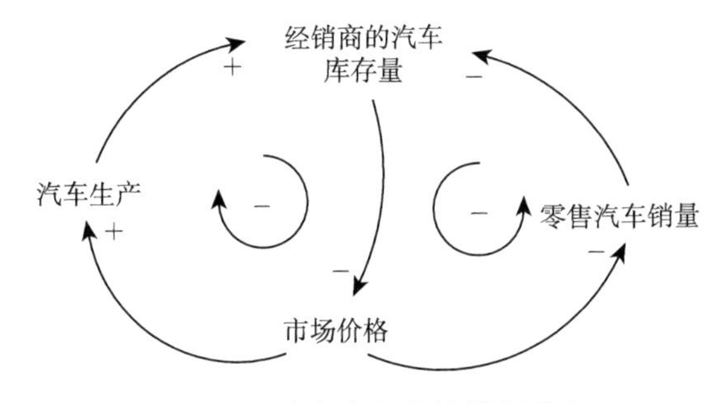

图 2-20 汽车市场中的耦合回路

2. 判断反馈回路的极性

因果图中通常需要标出重要的反馈回路的极性。判断反馈回路是正还是负有两种方法：沿回路追踪变化的影响和数负因果链的数目。

1) 沿回路追踪变化的影响

根据反馈回路的定义，我们可以通过沿回路追踪任何一个变量的变化所带来的影响，来判断一条反馈回路的极性。如果反馈效果加强了原来的变化，它就是正反馈环；如果反馈效果减弱了原来的变化，它就是负反馈环。例如图 2-18(a) 所示的城市移民回路中，我们假定城市产业扩张。因为从产业到劳动力需求的因果链是正的，劳动力需求会增加，同样，在正因果链的作用下，就业机会增加，城市移民人数增加，城市人口增加，信号沿回路传播，又进一步促进了产业扩张。反馈效果加强了原来的变化，所以回路为正。再看图 2-18(b) 所示回路，假定竞争对手数目增加，则产品的市场价格就会下降，企业利润会下降，市场的吸引力降低，会有一些企业退出，企业的竞争对手数目会减少。反馈效果减弱了原来的变化，所以回路为负。

无论回路中有多少变量，并且无论始于哪个变量，这个方法都适用。例如在城市移民反馈回路中，如果从城市移民开始辨识回路极性，也应当得到同样的结果，而且，也可以假定变量最初是减少而不是增加。

但是对于变量较多的回路，用这种方法确定回路的极性太繁琐，因此一般采用下面规则判定。

2) 数负因果链的数目

快速弄清回路是正还是负的方法是数回路中负因果链的数目。一条回路中，如果负因果链的数目是偶数，回路为正；如果负因果链的数目是奇数，回路为负。

该规则之所以有效，是因为正回路将变化加强而负回路自我矫正 (它们将扰动抵消)。假设回路中一个变量出现了小小的扰动，为了抵消扰动，信号沿回路传播的过程中净极性必须为负。净极性为负只有在负因果链数目为奇数的情况下才可能发生。单独一条负因果链引起信号反向，增加变成减少。但是再加一条负因果链引起信号反向，减少又变成增加，加强了原来的扰动。

例如在图 2-20 中，左边的汽车生产回路中只有一条负因果链，因此这是一个负反馈回路；右边回路中有 3 条负因果链，所以也是一个负反馈回路。

3. 因果回路图建立步骤

在因果回路图的建立过程中，首先应该明确建模的目的与任务，面向所要解决的问题，重视模型的应用与所得出的政策实施的可行性。

模型是根据建模的目的，对真实系统的简化描述，因此只能反映真实世界的某些断面或侧面的本质特征。建模时必须根据实际系统的类似性加以精心提炼，找出系统的主导结构，而不是对实际系统进行简单的复制，应防止所谓原原本本、完完全全、一一对应地按照实际系统去建立模型的错误倾向。

建立因果回路图时可以参考以下三个步骤。

(1) 辨识系统的关键因素。系统因素是人们对系统进行研究的着眼点，同时也是对系统进行控制的关键所在，因而准确地确定系统中的因素，即那些对系统行为产生关键性影响的组成部分是对系统进行研究的前提条件。如果把那些次要因素，甚至是不相干因素考虑进来，则可能会对系统分析造成干扰，影响结果的准确性。

(2) 从系统的关键因素出发，确定一个有实际意义并且能被量化的变量表示这个因素 (例如对于公路阻塞的一种好的衡量方式是平均通行时间)；接着采用逆向追踪的方法，思考引起关键变量变化的因素 (例如，是什么决定了通行时间？)，并以可衡量的变量表示这个 (些) 因素，依次一步步地追溯，直到将所有要素都包含到因果回路图中。

(3) 在因果回路图的绘制过程中要注意两点问题：一是在确定两者之间关系时，要假定其他要素不变；二是要注意互为因果、一因多果、多果一因等情况。

4. 因果回路图构建建议

1) 区分变量间的因果关系与相关关系

因果关系中的每个链条都必须代表变量之间的因果关系，而不是相关关系。John Sterman 对此给出了解释：一个系统动力学模型必须很好地模拟真实系统的结构，使得模型能同真实系统的行为方式相同。而行为不仅包括对历史的再现，而且包括对全新的环境和政策作出响应。变量之间的相关关系反映了系统过去的行为，相关并不代表系统的结构。如果环境变化，如果先前休眠的反馈回路变成主导回路，如果人们尝试新的政策，变量之间先前的可靠的相关关系将可能不再有效。

2) 变量名应避免表示行为的文字

因果图中的变量名应当是名词或名词短语。行动 (动词) 则由连接变量的因果链表达。因果图表达的是系统的结构，而非其行为——不是实际会发生什么，而是如果其他变量以不同的方式变化，系统将发生什么。

我们以汽车供给和需求的例子来解释变量名使用表示行为文字的问题。我们可以想象市场价格升高的结果会怎样。如果以 “市场价格升高” 命名下方变量 (图 2-21)，价格升高，汽车产量会跟着增加，因而这两个变量间是正因果链。同理，变量 “市场价格升高” 与销售量之间的因果链是负的。由此可以推断出库存会上升，因为产量增加而销售量减少。当我们要判断库存和价格之间的因果链极性时，问题出现了。我们无法判断此因果链应当为正还是负，因为库存增加与市场价格上涨之间明显存在矛盾。

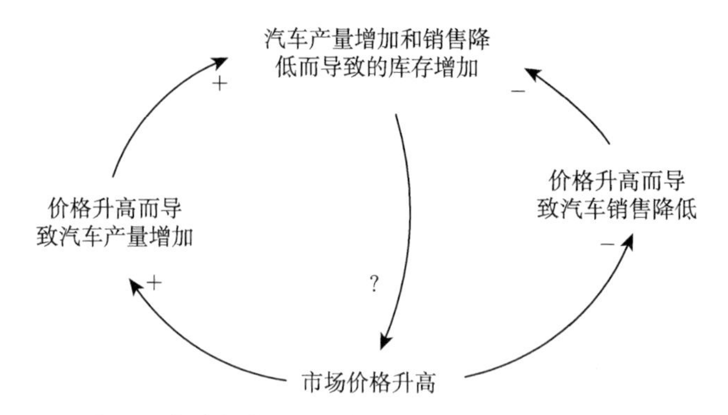

图 2-21　变量名应避免表示行为的文字 (图 2-20 未很好构思的版本)

这个图的问题是开始使用了诸如 “升高”“降低” 之类的文字。建模时，建议这些表示行为的文字用因果链来表示，而不要用文字来表示行为。如图 2-21 只限于用价格、产量、销售量和库存等名词表示变量。

3) 变量名要有清晰的方向感

变量要选择一个增加和减少的含义很明确的名称，即可以变大或变小的变量，如果变量没有明确的方向感，将无法为因果链确定明确的极性。

图 2-22(a) 的两个变量都没有清晰的方向：如果来自老板的反应增加，这是否意味着员工将得到更多的评价？这些评价是肯定还是批评？心态增加又是什么意思？图 2-22(b) 的意义是清晰的：来自老板更多的表扬将提高士气；较少的表扬降低士气 (尽管员工可能不应当让自己的自尊如此依赖于老板的看法)。

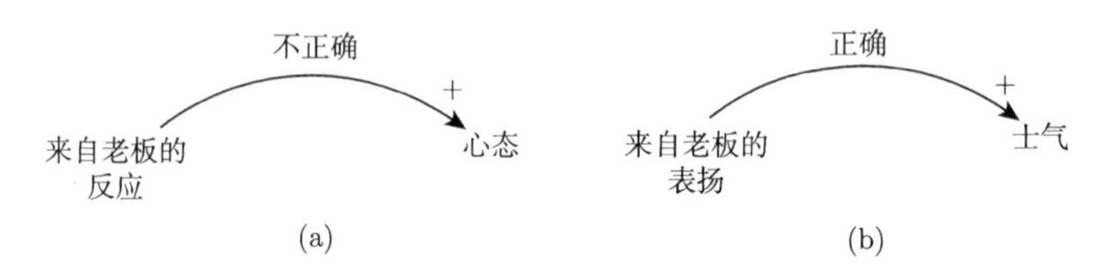

图 2-22　变量名称应当有清晰的方向感

4) 因果链应明确表达其所连接的两个变量之间的逻辑关系

因果回路图被用来刻画动态行为的反馈结构。它们并不需要将模型描述到数学公式这样的程度。太多的细节将使我们很难看到总的反馈回路结构以及不同回路如何相互作用；而太少的细节会使你的听众很难理解其中的逻辑，并评估模型的合理性和现实性。

如果读者无法理解一条因果链中的逻辑，则意味着建模者应当添加中间变量，以便更明确地表达变量间的逻辑关系。图 2-23 举了一个例子。在某行业中，市场份额的增加会带来较低的单位成本，因为更高的产量将使公司成本沿学习曲线下降得更快。图的左侧将这个逻辑压缩到单条因果链。如果读者发现该因果链令人困惑，建模者应当分解该图，用更多的细节来显示推理步骤。

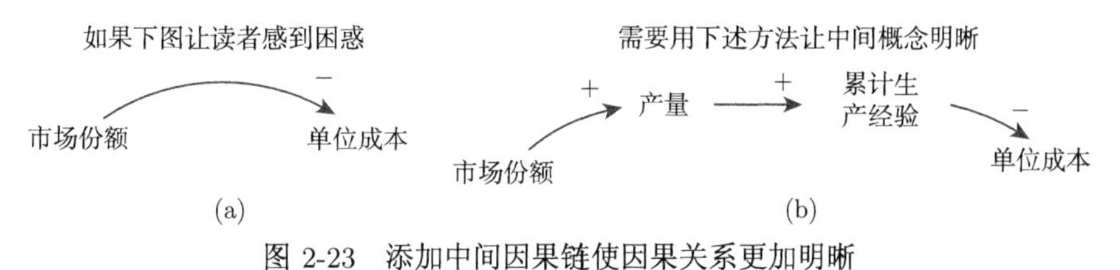

图 2-23 添加中间因果链使因果关系更加明晰

5) 指出因果链中的重要延迟

延迟在系统动态行为的产生过程中非常重要。延迟使系统产生惰性，导致振荡，并且往往是政策的短期效果和长期效果刚好相反。因果图中应当注明对动态行为意义重大或者对时间来说很明显的延迟的因果链。如图 2-24 所示要标识出价格对供应量的影响的延迟。当货物价格提高时，供应倾向于增加，但是往往发生在相当长的延迟时间之后，此时新的生产线被购置，同时新的企业进入市场。

图 2-24 因果图中标识延迟

在 Vensim 的标识因果链极性的工具中还能够找到延迟的标号，如图 2-18 (a) 中的因果链。

6) 尽可能确定变量的量纲

在构建因果图时考虑变量的量纲，量纲一致有助于突出变量含义和变量关系。即使模型仅仅是概念模型，而且也不准备将它发展成仿真模型，定义并检查量纲的一致性仍然很有用。

7) 半规范式访谈——形成因果回路图数据资料的有效获取方式

构建实际问题的因果回路图模型，建模者建立反馈结构的大量依据来自调研过程中与相关人员的访谈和讨论。在确定系统问题阶段，通常建模者需要综合采用调查、访谈、实地观察、历史数据搜集等方式熟悉研究系统，获得建模所需的材料依据。作者在长期的生态农业管理策略研究实践中发现：John Sterman 建议的半规范式访谈方式 (建模者事先预设好要问的问题，但是访谈时允许偏离脚本) 对搜集数据特别有效。访谈的对象涉及相关的多层次人员，例如作者在构建家庭农场为主体的生态农业系统因果回路模型过程中，多次以半规范式访谈方式与包括各层次的农业管理部门工作人员、村干部、农业企业管理者、具体负责人、农户等等交流，获取数据资料。

一旦完成访谈，建模者应从访谈对象的陈述中辨识出关键变量，提炼出因果结构。所用变量名要紧密对应被访谈者所使用的实际名称，同时注意遵循上面所述的变量名选取原则 (名词短语、清晰的方向感)。因果链应当直接由访谈记录中的某段文字所支持。一般来说，受访者不会描绘所见到的所有因果链，也不会确定地闭合所有反馈回路。那么建模者是否应当加入这些额外的因果链，这取决于绘制因果图的目的。

如果访谈的目的是使所研究的问题形成一个好的模型，那么建模者就应当使用其他数据源来补充访谈中所指出的因果链，比如用你自身的经验和观察、历史数据等。在许多情况下，建模者需要添加访谈或其他数据源中提到的额外因果链。尽管其中一些因果链代表基本的物理关系并且对所有人来说都显而易见，但另外一些则需要证明或解释。总之，建模者应当根据建模目的，利用其对系统了解到的所有知识来完成该图。

5. 因果回路图的应用

因果回路图是表示系统反馈结构的重要工具，是概念化的系统动力学模型。它在学术著作中被长期使用，在实际应用中日益普及。例如，John Sterman 用如图 2-25

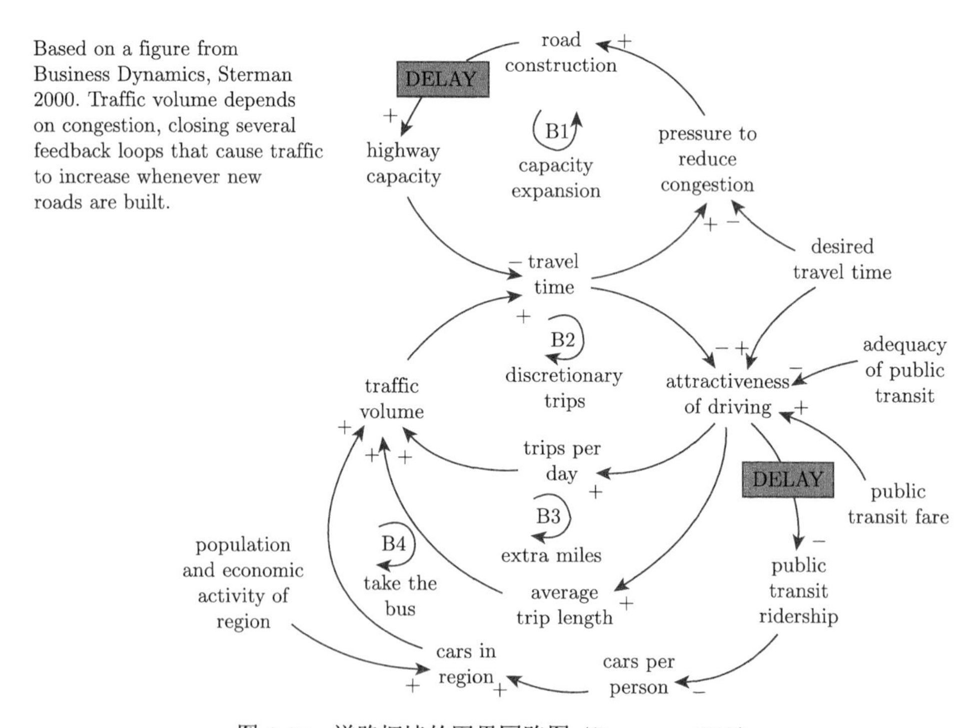

图 2-25　道路拥堵的因果回路图 (Sterman, 2000)

所示的因果回路图描述和解释了“尝试通过修建公路来减少交通拥堵是无用的”，此因果关系图由四条负反馈回路构成，描绘出：如果最上面的“能力扩展”负反馈回路 (B1) 是系统中仅有的反馈回路，那么修建道路缓解阻塞的政策将会奏效；然而，下面三条负反馈回路 (B2、B3、B4) 却通过增加交通流量而抵消了新路修建的作用。

2.4.2 成长上限系统基模

成长是社会、经济、生态等一切系统的基本现象。在 2.2 节中，我们已经知道，所有的增长现象都是由正反馈过程产生的。不管人口的增长、养殖农户收益的增加还是新观点和新技术的传播过程，都是由自身的增强的反馈过程驱动的。但是在现实中没有事物能无限增长下去。一般来说，系统在一开始的时候往往以正反馈占主导，直到系统增长到环境的承载能力。随着达到承载能力，系统从正反馈占主导转变为负反馈占主导，形成了一个非线性的转换过程，系统表现为 S 型成长过程。

彼得 • 圣吉在 *The Fifth Discipline—The Art and Practice of Learning Organization* 一书中提出了基模分析方法。他指出，系统思考的关键是要看出一再重复发生的结构形态，而系统基模是学习如何看见个人与组织生活中结构的关键所在。他总结组织管理系统复杂现象背后的共通结构，创新性地提出了现代组织管理系统的八种基模，即成长上限、投资不妥、目标侵蚀、舍本逐末、恶性竞争、共同悲剧、富者愈富、饮鸩止渴。他强调系统基模类似于常被重复讲述的简单故事，所有的基模都是由增强回路 (正反馈回路)、调节回路 (负反馈回路) 与时间延迟所组成；系统基模的目的就是调整管理者的认知，使其更能看出结构的运作和结构中的杠杆解。

1. 成长上限基模结构

成长上限基模的基本结构如图 2-26 所示。

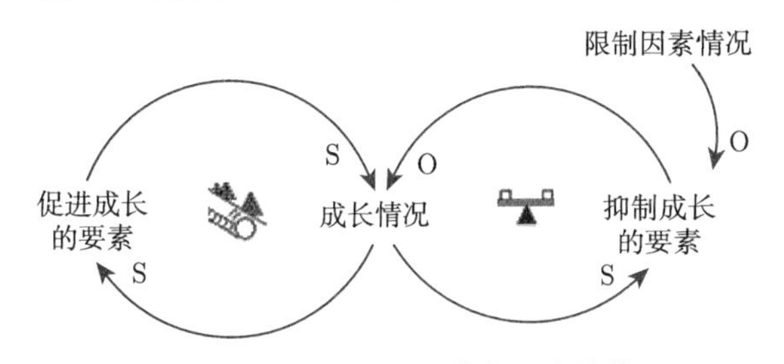

图 2-26 成长上限基模的基本结构

图 2-26 表明任何一个成长上限系统，都包含了成长或改善的增强回路。增强回路产生快速的成长，但运作一段时间之后，不知不觉中触动了另一个抑制成长的调节回路，从而使成长减缓、停止，甚至下滑。这就是所谓的“成长上限”。

成长上限基模是最常发生的基模。因为任何事物的成长都包含了两个反馈过程：表示发展前期加速成长的正反馈过程和资源限制而导致的增长减缓的负反馈过程。Meadows 等 (1972) 在著作 *The Limits to Growth* 中写道，系统的增长总是有限制的，这些限制可以是自我强加的，也可以是系统强加的。例如，一个产品的市场饱和是一个增长限制的例子，因为潜在的采用者被转化为采用者，直到 (理论上) 没有潜在的采用者。病毒的传播也是相似的，因为人们从易受感染的状态转变为已受感染的状态，而病毒传播的极限是人口中易受感染的人的总数；一个城市持续成长，最后用完了所有可以取得并用来发展的土地，导致房屋价格上升，从而使得城市不再继续成长。

的确如此，事物的成长是由于某种因素的推动和影响，使其逐渐发展壮大，但这种发展是有限度的，当它发展到一定程度时，总有其他因素限制或抑制事物的成长，使其成长逐步减缓，甚至停止。例如，适量的肥料能提高水稻的产量，但当所施用的肥料超过水稻生长所需的养分时，会造成水稻减产甚至无产。城市产业扩张引起的城市人口增长 (图 2-27)、某区域野兔数量的成长 (图 2-28) 都是成长上限系统。

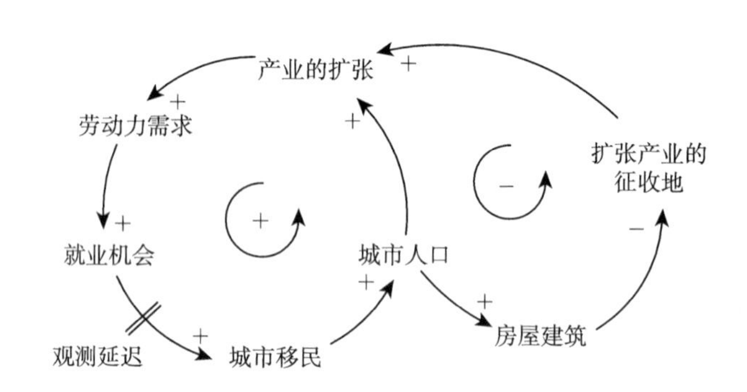

图 2-27 成长上限系统举例：城市移民

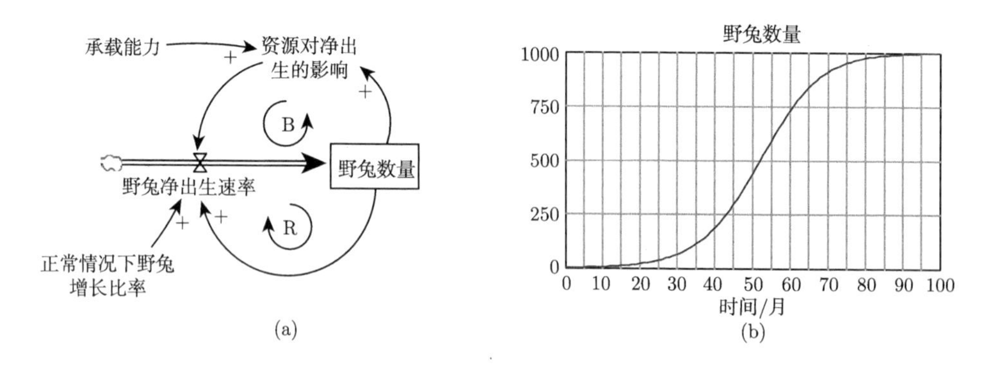

图 2-28 某区域野兔数量的 S 型增长

2. 成长上限系统行为模式

成长上限系统呈现 S 型增长行为。系统状态在增强回路的作用下，产生一段时期的加速成长和扩张，然后成长开始慢下来 (系统里面的人常未察觉)，终至停止成长，而且甚至可能加速衰败。如图 2-28(b) 所示是某区域野兔数量的成长系统流图及野兔数量的指数增长行为模拟。

3. 成长上限系统管理对策 (方针、杠杆解)

大多数人遇到成长上限时，会尝试更努力地向前推进，希望继续成长。例如当农户发现水稻减产时，加大施肥量；发现城镇化进程变慢时，加快城市产业扩张速度；新产品的销售减缓，则开始加大广告，或增加销售人员，来弥补产品滞销的问题。

这些反应是可以理解的。起初确实能看到改善，因此想用相同的方式做得更多，因为它最初的效果确实很好。但改善的速度慢下来，就会更努力地去改善，可是越是用力推动所熟悉的做法，调节回路的反作用越是强烈，努力也越是徒劳无功。

彼得·圣吉指出，成长上限系统的杠杆解都在调节回路，而不是增强回路。因此要改变系统的行为，必须辨认和改变限制的因素。他给出了成长上限基模的管理对策 (方针、杠杆解)：

不要去推动成长，否则只会是抗拒变得更强，应该去削弱或除去限制的来源。

2.4.3　流图

1. 流图的基本要素及其绘图符号

存量和流量是系统动力学的一个核心概念。存量，也称状态变量或流位变量 (Level Variable)，是描述系统的积累环节的变量。"流位" 的含义源自流体在容器中积存的液面高度，如水位。流位变量反映了物质、能力、信息对时间的积累，其取值是系统从初始时刻到特定时刻的物质流动或信息流动积累的结果。

流量，也称速率变量或流率 (Rate Variable)，它是描述系统中积累效应变化快慢的变量，也称决策变量。流率描述了流位变量的时间变化，反映了系统状态的变化速度和决策幅度的大小，是数学意义上的导数。流量的单位是存量的单位除以时间段。这个时间段由在研系统决定，根据问题的时间范围，可以从几秒到几年不等。

流图效仿阀门与浴缸的关系，采用特定的绘图符号 (由 Jay W.Forrester 在 1961 年创立) 来表示流率与流位变量结构，如图 2-29 所示。

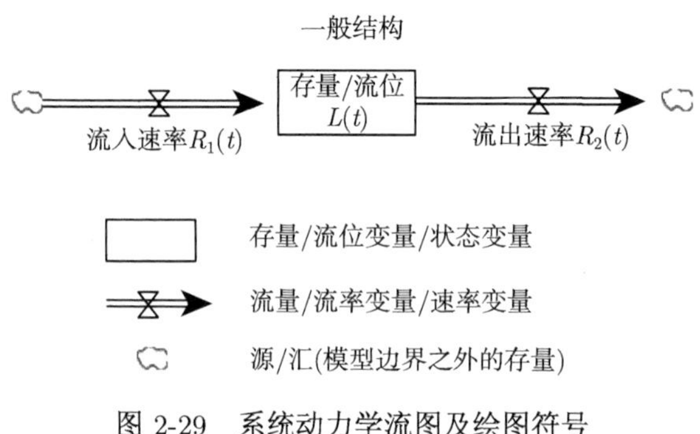

图 2-29　系统动力学流图及绘图符号

这种存量流量结构 (或称流位和流率结构) 可以应用于任何随时间变化的系统，包括自然生态系统、商业系统、人口规划有关问题等等。图 2-30(a) 的第一个模型刻画了企业的库存是一个随时间变化的流位变量，随所订购产品的流入增加，随发货的流出减少；第二个模型是地球大气中碳变化的模型 (一个存量)：大气中碳含量随排放量增加，吸收量减少；由于地球的碳吸收率目前低于碳排放率，大气中的碳含量正在增加，这现在被证明会影响全球温度；第三个模型刻画了某地区季节性流感患者人数的动态。图 2-30(b) 流位和流率结构以最高的聚集水平描述了一个地区的人口，包括出生和移民的流入以及死亡和移民的流出。

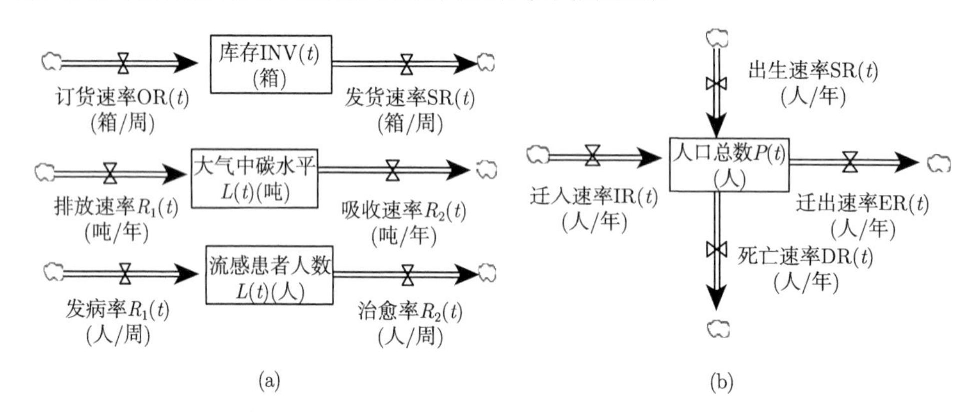

图 2-30　流位和流率结构框架示例

图 2-30 中我们标出了存量流量的单位。流量的单位是存量的单位除以时间段，这个时间段由在研系统决定，根据问题的时间范围，可以从几秒到几年不等。

在流位和流率结构模型中，流位变量值随时间的增减取决于所有流入率与所有流出率的差额，即净流率。例如，在给定的一周内，如果 1000 人接触流感患病，800 人从病毒中恢复，那么一周的净流率为 +200，这是两种流率的差值。由于差异大于零，在这段时间内患病人数将上升。在任何流位和流率系统中，一般情况下以下条件成立。

- 当所有流入率之和大于所有流出率之和时，流位变量值将增长。
- 当所有流入率之和小于所有流出率之和时，流位变量值将下降。
- 当所有流入率之和等于所有流出率之和时，流位变量值将保持不变。这是许多系统的一个有趣且经常被期望的状态，称为动态平衡。

总结以上叙述，流位是其流率的累积或积分，流入流位的净流率是流位的变化速率。因此，如图 2-29 中所表达的存量流量结构准确地对应下面的积分公式:

$$L(t) = \int_{t_0}^{t} (R_1(t) - R_2(t))\, dt + L(t_0) \tag{2-5}$$

Vensim 软件中采用 INTEGRAL 函数来代表积累过程:

$$L(t) = \text{INTEGRAL}(R_1(t) - R_2(t), L(t_0)) \tag{2-6}$$

2. 复杂系统动态变化流位流率结构

系统动力学理论采用由状态决定的系统或状态变量方法。流位是其流率的累积，反过来，关于流位的信息改变流率，从而闭合了系统中的回路。系统通过从系统流位信息到改变流位的流率之间的反馈而演变。

1) 流位只能通过它的流率而变化

在同一回路中，流位与流率总是同时存在的，流位只能通过它的流率而变化，不可能有直接指向流位的因果链。例如，对于一个排队服务系统，常常会有人画出图 2-31(a) 所示的流图。该建模者正确地认识到处理客户请求的速率是服务人员、服务效率以及每周工作时间的乘积，并且更长的等待服务的客户队列将导致更长的工作时间以及雇佣额外的员工，形成两个平衡反馈回路。但是他却将来自每周工作时间和服务人员数目的信息反馈直接连到了等待服务的客户流位上，给它们指派了一个负的极性。并因此推理说每周工作时间和服务人员数目的增加减少了保留在队列中的客户的数目，因而将负反馈回路闭合。

正确的是如图 2-31(b) 所示的流图。客户退出队列从而流位下降的唯一方式是通过流出率。流出率是员工人数、他们每周工作时间以及服务效率的乘积。其中任何一个输入的增加都能提高客户请求被处理并离开队列的速率。平衡回路仍然存在: 更长的等待队列导致更长的工作时间和更多的员工以及处理速率的提高。控制等待服务的客户流位的流出率会增大，从而客户以更高的速率离开队列。反馈回路中信息链接的极性都是正的，但是客户离开的速率的增加引起等待服务的客户流位的减少，因为离开速率是流位变量的流出率。

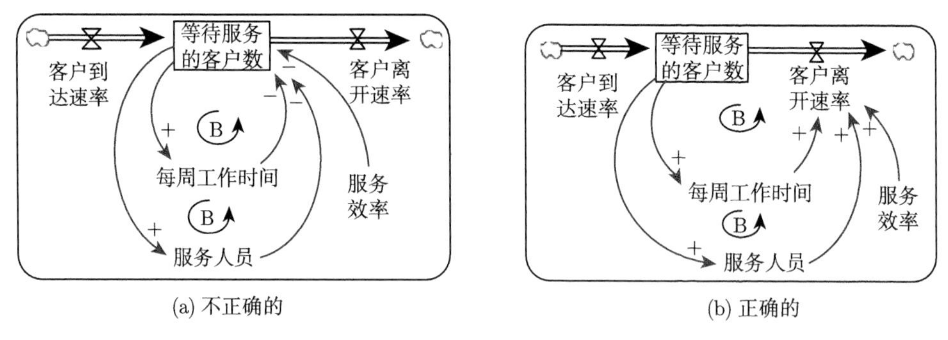

(a) 不正确的　　　　(b) 正确的

图 2-31　流位只有通过其流率才能发生变化

2) 复杂系统流位流率网络

复杂系统结构是由多个流位和流率构成的网络，由从流位到流率的信息反馈所链接。如图 2-32 所示，流率的决定因素包括任何常数和外生变量以及存量。常数是变化极其缓慢而不需要明确建模的存量，以至于在模型所涉及的时段内被认为是恒定不变的；外生变量是那些不受系统内因素影响，仅有由模型以外的因素所决定的已知变量，因而它们位于模型边界之外。图 2-32 中的圆角方框表示模型边界。

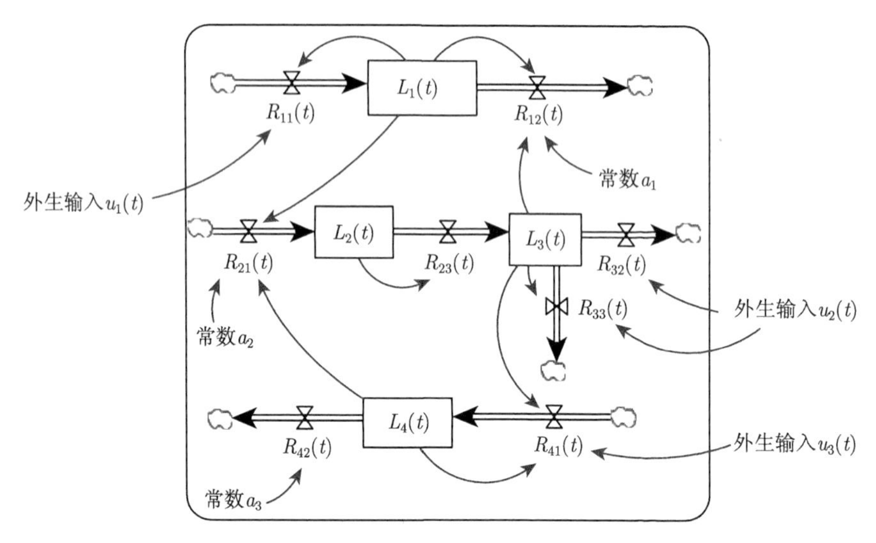

图 2-32　复杂系统动态变化规律的流位和流率结构

3) 复杂系统流位流率结构等价的数学表达

其动态变化规律常用如下常微分方程描述：

$$\frac{dL(t)}{dt}=\dot{L}(t)=f(L(t),U(t),A) \tag{2-7}$$

其中 $L(t) = [L_1(t), L_2(t), \cdots, L_m(t)]^{\mathrm{T}}$，$U(t) = [u_1(t), u_2(t), \cdots, u_p(t)]^{\mathrm{T}}$，$A = [a_1, a_2, \cdots, a_n]^{\mathrm{T}}$ 分别表示系统的 m 个流位变量、p 个外生变量的列向量和 n 个常数列向量。$f(\cdot)$ 是对应的列向量函数，其实质上是流率变化的自然规律或人们调节流位的决策规则，t 为时间。

例如对于图 2-32，状态变量 $L_4(t)$ 的变化率 $R_{41}(t) - R_{42}(t)$ 为

$$R_{41}(t) - R_{42}(t) = \frac{dL_4(t)}{dt} = f(L_3(t), L_4(t), u_3(t), a_3) \tag{2-8}$$

3. 辅助变量

从理论上说，描述一个系统动态规律仅需要流位、流率即可。然而，为了便于沟通和更清楚地描述系统，定义中间或辅助变量往往很有帮助。辅助变量由流位(以及常数或外生输入) 的函数所构成。例如，图 2-33 表示了一个简单的人口系统。

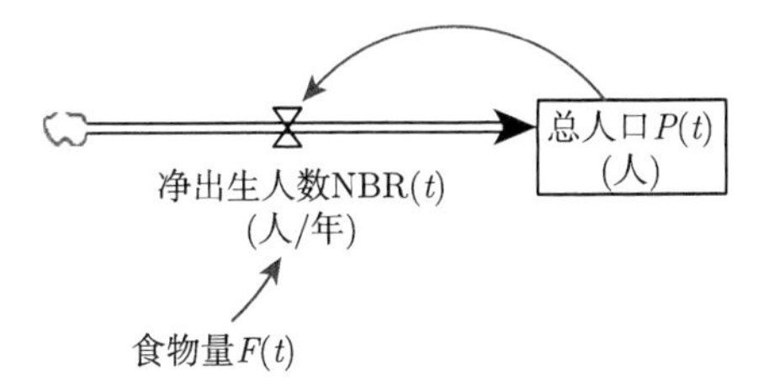

图 2-33 简化的人口系统

图 2-33 显示，人口系统可以用基于人口数和净出生人数的结构来表达。其中，总人口为流位，净出生人数为流率，食物量为外生变量。该图告诉我们：流率变量“净出生人数”在状态变量“总人口”这一流位变量中得到积累。

$$P(t) = \mathrm{INTEGRAL}(\mathrm{NBR}(t), P(t_0)) \tag{2-9}$$

图 2-33 还显示，净出生人数为总人口和食物量的函数，即净出生人数随着总人口和食物量的变化而变化。这样的描述在理论上虽然没有问题，但理解起来却有些含糊。为什么净出生人口数会随着总人口和食物量的变化而变化？

要更好地理解这个问题，可以引入两个辅助变量。引入辅助变量后的人口系统如图 2-34 所示。

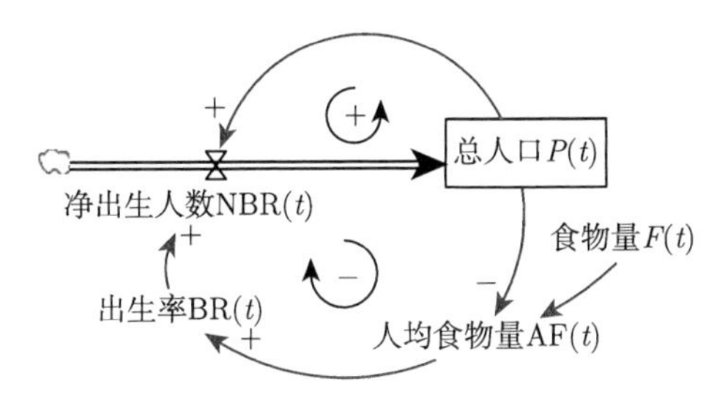

图 2-34 引入辅助变量后的简化人口系统

这个图中 “人均食物量 AF(t)” 和 “出生率 BR(t)” 是引进的两个辅助变量，这两个变量既非流位变量也非流率变量，但可以帮助我们理解总人口和食物量是如何影响净出生人口数的，同时也帮助我们进一步认识总人口在食物约束下的增长规律：食物量和总人口决定了人均食物量，人均食物量再影响出生率，出生率和总人口决定了净出生人数。另外，从图 2-34 还可以看出，驱动人口增长的有两个反馈回路：一个是由总人口和净出生人数构成的正反馈回路；另一个是由总人口、人均食物量、出生率和净出生人数构成的负反馈回路。实际中，总人口的变化规律将取决于起主导作用的那个回路。引入辅助变量后，我们可以清楚地理解出生人数的变化规律，同时也进一步认识到总人口在两个极性不同的反馈回路的作用下变化的行为特征。

当然我们有时也可以消去辅助变量，将模型中的决策简化为一个仅包含流位和外生变量的公式。例如图 2-34，通过将人均食物量的公式代入出生率公式，然后将结果代入净出生人数公式，就可以消去辅助变量，将模型中的流率变量净出生人口数简化为仅含有总人口和食物量及流位变量和外生变量的函数。但是，这种简化，不仅使得变量之间的逻辑关系不容易理解，使总人口和净出生人数之间的因果关系变得含糊，并且无法区分两个不同极性的反馈回路，从而无法发现系统行为特性的深层次规律。

可见引入中间变量对于有效建模是非常有益的。在理想情况下，模型中每一个辅助变量都代表一个实际含义，为简化仿真方程建立打下基础。毕竟一个包含多个概念的长公式，不利于模型的理解，同时带有多个成分的公式和想法也会很难修改。

4. 构建流图模型的一般程序

绘制流图与因果回路图一样，必须建立在对所研究系统的充分认识和理解的基础上。

1) 确定系统边界

系统边界是系统与环境的分界面，用以界定系统包含的要素与系统不包含的要素之间的界限。系统的边界存在于一个连续体中，能够通过边界导入 (人、原材料、输入信息)，并与外界交换成品，服务和输出信息。

建立流图的第一个问题是弄清系统的边界。系统边界以内的诸要素构成所研究的对象。系统的行为取决于它的内部因素。系统边界内部的变化因素称为系统的内生变量，系统边界以外的变化因素称为外生变量。

这一步骤在 2.3.2 节已有详细阐述。

2) 识别系统流位、流率变量

绘制流图从识别系统中的主要流位变量开始，然后识别改变这些流位变量的流率变量。

流位变量是系统的状态变量，某个时刻系统中流量的积累，就是系统在这个时刻的状态。系统动力学就是根据流位变量的变化来描述系统的行为特性。因此必须首先根据研究问题，明确能代表所研究系统问题的流位变量的数目，所选择的每个流位变量都应该有明确的定义。

流率是系统状态变化的速率，是控制流位的变量，是决策变量。

3) 用流图符号描述和连接系统各变量

对于这一步，目前没有统一的规范化的方法。有学者主张首先构建因果回路图，在因果回路图的基础上，区分变量类型，然后使用相应的流图符号描述绘制流图，例如王其蕃在其著作《系统动力学》中，李旭在其《社会系统动力学 —— 政策研究的原理、方法和应用》中都明确指出，流图应该是在因果回路图的基础上进一步区分变量类型而绘制的；而 Andrew Ford 却认为在画因果回路图前先构建流图是十分有效的手段。他说在实际应用中，相对于回路而言，大多数人更容易"看出"状态变量及其变化速率，因而先构建流图比较容易；John Sterman 则认为，虽然因果回路图普遍地用于构思模型的初始阶段，但对于成熟的模型研制者来说，它并不是必经之路。

贾仁安 1998 年提出的流率基本入树建模法，从识别系统所有流位变量及其对应流率开始，确定系统流位流率系；然后以流率为核心，用一组以流率为根的树模型来描述系统内各变量间的因果关系，最后通过图论中的嵌运算形成反馈回路，构建系统流图。本书后面章节的系统动力学流图模型的构建均采用此方法。

2.4.4 系统动力学仿真方程的建立规则

构建方程是系统动力学仿真不可或缺的环节。建立方程的目的在于使模型能用计算机模拟 (或得到解析解)，以研究模型假设中隐含的动力学特性，并确定解决问题的方法与对策。

如果说流图描述了系统结构的整体框架，那么方程则描述了这个框架中各要素之间的定量关系。建立方程是把模型结构"翻译"成数学方程的过程，把非正规、概念的构思转换成正式的定量的数学表达式——规范模型。

在流图的基础上，系统动力学将系统要素之间关系定量描述为一组函数式，本质上是一组微分方程。由于社会经济系统变量间的非线性作用，难以获得复杂系统的解析解，加上管理决策并非是时间连续函数，所以一般求系统数值解，即将微分方程差分化，再利用计算机按照设定时间步长进行仿真分析。

系统动力学方程共有五类，分别是流位方程、流率方程、辅助变量方程、常量方程和初值方程，这五类方程在实际系统中具有各自的使用规则。

1. 流位方程 (L)

流位变量方程是系统动力学的基本方程，是描述系统动力学模型中存量/流位变化的方程。根据流位和流率的关系，流位是流率变化对时间的积累，以积分方式来描述，流位变量方程可用如下积分形式描述：

$$\text{流位变量 LEV}(t)=\text{初始值 LEV}_0+\int_0^{t_0}[\text{入流 RAT}_{\text{in}}(t)-\text{出流 RAT}_{\text{out}}(t)]dt$$

在 Vensim 软件中，用 INTEG 函数来表示这一方程：

存量/流位变量 =INTEG(入流/流入率 − 出流/流出率，初始值)

2. 流率方程 (R)

流率方程是定义一个单位时间间隔 (DT) 内流率形式的方程，其实质是流率变化的自然规则或人为调节流位的决策干预。流率变量方程的标准形式是

$$\text{流位变量 RAT}(t)=f_1[\text{LEV}(t),A(t),\text{RAT}_1(t-\Delta t)]$$

其中，$\text{LEV}(t)$ 表示等式右边所含流位，应为 t 时刻值；$A(t)$ 表示等式右边所含辅助变量，应为 t 时刻值；$\text{RAT}_1(t-\Delta t)$ 表示等式右边所含其他流率变量，应为 $t-\Delta t$ 时刻值。

流率变量方程的确定是难点，通常根据不同的实际背景确定。例如，当流率方程描述的是自然规律时，可通过发现这一规律来构造方程；当流率方程描述的是人们调节存量的主观愿望及决策规则时，则按决策过程构造方程。

3. 辅助变量方程 (A)

辅助变量方程是为简化流率方程而设立的，因此辅助变量方程具有流率变量方程的形式，又因为在仿真计算时，辅助变量计算是在流位变量之后，在流率变量计算之前，所以辅助变量方程标准形式为

$$A_1(t)=f_2[\text{LEV}(t),A_2(t),\text{RAT}(t-\Delta t)]$$

其中，$\text{LEV}(t)$ 表示等式右边所含流位，应为 t 时刻值；$A_2(t)$ 表示等式右边所含另一辅助变量，应为 t 时刻值；$\text{RAT}(t-\Delta t)$ 表示等式右边所含流率，应为 $t-\Delta t$ 时刻值。

辅助变量之间的运行规则应根据实际意义确定，方程的建立一般采用“逆向跟踪”法，按逻辑顺序依次构建。要注意辅助变量之间不能出现“环”，即辅助变量之间不能形成环状引用或定义，其中要有流位变量解耦。

上述三种方程是 Vensim 模型中主要的变量方程，其他的如常量只需直接赋一个固定值；外生变量影响到系统内生变量但不受内生变量影响，所以往往仅是时间 t 的函数。

2.5 本 章 小 结

本章概述了系统、反馈、反馈回路与反馈系统等系统动力学理论的基本概念，举例说明了正反馈系统与负反馈系统的行为特征，阐述了系统动力学模型建立与政策仿真研究的过程。这里要指出的是，对于系统动力学建模与仿真，尽管有某些步骤所有建模者都要遵循，但建模不是一个遵循刻板程序的过程，它本质上是创造性的。

反馈是系统动力学的核心概念。然而人们的心智模式往往忽视那些决定系统动态的关键反馈。系统动力学采用因果回路图和流图来描绘系统的结构。

因果回路图是描绘复杂系统反馈结构的有力工具，是由若干正、负反馈回路耦合构成的回路图。其中正反馈回路：能放大来自回路外部变化的影响；通常以自我增加的方式实现指数形式增长；有时呈现“恶性循环”的形式；回路中负因果链的数目是偶数。而负反馈回路倾向于：削弱来自回路外部变化的影响；通常以系统努力达到目标的方式来表现；有时会以“消耗性”回路的形式出现，不断减少或者消耗系统的资源库；回路中负因果链的数目是奇数。

在系统思考和系统动力学的建模过程中，因果回路图是一种重要的工具。几乎所有的系统思考和系统动力学学者都使用它。大多数的系统动力学软件包也支持构建和显示因果回路图。

因果回路图在学术著作中往往用于以下两个方面：一是构思模型的初始阶段，但应该指出的是，对于成熟的模型研制者来说，它并不是必经之路；二是用于非技术性地、直观地描述模型结构，系统动力学学者会在讨论和建模中使用因果回路图，便于与那些不熟悉系统动力学的人员进行交流讨论，尤其是在展示已建好的模型的重要思想方面用处很大。要让因果图回路有效，应当遵循构建因果回路图的规则。

因果回路图最主要的局限性是它无法表达系统的流位流率结构，而流位是任何系统的基础，流位和流率是系统动力学模型的基本构件。流位是其流入率和流出率之差的累积。流位是系统的状态，决策和行动基于此而作出。流位流率结构描述了在研系统当前的状态，提供了决策和行动所依据的信息。存量只能通过其流量变化，一个存量的值随时间增加 (流入) 或减少 (流出)。存量流量结构广泛存在于社会经济生态系统中。

构建仿真方程是把模型结构“翻译”成数学方程的过程，把非正规、概念的构思转换成正式的定量的数学表达式。系统动力学方程共有五类，分别是流位方程、流率方程、辅助变量方程、常量方程和初值方程，这五类方程在实际系统中具有各自的建立规则。

建模与仿真是一个有序的、科学的和严密的过程，同时又是一个反复的过程。没有人能够从第一步开始，通过一系列活动依次来构建模型。模型建立与政策仿真研究和改变是一个在提出问题、收集数据、绘制反馈结构、写方程、测试和仿真分析之间持续反复的过程，其间有修订与改变、反馈。有效的建模一直在虚拟世界的模型实验与现实世界的实施和数据搜索之间循环。

第二部分　规模养殖户小规模养种循环生态农业系统管理策略研究

该部分是本书作者 2006~2010 年的研究成果。

研究背景　2005 年前后，规模养殖户以消除养殖污染为目标的小规模养种循环生态农业在我国南方农村广泛存在。规模养殖农户，以国家扶持建设的大中型沼气工程为纽带，利用规模养殖所产沼肥，在自有或租种的零散、有限的农地上进行半封闭式简单的小规模养种循环，形成了养种结合的“猪-沼液-水稻”“猪-沼液-冬闲田 (旱地) 蔬菜”“猪-沼液-果”“猪-沼液-鱼饲料”“猪-沼液-饲料”等种养循环生态农业模式。这种小规模种养循环生态农业模式，是解决农村养殖区域能源短缺、资源浪费及规模养殖导致生态环境恶化等问题的重要措施之一。

这种养种循环生态农业模式当时面临的主要问题包括：如何解决沼液与灌溉用水混流，导致水稻减产、农田沼液承载量过剩而富营养化的问题；如何保持沼气供气稳定，鼓励组织周边农户使用沼气燃料的问题；规模养殖户实施适度规模自主经营所需农地的取得 (如：连片租用或开发荒山荒丘) 问题；沼气能源开发，沼液综合利用设施的资金、技术及管理问题；规模种植品种选择、种植技术，特色产品市场开拓、品牌创立中的经营管理问题等等。

研究问题　针对上述系列问题，以地处长江中下游水稻主产区的江西省为研究背景，对农村规模养殖区域普遍存在的沼气、沼液生物质资源的浪费及由此引发的二次污染的问题，从规模养殖区域生物质能循环利用的视角，将系统动力学动态复杂性反馈分析和仿真理论技术与图论、多目标优化理论相结合，对农村规模养殖区域规模养殖户小规模养种循环生态农业系统管理开展研究，形成管理策略。

研究成果　以江西省萍乡市湘东区兰坡村的泰华生猪规模养殖生态农业系统为案例，研究包括：① 基于系统动力学因果关系图，在彼得·圣吉反馈基模分析技术的基础上，创建了定性与定量紧密结合的系统关键变量顶点赋权因果关系图分析法，并将之应用于研究案例泰华生猪规模养殖生态农业系统发展主要制约问题的反馈动态复杂性分析，提出了五条保障规模养殖户小规模养种循环生态农业系统可持续发展的管理策略；② 通过构建了泰华规模生猪养殖生态农业系统管理的系统动力学流率基本入树模型，对系统的反馈动态复杂性进行了有效的定性反馈基模分析；③ 提出主导反馈基模仿真分析法，并利用此方法模拟仿真管理对策实施效果，检测其科学性和局限性，提出对策改进方向，为对策实施提供了有效的理论指导；④ 在泰华养殖区域内设计并部分实施了对策工程；⑤ 通过系统分析广大中小生猪养殖户发展的上限制约及农户专业合作经济组织对消除养殖户发展制约作用，研究构建了基于农户生猪养殖专业合作经济组织的管理对策，在辐射区域内建立了推广体系。

第 3 章　复杂系统关键变量顶点赋权因果关系图分析法

《复杂系统关键变量顶点赋权因果关系图分析法》最早正式发表于《南昌大学学报 (理科版)》2006 年第 30 卷第 6 期，该方法由本书作者王翠霞在其博士就读期间建立。该方法首先基于因果回路图刻画的因果变量间的逻辑关系，从系统的关键变量在某时刻的值入手，通过关联因果链方程或试验数据或实际意义等，计算出其余顶点在该时刻的相应值，作为对应顶点在该时刻的权重，构成该时刻的顶点赋权因果关系图；之后通过顶点赋权图模型结构的定量反馈分析，寻找解决该系统问题的杠杆解，形成具体的管理方针及对策。

3.1　方法建立背景

复杂系统的反馈结构处于不断的动态变化中，一旦这种变化超出了某个阈值，控制系统运行的主导反馈环及其极性 (称为反馈结构主导极性) 将发生转移，系统状态发生改变。而因果关系图虽然能较好地描述系统中变量之间因果反馈回路结构，定性解释系统动态行为的结构原因，但无法体现出系统反馈结构本身的动态变化。

例如对于社会经济系统最常见的 S 型增长行为，因果关系图以由一个正反馈环和一个负反馈环耦合而成的增长上限结构解释这种行为。但因果回路模型却无法定量地显示何时是系统 S 型增长行为的拐点，即系统的主导反馈环何时由正反馈环转换到了负反馈环。事实上，复杂系统的主导反馈回路转移阈值的确定，目前还没有规范化的行之有效的方法。

当然，我们通过观察系统仿真结果能找到这一结构转移的时刻。但仿真的前提是建立刻画系统变量间因果逻辑关系的规范的数学方程模型，而系统动力学模型的方程形式灵活，福瑞斯特等先驱者虽然在实践中总结出了从结构入手的一些基本方程形式，如乘积式、差商式、积差式、表函数等，但由于复杂系统其结构流图涉及变量众多，变量之间错综复杂的因果关系有时难以用数学方程式表达，其中存在大量模糊概念，且有的变量之间的关系完全依赖于试验数据，许多系统动力学建模者尝试与其他理论相结合建立模型方程，取得了一些理论成果，但系统方程的建立仍是一个十分困难的问题，而且方程的可靠性也无法检验。

为此，作者在建立系统因果关系模型的基础上，尝试从系统关键变量入手，为因果关系图中关键变量不同取值时相应的各顶点赋值，构建定性与定量结合的顶点赋权因果关系图模型。通过定量比较因果回路中相关顶点权值的变化，帮助建模者了解系统主导反馈结构的变化，为制定根据针对性的管理策略提供依据。

3.2 基本概念

关键变量顶点赋权图模型是系统动力学因果关系图和流图之间的中间模型。系统动力学因果关系图刻画的是系统变量 (因果关系图中顶点) 之间因果关系的有向图。为给出其规范化的定义，先对因果关系图的构建及因果关系图等基本概念，按图论的符号方法进行重新定义。

1. 反馈、反馈环的定义

定义 3.2.1 将系统或者子系统的输出 $y_i\,(i=1,2,\cdots,n)$ 的全部或一部分返至系统的或者子系统的输入 $x_i\,(i=1,2,\cdots,m)$ 的过程称为反馈。

定义 3.2.2 在一个系统中，n 个不同要素变量的闭合因果链序列：$u_1(t)\rightarrow u_2(t)\rightarrow\cdots\rightarrow u_{n-1}(t)\rightarrow u_n(t)\rightarrow u_1(t)$ 称为此系统中的反馈环。设反馈环中任一变量 $u_i(t)$ 在给定的时间区间的任意时刻，$u_i(t)$ 量相对增加，且由它开始经过一个反馈后导致 $u_i(t)$ 量相对再增加，则称这个反馈环为在给定时间区间内的正反馈环；相对减少则称之为负反馈环。

2. 动态有向图的定义

定义 3.2.3 设 T 为一时间区间，对于任一确定的 $t\in T$，$G(t)=[V(t),X(t)]$，$V(t)=\{v_1(t),v_2(t),\cdots,v_n(t)\}$，$X(t)=\{x_{ij}(t),i,j=1,2,\cdots,n\}$，是一个有向图，则称 $G(t)=[V(t),X(t)]$ 为 T 上的动态有向图。

3. 因果关系图的定义

定义 3.2.4 设 $t\in T$，$G(t)=[V(t),X(t)]$ 是一个动态有向图，若存在映射 $F(t):X(t)\rightarrow\{+,-\}$，则 $G(t)$ 连同映射 $F(t)$ 称为因果关系图，记作 $D(t)=(V(t),X(t),F(t))$，且弧集 $X(t)$ 又称为因果链集，动态有向图 $G(t)$ 称为因果关系图 $D(t)$ 的基图，$D(t)$ 称为 $G(t)$ 的因果关系图。

3.3 关键变量顶点赋权因果关系图的定义

图论中的赋权图是指其中每条边都赋以一个实数 w_k 作为该边的权的图。权可以表示该边的长度、时间、费用或者容量等。借用此思想，本书为因果关系图

$G(t)=[V(t),X(t),F(t)]$，$t\in T$ 的顶点赋权，权值 $v_i(t_j)$ 表示顶点变量 $V_i(t)$ 在 t_j 时刻的取值。

定义 3.3.1 设时间区间 T 上的系统因果关系图 $G(t)=[V(t),X(t),F(t)]$，$t\in T$ 有 $n+1$ 个顶点，且根据实际确定系统关键顶点为 $V_0(t)$。从关键顶点变量在 $t_j\in T$ 时刻的取值 $v_0(t_j)$ 开始，由顶点因果链的关联关系、试验测试数据、顶点的实际意义等，计算出 t_j 时刻顶点集 $V(t)$ 上所有其他顶点的值 $v_i(t_j),i=1,2,\cdots,n$，代入因果关系图，为所有顶点赋权，赋权后的因果关系图称为 t_j 时刻的系统关键变量顶点赋权因果关系图，简称顶点赋权图，记作 $W(t_j)=[V(t_j),X(t_j),F(t_j)]$。

定义 3.3.2 通过建立系统问题的顶点赋权因果关系图模型对系统问题进行分析的方法称为系统的顶点赋权因果关系图分析法。

3.4 关键变量顶点赋权因果关系图反馈分析的基本步骤与作用

1. 基本步骤

步骤 1 定性分析，确定系统边界。

步骤 2 建立系统在时间区间 T 上发展变化的因果关系图 $G(t)=[V(t),X(t),F(t)]$。

步骤 3 对于给定的 $t_j\in T$，从系统因果关系图关键顶点在该时点的值出发，通过关联因果链 $x_{ij}(t)$ 方程，或试验数据，或实际意义等，计算出所有其余顶点 $V_i(t)\in V(t)$ 在 t_j 时刻的对应值 $v_i(t_j)\,(i=1,2,\cdots,n)$。

步骤 4 将所有顶点的值 $v_i(t_j)\,(i=0,1,2,\cdots,n)$ 代入因果关系图，得到系统在 t_j 时点的顶点赋权图 $W(t)=[V(t),X(t),F(t)]$。

步骤 5 通过顶点赋权图模型结构的定量反馈分析，寻找解决该系统问题的杠杆解，形成具体的管理策略。

2. 作用

(1) 建模者可以通过定量比较因果关系中相关顶点权值的变化，了解系统反馈结构的变化，为制定根据针对性的管理策略提供依据。

(2) 由于关键顶点赋权因果关系分析，是对动态反馈复杂系统问题在某个时刻或某些时刻的定量分析，而流图的定量仿真模型是在整个时间区间 T 上对系统进行定量仿真分析，通过定量仿真揭示整体涌现性，因此通过关键变量顶点赋权图对系统在某些时刻关键变量的表象的定量分析，将为用流图模型对系统进行整体仿真研究，提供建立系统变量仿真方程的信息积累。

(3) 关键变量顶点赋权图分析法可对某些实验性较强，建立系统变量仿真方程困难的问题进行定量因果关系分析。

3.5 规模养殖户小规模养种循环生态农业系统顶点赋权图分析

本节利用关键变量顶点赋权因果关系图分析法，研究规模养殖户小规模养种循环生态农业系统成长上限问题。以泰华生猪规模养种循环生态农业系统为例，对规模养种循环经济系统进行反馈分析，利用该系统的增长上限顶点赋权图模型，定量地分析以沼气工程为纽带的规模养殖废弃物生物质能源开发利用、污染治理模式运行中蕴含的四条增长正反馈环、四条制约负反馈环的反馈力度和反馈规律，揭示阻碍其有效运行的上限子系统存在的原因。依据“促进增长上限系统发展的杠杆解是消除制约因素”的管理方针，基于系统内现有的资源条件，提出建立扩充沼气用户工程、沼液与灌溉用水分流工程、旱地与冬闲田蔬菜种植综合开发工程及政府建立配套政策等四条对策建议，形成有效的杠杆解。这一杠杆解及其分析方法在泰华生猪规模养种区域得到了成功的应用，对于我国农村目前广泛存在的种植业和养殖业相对不分离、有一定的土地消纳废弃物的养殖方式具有普遍的实用性。

3.5.1 研究案例泰华生猪规模养种生态农业系统简况

泰华猪场是农户彭玉权的家庭规模生猪养殖场，地处江西省萍乡市湘东区排上镇兰坡村，位于井冈山西域、湘赣边境，境内多属低山丘陵，年均气温 17.3℃。猪场是排上镇养猪协会的龙头，彭玉权是排上镇养猪协会的会长，其养殖行为及管理模式在排上镇乃至整个萍乡地区具有一定示范效应。兰坡村总面积 150ha，全村共有 113 户，424 人。同我国多数农村一样，全村大部分劳动力外出务工，系统内的经济活动主要是生猪养殖，稻谷种植，以及少量的旱地农户自给蔬菜种植。由于生猪养殖的市场和疫病风险及留守劳动力缺乏等原因，绝大多数农户已放弃养猪。

彭玉权自 1996 年开始养猪，养殖规模逐年扩大，2002 年扩建为家庭生猪养殖场，取名泰华猪场，开始大规模自繁自养，2005 年出栏生猪 3000 余头，2006 年初考虑扩大养殖规模。猪场猪舍建在兰坡村头较高的坡地上，面积约 21000m^2，附近有 18 家农户，猪舍南面有一面积约 0.4ha 的池塘，池塘下有清水灌溉沟渠，沟渠流经村里的 13.3ha 水稻田，邻近有未开垦旱地近 16.7ha，本书将此小流域界定为泰华生猪规模养种生态农业区域。

猪场先后建设了共 270m^3 的三个小型沼气池，对养殖粪便进行治理，猪粪水的直接污染问题已基本解决。但其厌氧发酵产生的沼气和沼液因资金、土地、技术、环保意识等主客观原因，未能完全加以综合利用，沼气直接排入大气，沼液大部分流进沟渠，与灌溉用水混流不断进入沿途的稻田，沼液中有机养分累积在区域环境中，年复一年形成环境污染。农田和水体富营养现象严重，水稻由于过肥而“青苗”减产甚至不产，沼液还对沿途及下游水域造成了严重污染。

2006~2010 年，本书作者采用系统动力学反馈仿真理论和方法，对泰华生猪养殖的养种循环生态农业系统的成长上限和可持续发展问题进行研究，取得了系列研究成果，形成了一个应用系统动力学模型方法进行生态农业系统管理策略研究的范式：“关键变量顶点赋权图分析法生成系统管理策略 → 系统动力学参数调控政策仿真分析评价策略实施效果，提出具体对策方案 → 对策方案实施 → 推广体系构建”。这一研究范式可推广到其他社会、经济、环境系统问题管理策略的研究。

接下来详细阐述泰华生猪规模养种生态农业系统的关键变量顶点赋权因果关系图模型建立、反馈结构动态分析、生产管理策略的过程。

3.5.2　泰华生猪规模养种生态农业系统边界的确定

根据 3.5.1 节系统描述以及研究目标，界定泰华生猪规模养殖生态农业系统由养殖区域内生猪规模养殖、水稻和农作物 (蔬菜、青饲料、林果) 种植、能源 (生活用燃料、电)、自然环境 (土壤、水域、大气等)、管理等子系统构成，以生猪养殖为核心。图 3-1 是绘制的系统边界图。

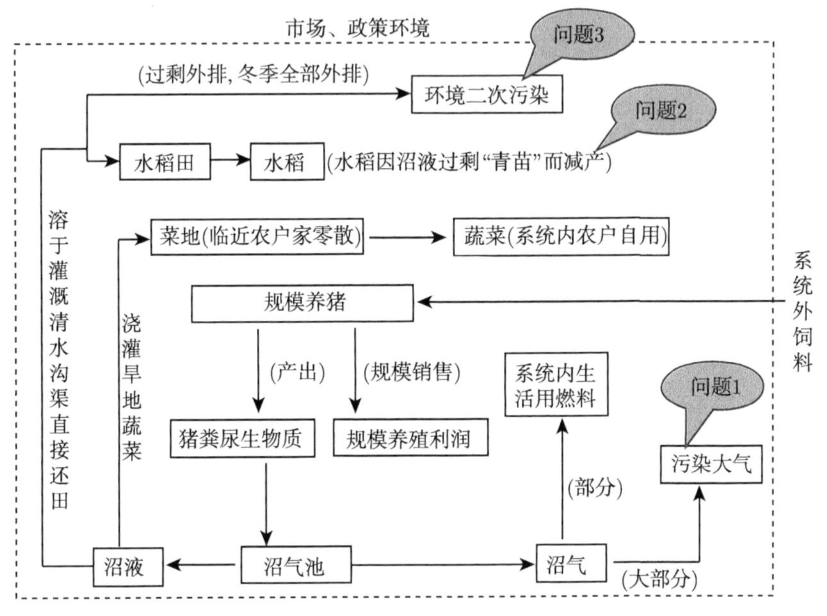

图 3-1　泰华生猪规模养种生态农业系统边界图

3.5.3　系统主要问题识别

通过前两节描述分析我们看出，泰华生猪规模养种生态农业系统是泰华猪场以消除规模养殖污染为目标、以沼气工程为纽带的，围绕规模养殖核心、在其自有及承包的小流域内稻田、山地上种植水稻、蔬菜、青饲料、林果等的家庭农场模式的种养循环生态农业系统。

系统运行中主要存在以下问题。

问题 1　沼液与灌溉用水系统混合排灌造成水稻苗发青、稻谷减产。

问题 2　一方面区域内农田资源短缺，另一方面，长达七个月的水稻冬闲田大量存在，造成了对土地资源的利用率低下，也造成了规模养殖污染在冬季的季节性加剧。

问题 3　沼气存储、供气设施缺乏，供气不稳定，农户对沼气能源的价值及其直接排放造成的温室污染缺乏认识，沼气利用率低下，由优质能源变成污染源。

本书称这种由养殖废弃物厌氧发酵产出物 (沼气、沼液) 产生的污染为规模养殖的二次污染。

3.5.4　系统反馈结构因果关系图模型分析

这里设定 T 为泰华猪场 $270\mathrm{m}^3$ 沼气池已建成并投入使用的时间区间。系统的因果关系图 $G(t)=(V(t),X(t),F(t)),t\in T$，如图 3-2 所示。此因果关系图由 14 个变量即顶点构成，在以下反馈环的阐述中，能明确各变量的具体含义。图 3-2 显示，系统内存在 4 条正反馈环 (1∼ 4)，4 条负反馈环 (1∼ 4)。

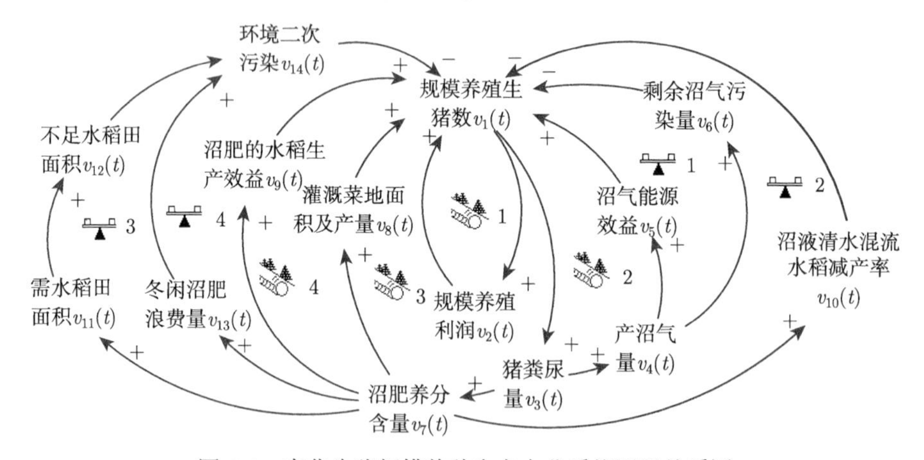

图 3-2　泰华生猪规模养种生态农业系统因果关系图

其中 4 条正反馈环分别为:

(1) $v_1(t)$ 规模养殖生猪数 $\xrightarrow{+}$ $v_2(t)$ 规模养殖利润 $\xrightarrow{+}$ $v_1(t)$ 规模养殖生猪数

(图 3-2 1)；

(2) $v_1(t)$ 规模养殖生猪数 $\xrightarrow{+}$ $v_3(t)$ 猪粪尿量 $\xrightarrow{+}$ $v_4(t)$ 产沼气量 $\xrightarrow{+}$ $v_5(t)$ 沼气能源效益 $\xrightarrow{+}$ $v_1(t)$ 规模养殖生猪数 (图 3-2 2)；

(3) $v_1(t)$ 规模养殖生猪数 $\xrightarrow{+}$ $v_3(t)$ 猪粪尿量 $\xrightarrow{+}$ $v_7(t)$ 沼肥养分含量 $\xrightarrow{+}$ $v_8(t)$ 灌溉菜地面积及产量 $\xrightarrow{+}$ $v_1(t)$ 规模养殖生猪数 (图 3-2 3)；

(4) $v_1(t)$ 规模养殖生猪数 $\xrightarrow{+}$ $v_3(t)$ 猪粪尿量 $\xrightarrow{+}$ $v_7(t)$ 沼肥养分含量 $\xrightarrow{+}$ $v_9(t)$ 沼肥的水稻生产效益 $\xrightarrow{+}$ $v_1(t)$ 规模养殖生猪数 (图 3-2 4)。

4 条正反馈环 (1～ 4) 刻画了泰华生猪规模养种生态农业系统良性运转的促进因素：规模养殖的利润、沼气能源效益及蔬菜、水稻生产有机肥源的取得，是养殖业废弃物生物质能源开发再生利用、污染治理模式运行发展的动力，构成了泰华生猪规模养种生态农业系统的增长子系统。

4 条负反馈环分别为：

(1) $v_1(t)$ 规模养殖生猪数 $\xrightarrow{+}$ $v_3(t)$ 猪粪尿量 $\xrightarrow{+}$ $v_4(t)$ 产沼气量 $\xrightarrow{+}$ $v_6(t)$ 剩余沼气直接排放对大气污染量 $\xrightarrow{-}$ $v_1(t)$ 规模养殖生猪数 (图 3-2 1)；

(2) $v_1(t)$ 规模养殖生猪数 $\xrightarrow{+}$ $v_3(t)$ 猪粪尿量 $\xrightarrow{+}$ $v_7(t)$ 沼肥养分含量 $\xrightarrow{+}$ $v_{10}(t)$ 沼肥清水混流水稻减产率 $\xrightarrow{-}$ $v_1(t)$ 规模养殖生猪数 (图 3-2 2)；

(3) $v_1(t)$ 规模养殖生猪数 $\xrightarrow{+}$ $v_3(t)$ 猪粪尿量 $\xrightarrow{+}$ $v_7(t)$ 沼肥养分含量 $\xrightarrow{+}$ $v_{11}(t)$ 消纳沼液所需水稻田面积 $\xrightarrow{+}$ $v_{12}(t)$ 消纳沼液水稻田不足面积 $\xrightarrow{+}$ $v_{14}(t)$ 沼液环境二次污染 $\xrightarrow{-}$ $v_1(t)$ 规模养殖生猪数 (图 3-2 3)；

(4) $v_1(t)$ 规模养殖生猪数 $\xrightarrow{+}$ $v_3(t)$ 猪粪尿量 $\xrightarrow{+}$ $v_7(t)$ 沼肥养分含量 $\xrightarrow{+}$ $v_{13}(t)$ 冬闲沼肥浪费量 $\xrightarrow{+}$ $v_{14}(t)$ 沼液环境二次污染 $\xrightarrow{-}$ $v_1(t)$ 规模养殖生猪数 (图 3-2 4)。

4 条负反馈环 (1～ 4) 揭示了由于沼气污染、沼液与灌溉清水混流、消纳沼液所需水稻田面积不足、冬闲季节沼肥浪费造成严重二次污染对养殖规模的制约反馈关系，构成了泰华生猪规模养种生态农业系统的上限子系统。于是有以下结论。

结论 泰华规模养殖生态农业系统是一个成长上限反馈系统。系统中沼气污染、沼液与灌溉清水混流、消纳沼液所需水稻田面积不足、冬闲季节沼肥浪费造成严重二次污染三个问题构成了泰华生猪规模养种生态农业系统发展的上限系统。

3.5.5 顶点赋权图模型各顶点权值的确定

为了深入刻画已建成的沼气池并投入使用后的规模养殖生态农业系统问题，在如图 3-2 所示的系统因果关系图 $G(t)=(V(t),X(t),F(t))$ 基础上，取 $t_1=2005$ 年，对如图 3-2 所示的系统成长上限因果关系图从关键顶点“规模养殖生猪数”开始，通过关联因果链方程或试验数据或实际意义等，确定描述各顶点 $V_i(t), i=1,2,\cdots,n$ 的指标并计算出该年度的对应值 $v_i(t_1), i=1,2,\cdots,n$，建立泰华生猪规模养种生态农业系统在 t_1 年的关键变量顶点赋权图 $W(t_1)=(V(t_1), X(t_1), F(t_1))$。

1. 关键变量顶点值

已知 2005 年泰华猪场年出栏猪 3000 头，即规模养殖生猪数 $v_1(t_1)=$ 3000 头/年。这是规模养殖生态农业系统的一个关键变量，也是系统运行分析的初始值。下面分析以此为初始值的系统其他各变量的对应值。

2. 规模养殖年利润值的计算与分析

在图 3-2 中，顶点 $v_2(t)$ 的关联因果链为：$v_1(t)$ 规模养殖生猪数 $\xrightarrow{+}$ $v_2(t)$ 年规模养殖利润。由于泰华猪场实行的是自繁自养模式，这里建立了自繁自养模式下的养殖利润公式：

平均每头猪的利润
= 商品猪价格 × 平均每头重量 −(平均每头饲料成本
+平均每头人工成本+平均每头水电成本+平均每头防疫
成本+平均每头母猪平摊成本+平均每头设备折旧平摊成本)

根据泰华猪场近十年的养殖数据得

泰华猪场平均每头猪的利润
= 7.6 元/kg×105kg/头 −(235kg/头 ×2.1 元/kg + 45 元/头
+ 10 元/头+ 12 元/头+ 130 元/头+ 30 元/头)
= 798 元/头 −720.5 元/头
= 77.5 元/头

泰华猪场年出栏 3000 头生猪的年销售利润

$$
\begin{aligned}
v_2(t_1) &= 77.5\ \text{元/头} \times 3000\ \text{头/年} \times 10^{-4} \\
&= 23.25\ \text{万元/年}
\end{aligned}
$$

由此可见虽然每头猪的销售利润只有 77.5 元，但实行规模养殖，年出栏 3000 头的泰华猪场年利润达 23 万余元。这就证明了生猪的规模养殖确实是农民增收的一条途径。而规模养殖的可观收入反过来又会促进农民扩大生猪养殖的规模，形成正反馈，因此利润是农民发展生猪规模养殖的直接动力。

3. 规模养殖猪粪尿量的计算与分析

由因果链 $v_1(t)$ 规模养殖生猪数 $\xrightarrow{+}$ $v_3(t)$ 猪粪尿量的关联关系计算 $v_3(t)$ 的值。

一般一头猪饲养期平均为 180 天，日排粪量 2.1kg，排尿量 3.8kg。但猪排粪、尿量与饲料结构及环境有关，实测结果显示：泰华猪场一头猪日排粪量平均为 1.5kg，排尿量为 2.6kg，另外，泰华猪场由于养殖管理效益高，猪出栏重量 100~110kg，饲养期为 160 天，据此计算泰华猪场年出栏 3000 头时的年猪粪尿排泄量。

猪场生猪年产粪尿量

$$=[1.5(\text{kg}/(\text{天}\cdot\text{头})) + 2.6(\text{kg}/(\text{天}\cdot\text{头}))]\times 160(\text{天})\times 3000(\text{头}/\text{年})\times 10^{-3}$$

$$=1968\text{t}/\text{年}$$

进一步分析，猪粪尿中含有大量可再生生物质资源，首先含丰富的营养成分氮、磷、钾含量。查阅相关文献猪粪尿中氮、磷、钾含量，按如下公式计算：

年产猪粪 (尿) 含氮量

= 年鲜猪粪 (尿) 量 × 猪粪 (尿) 含氮率 0.56%(0.31%)

年产猪粪 (尿) 含磷量

= 年鲜猪粪 (尿) 量 × 猪粪 (尿) 含磷率 0.4%(0.12%)

年产猪粪 (尿) 含钾量

= 年鲜猪粪 (尿) 量 × 猪粪 (尿) 含钾率 0.44%(0.95%)

由上述公式可以计算出泰华猪场年出栏 3000 头生猪时年产猪粪尿的氮、磷、钾含量：

猪场年产猪粪尿含氮量

$$= 720\text{t}/\text{年} \times 0.56\% + 1248\text{t}/\text{年} \times 0.31\%$$

$$=4.032\text{t}/\text{年} + 3.8688\text{t}/\text{年}$$

$$= 7.9\text{t}/\text{年} \quad (21.6\text{kg}/\text{天})$$

猪场年产猪粪尿含磷量

$$= 720\text{t}/\text{年} \times 0.4\% + 1248\times 0.12\%$$

$$= 2.88\text{t}/\text{年} + 1.4976\text{t}/\text{年}$$

$$= 4.38\text{t}/\text{年} \quad (12\text{kg}/\text{天})$$

猪场年产猪粪 (尿) 含钾量

$$= 720\text{t}/\text{年} \times 0.44\% + 1248\times 0.95\%$$

$$= 3.168\text{t}/\text{年} + 11.856\text{t}/\text{年}$$

$$= 15\text{t}/\text{年} \quad (41.1\text{kg}/\text{天})$$

综上得出，泰华猪场年出栏 3000 头时猪粪尿量 $v_3(t)$ 的值

$$v_3(t_1)=\begin{cases}\text{粪尿量 1968t/年}\\ \text{含氮量 7.9t/年}\\ \text{含磷量 4.38t/年}\\ \text{含钾量 15t/年}\end{cases}$$

$v_3(t_1)$ 值揭示了一方面猪场粪尿是一个大的生物质资源库，但另一方面，大量的猪粪尿若集中排放将造成严重的污染。

4. 规模养殖沼气工程生物质能源开发年产沼气量的计算与分析

泰华猪场为了治理猪粪尿污染，开发其生物质能源，先后建立了共计 270m^3 的三个沼气池，对猪粪尿进行厌氧处理，本节先计算其年出栏 3000 头猪时的产沼气量。

沼气发酵产气量的计算一般有三种计算方式，这里采用原料干物率及干物质 (TS) 产气率计算。

在图 3-2 中，顶点 $v_4(t)$ 的因果关联链为：$v_3(t)$ 猪粪尿量 $\xrightarrow{+}$ $v_4(t)$ 年产沼气量，由文献得如下公式

$$\begin{aligned}&\text{猪粪年产沼气量}\\ &=\text{鲜猪粪量}\times 18\%(\text{干物率})\times 257.3\text{m}^3/\text{t}(\text{干猪粪产气量})\\ &\text{猪尿年产沼气量}\\ &=\text{鲜猪尿量}\times 3\%\ (\text{干物率})\times 257.3\ \text{m}^3/\text{t}(\text{干猪粪产气量})\end{aligned}$$

于是，泰华养殖场规模养殖猪粪尿年产沼气量

$$\begin{aligned}v_4(t_1)&=720\text{t/年}\times 18\%\times 257.3\text{m}^3/\text{t}+1248\text{t/年}\times 3\%\times 257.3\text{m}^3/\text{t}\\ &=42979\ \text{m}^3/\text{年}\quad (117.8\text{m}^3/\text{天})\end{aligned}$$

沼气是以甲烷为主要成分的一种可燃的混合气体，沼气作为一种清洁高效的能源，可替代薪柴、煤炭等作为生活用燃料，既有利于减少对不可再生能源的消耗，又为农民节约购买商品燃料的支出，而且能避免薪柴、煤炭等燃烧产生过量烟尘及二氧化碳对大气的污染，提升农村生活用能的质量，改善农村生态环境。

5. 年产沼气能源效益的计算及分析

随着向市场经济的过渡，农村地区所消费的能源正逐步由生物质一次能源主导型向商品能源主导型转化。目前我国中部地区农村生活用燃料以煤炭、薪柴为主。因此可从以下三个方面计算泰华猪场每年产生的 42979 m^3 沼气的能源效

益。以下公式中沼气、燃煤、薪柴的能值及沼炉、煤炉、柴灶的热转换率参考文献 (张全国，2005)。

1) 替代燃煤，利于能源的可持续发展

$$
\begin{aligned}
& 1\text{m}^3 \text{ 沼气有效能值} \\
= & 0.02092\text{GJ/m}^3(\text{沼气能值})\times 60\%(\text{沼炉热能转换系数}) \\
= & 0.012552 \text{ GJ/m}^3 \\
& 1\text{kg 煤的有效能值} \\
= & 0.0136\text{GJ/kg}(\text{煤的能值}) \times 29.4\%(\text{煤炉热转换率}) \\
= & 0.0039984\text{GJ/kg}
\end{aligned}
$$

所以

$$
\begin{aligned}
& 1\text{m}^3 \text{ 沼气煤当量} \\
= & 0.012552 \text{ GJ/m}^3/ \ 0.0039984\text{GJ/kg} \\
= & 3.1318\text{kg/m}^3 \\
& 3000 \text{ 头猪年产沼气煤当量} \\
= & 42979 \text{ m}^3/\text{年} \times 3.1318\text{kg/m}^3\times 10^{-3} \\
= & 134.6\text{t/年} \quad (368.7\text{kg/天})
\end{aligned}
$$

以上计算结果显示，规模养殖年出栏 3000 头时，每年猪场粪尿可产生的沼气相当于 134.6t 煤燃烧的热值，每日可替代 368.7kg 的燃煤。煤是不可再生的资源，在当今能源紧缺，农村生活用能匮乏的背景下，通过沼气技术对猪场粪尿生物质资源的二次开发利用，具有保障国家能源安全，促进能源可持续发展的战略意义。

2) 减少薪柴砍伐，利于农村水土保持、环境治理

$$
\begin{aligned}
& 1\text{kg 薪柴的有效能值} \\
= & 0.0167\text{GJ/kg}(\text{薪柴的能值}) \times 25\%(\text{柴灶热效率}) \\
= & 0.004175\text{GJ/kg} \\
& 1 \text{ m}^3 \text{ 沼气薪柴当量} \\
= & 0.012552 \text{ GJ/m}^3/ \ 0.004175 \text{ GJ/kg} \\
= & 3.006 \text{ kg/m}^3 \\
& 3000 \text{ 头猪年产沼气薪柴当量} \\
= & 42979 \text{ m}^3/\text{年} \times 3.006 \text{ kg/m}^3\times 10^{-3} \\
= & 129.2\text{t/年} \quad (354\text{kg/天})
\end{aligned}
$$

薪柴的过度砍伐是造成许多地区水土流失的重要原因，上述数据表明 3000 头猪的粪尿，通过沼气池发酵，每年可产生的沼气相当于 129.2t 薪柴燃烧的热值，每

日可替代 354kg 的薪柴，可见，通过沼气技术对猪场粪尿生物质资源的二次开发利用有利于农村水土保持。

3) 减少农民生活用能支出，减轻农民负担

由于沼气商品化发展在我国还不成熟，无法得知其市场价格，一般沼气价值按与其等量用能的农家燃料的费用替代，这里按当地的燃煤价格折算沼气价值。实地调查得当地农户平均每户每天烧煤球 5 个，煤球价格为 0.40 元/个，每个煤球重 0.75kg，则每户平均每天生活用燃煤 3.75kg，费用为 2 元。将每日所需燃煤折算成沼气，为

$$\begin{aligned}&\text{平均每户每天需沼气量}\\&= 3.75\text{kg}/(\text{户}\cdot\text{天})/3.1318\text{kg}/\text{m}^3(\text{沼气煤当量})\\&= 1.2\text{m}^3/(\text{户}\cdot\text{天})\end{aligned}$$

所以泰华猪场年产沼气可供 98 户 $(117.8\text{m}^3/\text{天}/(1.2\text{m}^3/(\text{户}\cdot\text{天})))$ 农家生活用燃料。

由煤球价格折算的沼气价格为

$$(0.40\text{ 元/个}\times 5\text{ 个})/\ 1.2\text{m}^3 = 1.67\text{ 元}/\text{ m}^3$$

于是，泰华猪场年猪粪尿产气量的价值为

$$42979\ \text{m}^3/\text{年}\times 1.67\text{ 元}/\ \text{m}^3\times 10^{-4} = 7.2\text{ 万元/年}$$

综上，年出栏猪 3000 头时，每年的猪粪尿通过沼气工程生物质能源开发所潜在的沼气能源效益值

$$v_5(t_1) = \begin{cases}\text{年产沼气的煤当量 } 134.6\text{t/年}\\ \text{年产沼气薪柴当量 } 129.2\text{t/年}\\ \text{沼气能源收入 } 7.2\text{ 万元/年}\end{cases}$$

沼气的这一潜在的能源效益值表明沼气工程生物质能源开发在猪场粪尿生物质能源开发中重要的经济、社会、生态效益。这一效益促使规模养殖数量 $v_1(t)$ 的增加，形成正反馈环 (图 3-2 2)。

6. 剩余沼气直接排放对大气污染量的计算与分析

虽然沼气存在可观的潜在能源效益，但沼气的主要成分甲烷 (CH_4) 和二氧化碳是温室气体，系统内使用不完的沼气直接外排，对大气产生污染。这里选取剩余排放的沼气中所含的甲烷和二氧化碳量作为沼气对大气污染值的描述。

泰华猪场目前年出栏 3000 头的规模下，只有 1/3 的沼气得到有效利用。其具体使用数据结构如下：至 2006 年 8 月，猪场职工做饭、洗澡水加热全使用沼气燃

料，相当于 7 户普通农家用气量，另外猪场还为附近 24 户农家架设了沼气输气管道，安装了燃气灶具，为其提供生活燃气，因此按前述 $1.2\text{m}^3/(\text{户}\cdot\text{天})$ 计，

$$\text{日均用气量} = 1.2\text{m}^3/(\text{户}\cdot\text{天})\times 31\ \text{户} = 37.2\text{m}^3/\text{天}$$

则

$$\begin{aligned}
&\text{日均外排沼气量}\\
=\ &\text{日产沼气量} - \text{日均用气量}\\
=\ &117.8\ \text{m}^3/\text{天} - 37.2\text{m}^3/\text{天}\\
=\ &80.6\ \text{m}^3/\text{天}\\
&\text{年外排沼气量}\\
=\ &\text{日均外排沼气量}\ \times 365\times 10^{-4}\\
=\ &80.6\ \text{m}^3/\text{天}\ \times 365\ \text{天}/\text{年}\ \times 10^{-4}\\
=\ &2.94\ \text{万}\ \text{m}^3/\text{年}\\
&\text{年外排沼气含甲烷量}\\
=\ &\text{年外排沼气量}\ \times\ \text{沼气中甲烷含量}\\
=\ &2.94\ \text{万}\ \text{m}^3/\text{年}\ \times(55\sim 70)\%\\
=\ &(1.62\sim 2.06)\ \text{万}\ \text{m}^3/\text{年}\\
=\ &1.84\ \text{万}\ \text{m}^3/\text{年}\ (\text{取均值})\\
&\text{年外排沼气含二氧化碳量}\\
=\ &\text{年外排沼气量}\ \times\ \text{沼气中二氧化碳含量}\\
=\ &2.94\ \text{万}\ \text{m}^3/\text{年}\ \times(25\sim 40)\%\\
=\ &(0.735\sim 1.18)\ \text{万}\ \text{m}^3/\text{年}\\
=\ &0.96\ \text{万}\ \text{m}^3/\text{年}\ (\text{取均值})
\end{aligned}$$

综上, 得剩余沼气直接排放对大气污染量

$$v_6(t)|_{t=2005} = \begin{cases} \text{外排沼气量: } 2.94\ \text{万}\ \text{m}^3/\text{年} \\ \text{外排沼气含甲烷量: } 1.84\ \text{万}\ \text{m}^3/\text{年} \\ \text{外排沼气含二氧化碳量: } 0.96\ \text{万}\ \text{m}^3/\text{年} \end{cases}$$

每年 2.94 万 m^3 剩余沼气的直接排放，其对大气产生的污染，制约着养殖规模的扩大，形成了顶点赋权负反馈环，见图 3-2 中 ▲1。

7. 沼肥养分含量的计算及分析

泰华猪场沼气工程生物质能源开发对养殖粪便的污染治理产生了很好的效益，2006 年 5 月，对猪场原厌氧消化液 (即沼液) 实地采样，经南昌大学环境工程试验室检测，得其主要污染物的浓度含量指标为：化学需氧量 (COD_{cr})：334mg/L、氨氮 (NH_3-N)：12.7mg/L、磷：19.2mg/L，较猪粪尿直接排放 (化学需氧量：21000mg/L、氨氮：134mg/L、磷：326mg/L) 有很好的改善。《畜禽养殖业污染物排放标准》规定最高允许排放浓度标准要求 (化学需氧量：400mg/L、氨氮：80mg/L、磷：8.0mg/L)，可见沼液中化学需氧量的浓度、氨氮的浓度已达到了最高允许排放浓度标准。

沼肥所含的种植业所需的养分可以其中所含的氮、磷、钾量表示，资料显示，沼肥中氮、磷、钾的收集率，氮和磷一般可达 95%，钾一般可达 90%，所以，其年产沼肥中氮、磷、钾含量分别为

$$\begin{aligned}
\text{猪场年产沼肥含氮量} &= \text{猪场年产猪粪尿含氮量} \times 95\% \\
&= 7.9\text{t/年} \times 95\% \\
&= 7.5\text{t/年} \\
\text{猪场年产沼肥含磷量} &= \text{猪场年产猪粪尿含磷量} \times 95\% \\
&= 4.4\text{t/年} \times 95\% \\
&= 4.18\text{t/年} \\
\text{猪场年产沼肥含钾量} &= \text{猪场年产猪粪尿含钾量} \times 90\% \\
&= 25\text{t/年} \times 90\% \\
&= 22.5\text{t/年}
\end{aligned}$$

所以，泰华猪场年出栏 3000 头猪时，其猪粪尿经厌氧发酵所产沼肥养分含量

$$v_7(t_1) = \begin{cases} \text{氮}: 7.5\text{t/年} \\ \text{磷}: 4.18\text{t/年} \\ \text{钾}: 22.5\text{t/年} \end{cases}$$

8. 沼液浇灌蔬菜地及其产量的计算与分析

从顶点 $v_7(t_1)$ 可知沼液含有丰富的氮、磷、钾基本营养元素。近年来，沼液的综合功能不断被揭示和证明，其所含的氮、磷、钾都是以速效养分的形式存在，因此速效营养能力很强，养分可利用率高，是一种多元的速效复合肥。用沼肥浇灌蔬菜，可减少农药、化肥的使用，还能增加作物产量、提高品质，同时增强抗病和防冻能力，而且长期施用沼肥，可明显改善土壤性状，优化土壤生态环境，达到永续利用。

泰华猪场附近 38 家农户皆用沼肥在自家房前屋后零散的自用蔬菜地种植蔬菜。

灌溉菜地面积
= 人均自给蔬菜面积 × 平均每户人数 × 户数
= 0.08 亩/人 ×5 人/户 ×38 户
= 15.2 亩 (1ha)

蔬菜产量
= (蔬菜地面积 × 平均每人每天蔬菜量) × 自给系数
× 年天数) /人均自给蔬菜地面积
= (15.2 亩 ×0.7kg/(人 · 天) ×0.6×365 天/年)/ 0.08(亩/人)
= 29127kg/年 (29.1t/年)

由此得灌溉菜地面积及其产量

$$v_8(t_1) = \begin{cases} \text{灌溉菜地面积 1ha} \\ \text{蔬菜产量 29.1t/年} \end{cases}$$

此结果揭示，规模养殖沼肥为农户蔬菜种植提供有机肥源。以沼气工程进行生物质能源开发，使规模养殖与无公害农产品生产形成一个互相推动的正反馈环(图 3-2 3)。

9. *沼肥用于水稻生产的化肥农药效益的计算与分析*

中部是我国的水稻主产区，以养殖业为中心，以沼气工程生物质能源开发为纽带的“猪–沼液–水稻”生态农业模式具有重要现实意义。调研得，当地种植水稻每亩约需施用 180~200 元化肥，50~70 元农药，以沼肥替代化肥用于水稻种植，可以节约化肥支出，同时由于沼肥具较好的抗病虫害能力，使用沼肥后农药使用减半。分别取其平均值，得泰华猪场沼肥用于 200 亩水稻生产的化肥农药效益值。

沼肥用于水稻生产的化肥农药效益 $v_9(t_1)$
= (每亩节约的化肥支出＋每亩节约的农药支出)
× 农田面积 $\times 10^4$
= [190 元/(亩 · 年) ＋ 30 元/(亩 · 年)]×200 亩 $\times 10^4$
= 4.4 万元/年

水稻生产使用沼肥，可替代化肥、节约农药，规模养殖与水稻生产形成正反馈(图 3-2 4)，其对应的顶点赋权正反馈环 (图 3-3 4) 定量地揭示了正反馈的力度。

10. *沼液与灌溉用水混流，致使水稻减产率的计算及分析*

以沼肥替代化肥用于水稻种植，可以节约化肥、农药支出，改善土壤土质，但不合理的沼肥灌溉方式又使水稻减产。泰华猪场所在地水稻产量原平均为 8250kg/ha，后因猪场沼液与灌溉用水混流还田，造成水稻苗过肥而发青，使猪场周边 13.3ha 水稻田平均产量仅为 4500kg/ha，减产率 $v_{10}(t_1)= 45.5\%$。

中部地区是中国乃至世界的水稻主产区，水稻如此高的减产率必然危及粮食安全，构成制约实施 “猪–沼液–水稻” 工程的一条重要的负反馈环 (图 3-2 ⚖2)，其对应的顶点赋权反馈环 (图 3-3 ⚖2) 定量地揭示了负反馈的制约力度。

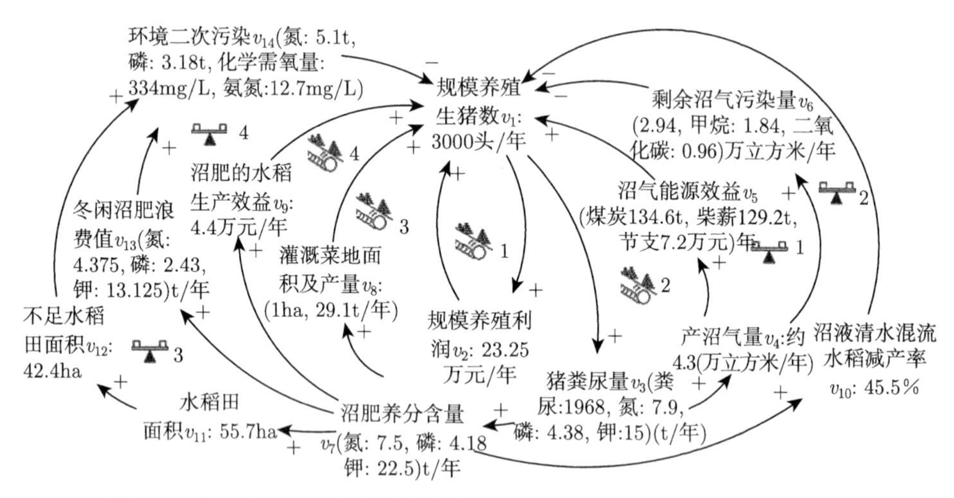

图 3-3　年出栏 3000 头时的泰华生猪规模养种生态农业系统顶点赋权图

11. *消纳沼液所需水稻田面积的计算与分析*

据全国化肥试验网的肥料定位试验结果表明，要达到 600~800kg /亩的粮食产量，并保持和提高土壤肥力，需要合理的施肥量，其中氮为每季施 150~180kg/ha，磷为每季施 45~75kg/ha。实地调查得，兰坡自然村小流域水稻每年双季种植比单季种植亩产仅多 100kg，增加收入 100 余元，考虑到劳动力成本，农户大多选择每年只种一季稻。由沼肥养分含量 $v_7(t)$ 值 (氮: 7.5t/年，磷: 4.18t/年) 得泰华猪场

$$
\begin{aligned}
&\text{消纳沼肥中的氮需农田面积}\\
&=7500\text{kg/ha}\div (150\sim180)\text{kg/ha} = 41.7\text{ha (取上限)},
\end{aligned}
$$

消纳沼肥中的磷需农田面积 $=4180\text{kg/ha}\div (45\sim75)\text{kg/ha} = 55.7$ ha (取上限)，

综合考虑对氮、磷的承载量，消纳沼液所需水稻田面积 $v_{11}(t) = 55.7$ha (取上限)。

12. 消纳沼液水稻田不足面积的计算与分析

泰华规模养殖生态农业系统内现有水稻田 13.3ha(200 亩)。由于目前蔬菜种植为农户自给自足，菜地量少且分散，所用沼液是农户肩挑浇灌，消纳沼液量非常少，所以消纳沼液水稻田不足面积将近似为

$$v_{12}(t_1) = 55.7\text{ha} - 13.3\text{ha} = 42.4\text{ha}$$

13. 冬闲季节沼肥资源浪费量的计算及分析

泰华养殖场所在地水稻每年 5 月播种，9 月底收割，种植期约为 5 个月，其余近 7 个月时间，稻田一般荒存闲置，这里称之为冬闲田。冬闲田的存在，对人均耕地严重不足的江西省而言，是一种极大的浪费。同时，冬闲季节水田不需灌溉，沼肥除极少一部分被农户用于闲散菜地浇灌外，绝大部分不被利用，造成极大的资源浪费。从这一角度考虑，每年有近 7/12 的沼肥不曾被利用，其浪费量为

$$v_{13}(t_1) = \begin{cases} \text{氮}: 7.5\text{t/年} \times 7/12 = 4.375\text{t/年} \\ \text{磷}: 4.18\text{t/年} \times 7/12 = 2.43\text{t/年} \\ \text{钾}: 22.5\text{t/年} \times 7/12 = 13.125\text{t/年} \end{cases}$$

如此大量的有机养分得不到有效利用，不仅是资源的浪费，而且对环境造成污染。

14. 沼液二次环境污染量的计算及分析

由于消纳猪场所产沼液水稻田面积的不足以及水稻生产用肥的季节性，大量的沼液不能在系统内消化，尤其是在这 7 个月冬闲季节中，溶有大量沼液的水沿水渠直接流往下游，其中所含的氮、磷、氨氮及化学需氧量等使沿途及下游水体出现富营养化，发黑、变臭、水质恶化，甚至渗入地下水，污染了下游饮用水源。这里以过剩沼液中所含的氮、磷量及氨氮和化学需氧量浓度作为沼液二次环境污染量指标。按如下公式计算：

$$\begin{aligned}
&\text{每年过剩沼液总氮量} \\
&= \text{水稻种植季节过剩沼液含氮量} + \text{冬闲季节沼液中氮总量} \\
&= \text{种植季节沼液中氮总量} - \text{水稻田面积} \times \text{农田每季合理的施氮肥量} \\
&\quad + \text{冬闲季节沼液中氮总量} \\
&= \frac{5}{12}\times 7.5\ \text{t/年} - 13.3\text{ha}\times 0.18\text{t/(ha}\cdot\text{年)} + 7.5\times\frac{7}{12}\text{t/年} \\
&= 5.106\text{t/年}
\end{aligned}$$

$$\begin{aligned}
&\text{每年过剩沼液总磷量} \\
&= \text{水稻种植季节过剩沼液含磷量} + \text{冬闲季节沼液中磷含量} \\
&= \text{种植季节沼液中磷总量} - \text{水稻田面积} \times \text{农田每季合理的施磷肥量}
\end{aligned}$$

$$
\begin{aligned}
&+\text{冬闲季节沼液中磷总量}\\
&=\frac{5}{12}\times 4.18\ \text{t/年}\ -13.3\text{ha}\cdot\times 0.075\text{t/(ha}\cdot\text{年)}\ +\ 4.18\times\frac{7}{12}\text{t/年}\\
&=3.18\ \text{t/年}
\end{aligned}
$$

沼液中氨氮和化学需氧量浓度如前文所述，由 2006 年 5 月实地采样检测得：氨氮浓度 = 12.7mg/L，化学需氧量浓度 =334mg/L，因此沼液环境二次污染量的值

$$
v_{14}(t_1)=\begin{cases}\text{过剩沼液总氮量：5.1t/年}\\ \text{过剩沼液总磷量：3.18t/年}\\ \text{化学需氧量浓度：334mg/L}\\ \text{氨氮浓度：12.7mg/L}\end{cases}
$$

这个顶点值反映了剩余沼液的污染程度，每年 5.1 吨氮、3.18 吨磷的盈余，且虽然沼液化学需氧量的浓度、氨氮的浓度已达到了《畜禽养殖业污染物排放标准》规定最高允许排放浓度标准要求 (化学需氧量：400mg/L、氨氮：80mg/L、磷：8.0mg/L)，但常年排放，它们对土壤水体富营养化的贡献仍不可小视。

3.5.6　系统顶点赋权因果关系图模型

将 3.5.5 小节计算的各顶点的对应值，代入图 3-2 的泰华养殖规模为年出栏生猪 3000 头时的关键变量顶点赋权图 $W(t_1)=(V(t_1),X(t_1),F(t_1))$ (图 3-3)。

图 3-3 中，四个正反馈环各顶点值深刻揭示了年出栏 3000 头时，可获利润 23.25 万元，同时对每年产生的 1968t 猪粪尿采用沼气技术厌氧发酵，能产生 42979m^3 的沼气及含氮磷钾分别为 7.5t、4.18t、22.5t 的高品质有机肥，沼气可替代 134.6t 燃煤或 129.2t 薪柴用作生活用燃料，沼肥可替代化肥、农药用于水稻及蔬菜的种植，促进种植业的发展。四个负反馈环各顶点值以实际的数据，具体地刻画了泰华猪场规模养殖生态农业系统年出栏 3000 头养殖规模下，存在的剩余 2/3 的沼气排放，产生大气污染、沼液与清水混流使水稻减产 45.5%、由于承载农田的面积不足 (缺 42.4ha/年) 及冬闲季节农田的闲置等原因产生严重的二次污染，这四方面的负反馈作用，成为生猪规模养殖业发展的制约。

图 3-3 从定量的角度，深刻地揭示了以下结论。

结论　年出栏 3000 头生猪的规模养殖，其对养殖利润、沼气能源、沼肥替代化肥、农药用于无公害蔬菜、水稻生产的正反馈作用，以及剩余沼气排放对大气的污染、沼液与清水混流使水稻减产、农田面积不足及冬季农田的闲置等原因产生严重的二次污染对养殖业发展的抑制作用都与养殖规模之间存在严格的定量依赖关系。这是一个复杂系统问题，只有采用系统工程管理技术才能消除制约，促进有序发展。

3.5.7　基于顶点赋权图的生猪规模养殖生态农业系统管理对策研究

图 3-3 中各顶点值刻画的是 t_1 =2005 年关键变量规模养殖生猪数 $v_1(t_1)$= 3000 头/年时系统变量的值。当关键变量规模养殖生猪数量 $v_1(t)$ 增加时，系统各顶点值将随之改变。

1. 关键变量值增加时顶点赋权图模型及其变化分析

猪场正规划将养殖规模扩大到年出栏 1 万头，即 $v_1(t_2)$= 1 万头/年，此时按同样方法可计算各顶点值，代入图 3-2 得泰华猪场养殖规模为年出栏猪 1 万头时的关键变量顶点赋权图 $W(t_2) = (V(t_2), X(t_2), F(t_2))$ (图 3-4)。

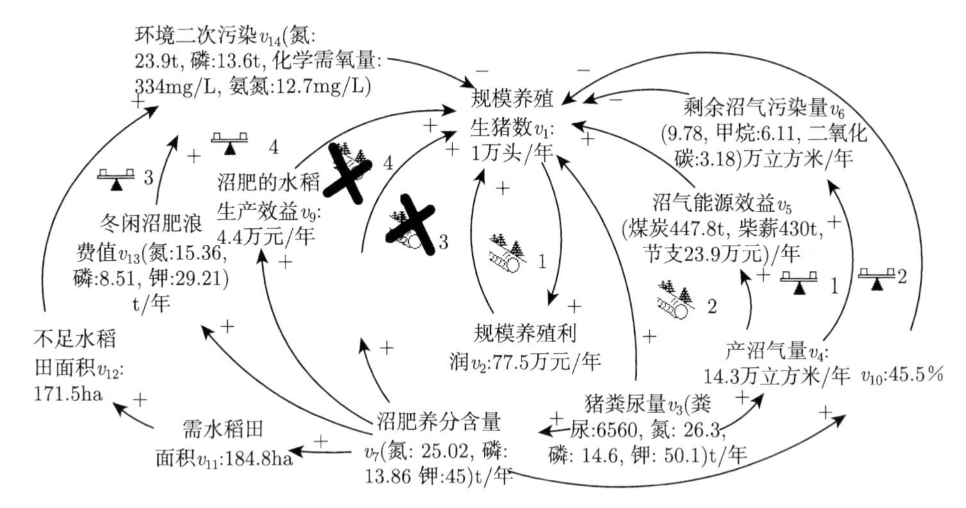

图 3-4　年出栏 1 万头时泰华生猪规模养种生态农业系统顶点赋权图

1) 四条正反馈环的变化

(1) 正反馈环 1(1) 为利润正反馈环。规模养殖的直接动力是利润，这是一个主导反馈环。当养殖规模由年出栏 3000 头增至 1 万头，增长 233%时，反馈环中规模养殖利润 $v_2(t)$ 由 23.25 万元/年 (图 3-3) 增至 77.5 万元/年 (图 3-4)，增长率 233%，这揭示出在商品猪市场售价稳定的条件下，养殖利润与猪出栏数按同比例增长，这是此正反馈环的一个重要特性。

(2) 正反馈环 2(2) 为沼气能源效益正反馈环。当养殖规模由年出栏 3000 头增至 1 万头时，反馈环中沼气潜在的能源效益 $v_5(t)$，其年产沼气的煤当量由 134.6t/年 (图 3-3) 增至 447.8t/年 (图 3-4)，薪柴当量由 129.2t/年 (图 3-3) 增至 430t/年 (图 3-4)，沼气潜在能源收入由 7.2 万元/年 (图 3-3) 增至 23.9 万元/年 (图 3-4)，三项增长率均达 233%，与猪出栏数按同比例增长，说明此正反馈环中猪出栏数与沼气能源效益的正反馈作用按同比例加强。

(3) 正反馈环 3(3) 为无公害蔬菜地面积及产量正反馈环。此反馈环中，由于农户自给蔬菜地面积保持不变，3000 头的沼液已足够蔬菜种植的需要，其产量也保持不变。所以养殖规模由年出栏 3000 头增至 1 万头的过程中，正反馈环 3 没有产生增强反馈作用。

(4) 正反馈环 4(4) 为沼肥替代化肥、农药用于水稻生产效益正反馈环。同样由于水稻田面积未因猪养殖规模的增加而改变，仍保持 13.3ha 不变，沼肥替代化肥农药用于水稻生产效益也保持 4.4 万元/年不变。因此，当养殖规模由年出栏 3000 头增至 1 万头时，正反馈环 4 没有产生增强反馈作用。

以上关于正反馈环 3、4 在失效的结论在定性的因果关系图分析中是无法获得的。

2)四条负反馈环的变化

(1) 负反馈环 1(1) 为剩余沼气污染量制约反馈环。当养殖规模由年出栏 3000 头增至 1 万头时，反馈环中剩余沼气量，由 2.94 万 m^3/年 (图 3-3) 增至 9.78 万 m^3/年，增长率 233%，其中所含甲烷、二氧化碳按同比例增长，即剩余沼气污染量对养殖规模扩大的制约作用按同比例增强。

(2) 负反馈环 2(2) 为沼液与清水混流灌溉使水稻减产负反馈环。反馈环中年出栏 3000 头时减产率 45.5% 为一实测数据，当养殖规模增至 1 万头时，其值暂不能确定，但可以肯定若不采取任何其他有效措施，此值一定会大于 45.5%，即此负反馈环的制约作用将加强。

(3) 负反馈环 3(3) 为因消纳沼液水稻田面积不足造成环境二次污染负反馈环。此反馈环中，水稻田面积未因猪养殖规模的增加而增加，致使消纳沼液水稻田的不足面积由原 42.4ha 增至 171.5ha，增长率达 336%，对猪养殖规模扩大的制约力度增加。

(4) 负反馈环 4(4) 为冬闲季节沼肥浪费，氮、磷流失造成环境二次污染而制约猪养殖规模扩大的负反馈环。近 7 个月的冬闲季节，水田不需灌溉，沼肥除极少一部分被农户用于闲散菜地浇灌外，绝大部分不被利用，造成极大的资源浪费。当养殖规模由年出栏 3000 头增至 1 万头时，浪费流失的氮由每年 4.375t 增至 15.36t，磷由每年 2.43t 增至 8.51t，对猪养殖规模扩大的制约力度增加。

综上所述，当养殖规模由年出栏 3000 头增至 1 万头时，在市场价格不变的条件下，利润、沼气能源正反馈效益增强，但由于土地资源有限，沼肥的水稻、蔬菜化肥、农药替代效益正反馈作用消失。同时四条负反馈环对生猪规模养殖的制约作用增强。由此动态比较分析，得出以下结论。

结论　在成长上限反馈系统中，正反馈环的促进作用和负反馈环的抑制作用与系统关键变量值的大小相关，开发资源，消除负反馈环的制约是解决该系统问题的杠杆解。

2. 规模养殖生态农业系统建设管理对策

同样方法可计算出当关键变量规模养殖生猪数取其他值，如 1000 头、5000 万头乃至 1.5 万头时各顶点的值，并得到相应的关键变量顶点赋权图模型。比较各时点顶点值的变化，可动态分析各增长正反馈环与各制约负反馈环的反馈作用力度变化规律，寻找减弱甚至去除上限子系统各负反馈环对系统增长制约作用的杠杆解。对于成长上限系统，彼得 • 圣吉在其著作 *The Fifth Discipline: The Art and Practice of the Learning Organization* 中，提出了相应的管理方针，“此时不要尝试去推动增长，而要除掉限制增长的因素”。此管理方针的核心是消除上限子系统中负反馈环的制约，但并没有提出如何有效消除负反馈环的制约。如何有效消除负反馈环的制约，是提出有效管理对策的关键，因此，这里对此进行了反复研究，提出如下消除负反馈制约上限的原理：

建立有共同利益、目标和责任的子系统实行消除各负反馈制约上限的子对策，通过子系统利益、目标和责任的实现，实现消除众多负反馈环制约上限总目标，促进农业养种资源循环利用建设和谐社会。

依据上述原理，我们提出了如下管理策略。

策略 1 资金与技术投入，解决燃料沼气供气不稳定的问题，铺设适合当地实际的供气管道，有条件的还可考虑沼气发电，促进沼气能源的充分利用，消除沼气污染。

图 3-3 顶点 $v_6(t)$ 值反映出由于沼气用户的有限，每年 2.94 万 m^3 的剩余沼气被直接排放到大气，造成污染，比较图 3-3 和图 3-4 顶点 $v_2(t)$ 值揭示随着养殖规模的扩大、沼气发酵原料的增加，污染将增加，养殖规模若由 3000 头增至 1 万头 (增长 233%) 时，猪场的年猪粪尿产出也将相应增加 233%，产出沼气量也增加 233%。资料显示，沼气直接排放，其对大气的温室污染比猪粪尿直接排放更严重，而从能源的角度来看，这又是能源的巨大浪费。通过多层次多轮实地群决策，根据泰华猪场的实际，课题组提出增加投入，扩大用户，充分利用沼气能源，消除沼气污染的策略。此策略于 2005 年初开始逐步实施，2006 年又投资 20 万，建立了 $200m^3$ 储气柜，将沼气用户范围扩大到 1.5 至 2 公里范围内，除原先的周边 29 户农户，另外又向镇敬老院，陶瓷厂供应生活用气，目前正规划开发沼气发电工程。这一对策的实施能保证年出栏 1 万头生猪规模下沼气的充分利用，消除沼气过剩产生二次污染的制约，同时为农户带来沼气能源效益。

策略 2 实行沼液净化且与灌溉清水分流，从根本上解决农田富营养水稻青苗减产的问题。

系统关键变量顶点赋权图 3-3 和图 3-4 沼液清水混合灌溉水稻减产负反馈环 (2)，揭示了沼液流入灌溉水渠，与灌溉用水混流，使水稻在只需清水灌溉的非用肥时期，也只能以这种混合着沼液的水灌溉，造成秧苗过肥而“青苗”，减产甚至不产。3000 头时减产率就已高达 45.5%，1 万头时更高。根据消除增长制约、促进发展的管理原则，提出建设专用沼液管道，实施沼液与灌溉用水分流，同时对沼液实施多级净化的策略。泰华生态能源试点项目，2005 年投资 12 万元建成沼液与灌溉用清水分流排灌工程，2006 年实地调查显示，青苗问题已解决，水稻增产，规模养殖废弃物综合利用的“猪–沼液–水稻”生态模式正常运行，得到了农民一致好评。

策略 3　提高系统内土地资源利用效率，开发冬闲田和荒山旱地，建立养殖和水稻种植、冬闲田与旱地蔬菜、果树或猪粗饲料种植相结合的生态工程，农牧结合。

制约泰华规模养殖沼气工程发展的负反馈环 (图 3-3 和图 3-4 3、4)，刻画了系统内用以消纳沼肥的农田的严重不足以及水稻种植用肥的季节性 (中部地区水稻单季种植农田冬闲近 7 个月)，造成了严重的二次污染，其后果是农业生态环境恶化、系统内及下游水体富营养化、水稻减产、甚至危及饮用水安全、与农户纠纷冲突不断，污染同样使生猪疫病增加，制约着养殖规模的扩大。为消除这一制约因素，提出策略：提高系统内土地资源利用效率，建立养殖和水稻种植、冬闲田与旱地种植相结合的生态工程，促进养殖业和种植业一体化发展。

此策略已于 2005 年和 2006 年在泰华规模养种生态农业系统实施应用，利用养殖区域内还未开发的 16.7ha 的旱地和 13.3ha 冬闲田，开发“猪–沼–菜”工程，2005 年 10 月 ~2006 年 4 月泰华猪场通过冬闲田使用权转让，在 30 余亩冬闲田中，开发了以马铃薯和包心菜为主要品种的冬闲田蔬菜种植工程，取得初步成效。2006 年 10 月，在 2005 年实施的基础上，利用 100 余亩冬闲田，开发榨菜为主要品种的沼肥蔬菜种植工程。策略的系列实施将消除增长制约，促进循环经济系统发展。

策略 4　在发展猪规模经营，实现农民增收时，考虑生态成本，强调适度规模。

“农业、农村、农民”问题是我国发展亟待解决的问题，而解决“三农”问题的核心是转变经济增长方式，促进农民增收。图 3-3、图 3-4 的正反馈环 1 反映出在商品猪售价不变的条件下，当年出栏猪数为 3000 头时，规模养殖利润为 23.25 万元/年，年出栏 1 万头时，规模养殖利润为 77.5 万元/年，由此可见养殖规模的扩大有利于提高养殖利润，应该扩大养殖规模。

然而，这里在计算养殖利润时，未考虑环境污染治理成本，长期以来人类无成本地使用着自然资源，肆意地向环境排放废弃物，致使生态环境急剧恶化。为此建议在发展猪规模经营，计算养殖利润时计入生态成本，考虑环境对废弃物的消纳能力，强调养殖的适度规模。

策略 5 政府、高校及科研机构积极投入，对以沼气工程为纽带的养殖废弃物综合利用给予技术、资金和政策上的扶持。

养殖业是一个市场风险大而利润不高的产业，但综合利用的技术和资金门槛较高。在中国的农村，一项技术或成果只有能为农民带来切实的利益，才能得到广泛的接受和应用。因此，建议各方面尤其是政府部门加强对综合利用公益性质的认识，对实施综合利用模式的养殖户在土地、贷款、税收等方面给予足够扶持，加大对农村经济落后地区中小型养殖场沼气工程建设的投入。同时建议高等院校及科研机构加强综合利用的基础理论与技术成果研发、科普宣传，增强农户对新技术的接受力和经济承受力，消除资金、技术对规模养殖污染物综合利用有效运行与发展的制约，使其能为农民带来实惠因而得以推广实施。2005 年，泰华猪场养殖区域被列为南昌大学系统工程研究所、管理科学与工程博士点的生态能源科研教学基地，2006 年又被列为江西省政府规模养殖沼气工程的重点建设项目，政府投资 60 万元资助其废弃物综合利用循环经济模式的进一步发展。

为使上述策略发挥最大的综合效益和规模效益，需建立有效的养种结合思想及综合利用实施技术工程推广体系。

3.6 本章小结

关键变量顶点赋权因果关系图模型是介于系统动力学因果关系图和流图之间的中间模型。顶点赋权是指对系统因果关系图，从其关键顶点变量在某一特定时刻的取值开始，由顶点因果链的关联关系、试验测试数据、顶点的实际意义等，计算出该时刻顶点集上所有其他顶点的值，作为该顶点的权值；将各顶点的权值代入因果关系图，赋权后的因果关系图称为该时刻的系统关键变量顶点赋权因果关系图，简称顶点赋权图。

关键变量顶点赋权因果关系图分析法，是在系统因果关系图定性分析技术的基础上，将图论、系统动力学因果关系图反馈分析理论相结合建立的，是一种定性与定量紧密结合的复杂系统反馈分析方法。建模者可通过定量比较赋权图中相关顶点权值的变化，了解系统反馈结构的变化，为制定具有针对性的管理策略提供依据。

系统关键变量顶点赋权图分析法是在因果关系图基础上进行定性与定量相结合，揭示系统问题的新方法，它还能为系统动力学流图模型及仿真方程的构建提供依据。

本章以泰华生猪规模养种循环生态农业系统为例，详细展示顶点赋权因果关系图分析方法的应用；通过顶点赋权因果关系图模型定量而直观地分析了泰华生猪规模养种生态农业系统主要矛盾问题，并提出了消除系统三大制约的管理策略，形成有效的杠杆解。这一杠杆解对于我国农村目前广泛存在的种植业和养殖业相对不分离、有一定的土地消纳废弃物的小规模种养循环生态农业具有普遍的实用性。

第 4 章　规模养殖户小规模养种循环生态农业系统管理策略仿真

第 3 章以顶点赋权图分析方法定量而直观地分析了规模养殖户小规模养种循环生态农业系统主要矛盾问题，并提出了消除系统三大制约的管理策略。本章首先介绍南昌大学贾仁安于 1998 年提出的系统动力学流率基本入树建模方法。流率基本入树概念是基于图论生成树理论提出的。本书作者在 2008 年对此概念进行拓展，定义了新流率基本入树概念。本章首先介绍流率基本入树建模法，然后以泰华规模生猪养殖生态农业系统为例，采用流率基本入树建模方法构建规模养殖户小规模养种循环生态农业系统流图模型；建立系统仿真方程；基于仿真模型对各项对策实施前后系统情况进行情景仿真，预测检验管理策略实施效果，最后根据泰华养殖区域实际，确定各项具体对策。

4.1　流率基本入树建模法

流率基本入树建模法将图论中生成树理论应用于动态复杂系统的反馈结构分析，按研究目的将复杂系统划分为若干子系统，然后分别选定各子系统内部的流位、流率和辅助变量，通过二部图定性研究流位与流率间的对应关系，以反馈结构中的流率为核心，用一组以流率为根的树模型来描述系统内各变量间的因果关系，最后引入嵌运算构建系统反馈结构流图。

4.1.1　流率基本入树定义

定义 4.1.1　一个动态有向图 $T(t)=(V(t),X(t)),t\in T$ 中，若存在一个顶点 $v(t)\in V(t)$，对于 $T(t)$ 中其他任何顶点 $u(t)\in V(t)$，都有且仅有一条由 $u(t)$ 至 $v(t)$ 的单向通路，则称为入树，$v(t)$ 为入树 $T(t)$ 的树根，满足入度 $d^{-}(u(t))=0$ 的 $u(t)$ 称为树叶，从树叶至树根的一条单项通路称为树枝。

定义 4.1.2　以流率为树根，以流位为树叶的入树 $T(t)$ 称为流率入树。流率入树 $T(t)$ 中所含流位的数量称为入树的阶，一条树枝中所含流位的个数称为该树枝的长度。流率入树最大枝阶长度称为该入树的阶长度。

定义 4.1.3　各树枝长度为 1 的流率入树称为流率基本入树。

定义 4.1.4　不真包含于任何其他流率基本入树的流率基本入树称为极大流

率基本入树。

定义 4.1.5　流图中任何一个子图称为半子流图，同时包含了流位 $L(t)$ 及其流率 $R(t)$(或流出率 $R_1(t)$ 或流入率 $R_2(t)$) 的半子流图称为子流图。

定义 4.1.6　已知 $t \in T$，半子流图 $G_1(t) = (Q_1(t), E_1(t), F_1(t))$，$G_2(t) = (Q_2(t), E_2(t), F_2(t))$，则

(1) 作 $G_1(t) \cup G_2(t)$，保持 $F_1(t), F_2(t)$ 确定的映射关系不变;

(2) 若流率 $R_p(\mathrm{t})$ 及其对应的流位 $L_p(\mathrm{t})$ 在 $G_i(t)\,(i=1,2)$ 中，则在 (1) 的基础上再增加一条弧，构成因果链：$R_p(t) \to L_p(t)$，同时给出实际意义下的因果链极性。

由 (1) 和 (2) 所得到一个新的半子流图 $G(t)$，定义这种运算为嵌运算，嵌运算记为 $\vec{\cup}$，则

$$G(t) = G_1(t) \vec{\cup} G_2(t)$$

嵌运算满足以下性质:

(1)**交换律**　$G_1(t) \vec{\cup} G_2(t) = G_2(t) \vec{\cup} G_1(t)$;

(2)**结合律**　$G_1(t) \vec{\cup} G_2(t) \vec{\cup} G_3(t) = \left(G_1(t) \vec{\cup} G_2(t)\right) \vec{\cup} G_3(t)$。

4.1.2　流率基本入树建模法的建模步骤

流率基本入树建模的基本步骤如下。

步骤 1　通过系统分析，确定流位变量及其对应变化速率，建立流位流率系:

$$\{(L_1(t), R_1(t)), (L_2(t), R_2(t)), \cdots, (L_n(t), R_n(t))\}$$

步骤 2　分别建立以流率变量 $R_i(t)$ 为树根、以流位变量 $L_j(t)$ 为树叶，且流位变量直接或通过辅助变量间接影响流率变量的流率基本入树 $T_i(t), I = 1, 2, \cdots, n$，可得如图 4-1 所示的流率基本入树模型。

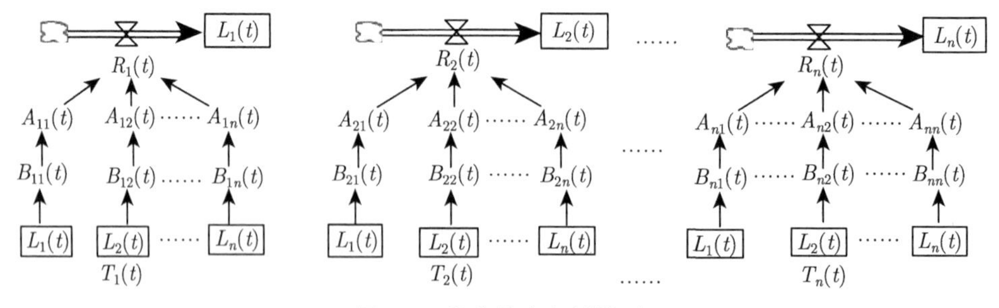

图 4-1　流率基本入树模型

图 4-1 中 $A_{ij}(t)$，$B_{ij}(t)$(其中 $i, j = 1, 2, \cdots, n$) 可以是多个辅助变量构成的有向链。

将流率基本入树模型中的入树按嵌运算的定义作嵌运算，即各 $T_i(t)$ 顶点集和弧集作并运算，并将对应流位与流率符号相连，就可以得到相应的流图。

建立流率基本入树和直接建立流图模型是建立系统结构模型的两个等价方法，两种等价的建模过程。采用上述流率基本入树建模法建立系统模型，变量间的作用关系清晰，建模过程规范化，且流率基本入树模型为整个系统的反馈环分析提供了便利。

4.1.3 流率基本入树模型定义的拓展

本书作者在上述流率基本入树的树叶变量中加入了流率变量，重新定义了流率基本入树，丰富了原流率基本入树模型。

定义 4.1.7 在系统动力学流图中，以流率为树根，通过辅助变量，以流位，流率为树叶的入树 $T(t)$ 称为流率基本入树。

根据以上定义，在流位流率系$\{[L_1(t),R_1(t)],[L_2(t),R_2(t)],\cdots,[L_n(t),R_n(t)]\}$下，流率基本入树模型如图 4-2 所示。

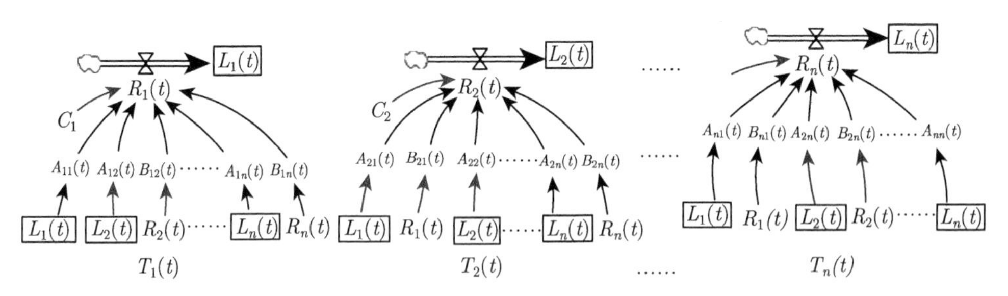

图 4-2 拓展后的流率基本入树模型

其中，

(1) 图 4-2 中 $A_{ij}(\mathrm{t})$ 与 $B_{ij}(t)$ (其中 $i,j=1,2,\cdots,n$) 是多个辅助变量构成的有向链，C_i 为调控参数。

(2) 图 4-2 中省略了各因果链的 “+”“−” 号。

(3) 以流位变量 $L_i(t)$ 或流率变量 $R_i(t)$ 为树叶的流率基本入树中，每个流率 $R_i(t)$ 可通过树模型中的变量代换，实现 $R_i(t)$ 只通过辅助变量依赖于流位变量。

有了必要条件 (3)，以流位、流率为树叶的新流率基本入树模型与原以流位为树叶的流率基本入树模型等价。

4.1.4 流率基本入树模型拓展定义的新意

本流率基本入树模型从理论与实际出发，将流率入树由原来仅以流位变量 $L_i(t)$ 为树叶扩充为以流位变量 $L_i(t)$ 或流率变量 $R_i(t)$ 为树叶。

这一概念的扩充源于实际需求，在模型方程建立过程中，常出现一个流率或辅助变量直接依赖于流率变量的情形。例如，某产品 $t+\mathrm{DT}$ 期的收入为 $A_i\left(t+\mathrm{DT}\right)$，设 $L_i\left(t\right)$ 为 t 期的产品数，$R_i\left(t\right)$ 为 $[t,t+\mathrm{DT}]$ 期间产品数的变化量，则有

$$A_i\left(t+\mathrm{DT}\right)=\left[L_i\left(t\right)+R_i\left(t\right)\right]\times \text{产品价格}$$

因此树叶中增加流率变量 $R_i(t)$ 有利于方程的建立。

系统动力学仿真计算是在流位流率系下进行的，系统的微分方程组模型为

$$\begin{cases} \dfrac{dL_i(t)}{dt}=R_i(t)=f_i[L_1(t),L_2(t),\cdots,L_m(t),u_1(t),u_2(t),\cdots,u_n(t),a_1,a_2,\cdots,a_q)] \\ L_i(t)|_{t=t_0}=L_i(t_0),\quad i=1,2,\cdots,m \end{cases}$$

由此可见，只有流位变量有初始值。因此，将流率基本入树模型只能以流位变量 $L_i(t)$ 为树叶扩充为以流位变量 $L_i\left(t\right)$ 或流率变量 $R_i\left(t\right)$ 为树叶，必须具备必要条件 (3)。

命题 4.1.1　同一流位流率系下的网络流图 $G\left(t\right)$ 与流率基本入树模型 $T_1\left(t\right)$, $T_2\left(t\right),\cdots,T_n\left(t\right)$ 具有等价关系。

即在同一流位流率系下，由网络流图 $G\left(t\right)$ 分解可得入树模型 $T_1\left(t\right),T_2\left(t\right),\cdots,T_n\left(t\right)$，由入树模型 $T_1\left(t\right),T_2\left(t\right),\cdots,T_n\left(t\right)$ 可得网络流图 $G\left(t\right)$(或记为 $G_n\left(t\right)$)，$G_n\left(t\right)=\vec{\cup}_{i=1}^{n}T_i(t)$，$\vec{\cup}$ 为嵌运算。

由流率基本入树建模法，可以得到流图中反馈环的性质。

定理 4.1.1　结构流图中每个反馈环中必须含流位变量和流率变量 (流出率或者流入率)。

综观流率基本入树建模法的概念和建模步骤，我们认为流率基本入树建模法有两大好处。

(1) 有利于分部分、分子系统进行规范化建模，提高线段性思考的集中度与精确度。有利于用整体论与还原论相结合的思想方法对问题进行有效研究，有利于仿真方程的建立。

(2) 为利用代数的方法研究动态反馈复杂性系统问题提供了可能性。有了流率基本入树模型，通过将入树的枝转化为枝向量，构造枝向量行列式、枝向量矩阵，就可利用代数方法进行系统的动态反馈复杂性分析，从而实现图论与线性代数在研究系统反馈动态复杂性问题中最完美的结合，而且这个分析过程可借助计算机程序实现。

4.2 生态农业系统的流率基本入树模型

系统动力学理论认为，系统行为的性质主要取决于系统内部的结构，也就是系统内部反馈结构和机制，系统的演化方向是由内因、外因通过内部反馈机制共同决定的。

4.2.1 系统流位流率系的确定

建立泰华生猪规模养种生态农业系统动力学模型的目的，是研究该系统中生猪养殖、农民收入、水稻与蔬菜种植、养殖废弃物生物质能源开发利用及剩余沼液、沼气污染环境等之间的相互作用，仿真预测消除系统三大制约的管理对策工程实施后可能出现的各种情景，以确保水稻安全、农民增收和环境不受污染。

通过对关键变量顶点赋权图分析，我们不难了解目前泰华生猪规模养种生态农业系统结构中，生猪规模养殖是系统的核心，农民收入增加是系统发展的动力，沼气工程是联系生猪养殖和水稻种植、蔬菜种植的纽带，沼液、沼气的二次污染是系统发展的制约。因此生猪、收入、沼气工程、水稻、蔬菜是该系统的主要节点，支撑着该系统结构的变量是：生猪数量、农民收入、沼液污染量、产沼气量、稻谷产量及蔬菜地面积，而系统内农民的收入的来源主要为生猪收入、稻谷收入、蔬菜收入、沼气收入。仿真预测各项对策工程实施后出现的情景，即仿真模拟这些变量在策略实施前后的变化趋势。

据此，确定泰华生猪规模养种生态农业系统模型结构的流位流率系由以下十组流位、流率对构成 (表 4-1)。

表 4-1 泰华规模养殖生态农业系统结构流位流率系

流位变量	对应流率变量
生猪出栏数 $L_1(t)$ (万头)	生猪出栏数变化量 $R_1(t)$ (万头/年)
总纯收入 $L_2(t)$ (hm^2)	总纯收入变化量 $R_2(t)$ (万元/年)
生猪收入 $L_{21}(t)$ (万元)	生猪收入变化量 $R_{21}(t)$ (万元/年)
稻谷收入 $L_{22}(t)$ (万元)	稻谷收入变化量 $R_{22}(t)$ (万元/年)
蔬菜收入 $L_{22}(t)$ (万元)	蔬菜收入变化量 $R_{23}(t)$ (万元/年)
沼气收入 $L_{22}(t)$ (万元)	沼气收入变化量 $R_{24}(t)$ (万元/年)
沼液污染量 $L_{31}(t)$ (t)	沼液排放变化量 $R_{31}(t)$−沼液综合利用变化量 $R_{32}(t)$(t/年)
沼液综合利用量 $L_{32}(t)$(t)	沼液综合利用变化量 $R_3(t)$ (t/年)
稻谷产量 $L_4(t)$ (t)	稻谷产量变化量 $R_4(t)$ (t/年)
蔬菜地面积 $L_5(t)$ (ha)	蔬菜地面积变化量 $R_5(t)$ (ha/年)
沼气量 $L_6(t)$ (m^3)	沼气变化量 $R_6(t)$ (m^3/年)

4.2.2　系统结构流率基本入树模型

流位流率系中每组流位流率对对应着一棵以流率为树根，流位变量和其他流率变量直接或通过辅助变量影响流率变量的流率基本入树，因此泰华规模养殖生态农业系统的结构由以下十棵流率基本入树构成 (图 4-3 (a)~(f))。详细的建模依据以及建模过程在 4.3 节模型方程构建部分详细描述。

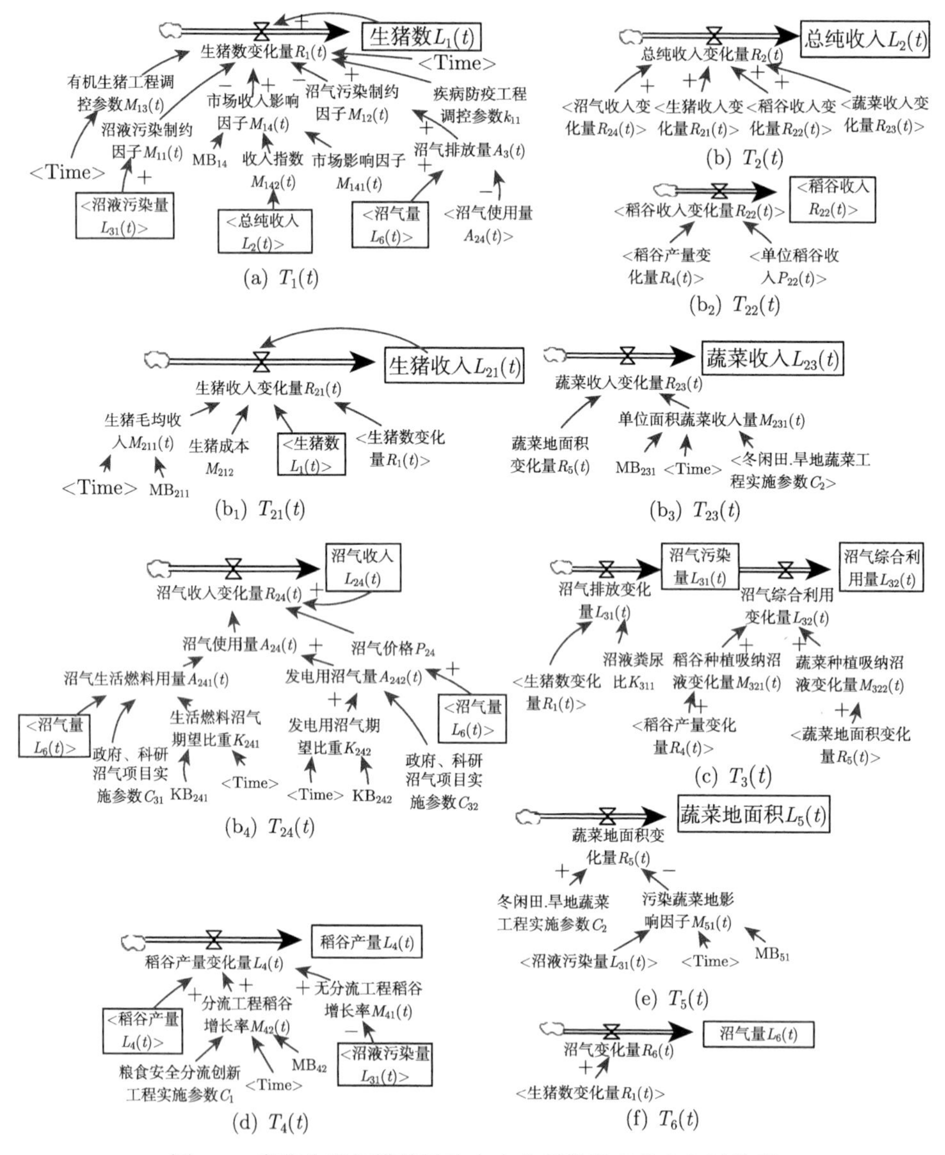

图 4-3　泰华生猪规模养种生态农业系统流率基本入树模型

4.3 基于流率基本入树建立仿真方程

仿真方程是模型中各直接相关变量间相互影响关系的函数化，系统的流率基本入树模型直观地描绘了各变量间的直接影响关系，即所谓线段性复杂，为建立仿真方程提供了非常直接有效的思路。同时顶点赋权图中各顶点权值的确定过程，其中所涉及的关联因果链方程也为建立系统结构在流位流率系下的流位变量、流率变量、辅助变量、外生变量、增补变量的计算公式打下了基础。

4.3.1 系统线段性复杂关系分析与仿真方程的建立

1. 生猪数变化量流率基本入树中各变量方程

在我国农村生猪养殖规模主要受市场收入的影响，而生猪数变化量 $R_1(t)$ 与原养殖规模也有关，规模越大，变化量越大，同时还受环境的影响，如沼液对农田污染而引发的纠纷，一定程度上将制约养殖规模的扩大，因此对剩余沼液、沼气污染治理、疾病防疫技术的提高、有机生猪创新等工程的实施将改善养殖环境，从而促进养殖规模的扩大，而且为贯彻农村养殖业适度规模发展的原则，我们假设自 2010 年起，每年生猪的增长规模不得超过 1000 头。

据此采用系统动力学模型中乘积式的 MIN 函数刻画 $T_1(t)$ 中各变量对树根 $R_1(t)$ 的影响关系。

生猪数变化量 $R_1(t)$=MIN(生猪数 $L_1(t)$)× 市场收入影响因子 $M_{14}(t)$× 沼气污染制约因子 $M_{12}(t)$× 沼液污染制约因子 $M_{11}(t)$× 疾病防疫工程调控参数 k_{11}× 有机生猪工程调控参数 k_{13}

IF THEN ELSE(Time>2009, 1000, 3000))

式中，生猪数变化量 $R_1(t)$(头/年)：表示 $[t, t+\mathrm{DT}]$ 期间生猪数变化量，其微分方程为

$$\begin{cases} R_1(t)=\dfrac{dL_1(t)}{dt}=L_1(t)\times M_{14}(t)\times M_{12}(t)\times M_{11}(t)\times M_{13}(t)\times k_{11}\times k_{13} \\ L_1(t)\big|_{t=2002}=1200(\text{头}) \end{cases}$$

流位变量 $L_1(t)$ 的初始值 1200 头是泰华猪场 2002 年出栏的生猪数。

辅助变量：

市场收入影响因子 $M_{14}(t)$(无量纲)：表示上一阶段 $[t-\mathrm{DT}, t]$ 的收入和本阶段 $[t, t+\mathrm{DT}]$ 的市场环境对本阶段 $[t, t+\mathrm{DT}]$ 生猪养殖数量变化 $R_1(t)$ 的影响，是市场影响因子和收入指数的表函数。

$M_{14}(t)=\mathrm{MB}_{14}(M_{141}(t)\times M_{142}(t))$

$M_{141} \times M_{142}$	0.47	0.63	0.78	1	1.8	3.7
M_{14}	0.03	0.12	0.14	0.33	0.4	0.5

式中，$M_{141}(t)$ 为市场影响因子 (无量纲)，由于一直以来泰华猪场生猪销售不存在滞销问题，所以实际上 $M_{14}(t)$ 依赖于 $M_{142}(t)$，因此市场对养殖规模的变化产生影响很小，此处忽略，该因子取常数 1。

$M_{142}(t)$ 为收入指数 (无量纲)：表示 $[t-\mathrm{DT}，t]$ 期间年总纯收入的增长情况。

收入指数 $M_{142}(t)$= 总纯收入 $L_2(t)$/天 DELAY1I(总纯收入 $L_2(t)$，1，9.09)
其中常数 9.09 为总纯收入 $L_2(t)$(万元) 仿真起始年 2002 年的上一年的值，为一预设值。

$M_{14}(t)$ 的表函数建立很困难，上述表函数是通过基本反馈环逐步调试法得出的，详见 4.3.2 节。

沼液污染制约因子 $M_{11}(t)$(无量纲)：表示因剩余沼液对农田、水体等环境造成污染而使生猪养殖规模的发展受到制约。

沼液污染制约因子$M_{11}(t)$=IF THEN ELSE(沼液污染量$L_{31}(t) > 0$, 0.98, 1)
其中常数 0.98 是根据当地当时实际情况估算而确定的，在仿真中可以进行调控变动。

沼气污染制约因子 $M_{12}(t)$ (无量纲)：表示剩余沼气对大气造成污染而使生猪养殖规模的发展受到制约。

沼气污染制约因子 $M_{12}(t)$= IF THEN ELSE(沼气污染量 $A_3(t)$ >0，0.985，1)
其中常数 0.985 是根据当地当时实际情况估算而确定，在仿真中可以进行调控变动。

沼气污染量 $A_3(t)$= 沼气量 $L_6(t)$− 沼气使用量 $A_{24}(t)$

有机生猪调控参数 $M_{13}(t)$(无量纲)：有机生猪创新工程计划在 2008 年启动，该工程的实施对生猪养殖数量增加的具有促进作用。此参数是根据实际及预测设定的外生变量表函数。

有机生猪工程调控参数 $M_{13}(t)$= IF THEN ELSE(Time>2007, 1.01, 1)
其中常数 1.01 是根据当地当时实际情况估算而确定的，在仿真中可以进行调控变动。

疾病防疫工程调控参数 k_{11}=1，有机生猪工程调控参数 k_{13}= 1，是预测设定的外生变量。

2. 总纯收入变化量流率基本入树中各变量方程

依据泰华规模养殖生态农业系统的边界设置，在此收入仅考虑生猪收入 $L_{21}(t)$、稻谷收入 $L_{22}(t)$、蔬菜收入 $L_{23}(t)$、沼气收入 $L_{24}(t)$，因此总纯收入的变化量仅与生猪收入变化量 $R_{21}(t)$、稻谷收入变化量 $R_{22}(t)$、蔬菜收入变化量 $R_{23}(t)$、沼气收

入变化量 $R_{24}(t)$ 有关，不难理解，它们间的函数关系表现为和式：

$$\text{总纯收入变化量 } R_2(t) = \text{生猪收入变化量 } R_{21}(t) + \text{稻谷收入变化量 } R_{22}(t) + \text{蔬菜收入变化量 } R_{23}(t) + \text{沼气收入变化量 } R_{24}(t)$$

总纯收入变化量 $R_2(t)$(万元/年)：表示 $[t, t+\text{DT}]$ 期间总纯收入变化量，其微分方程为

$$\begin{cases} R_2(t) = \dfrac{dL_2(t)}{dt} = R_{21}(t) + R_{22}(t) + R_{23}(t) + R_{24}(t) \\ L_2(t)|_{t=2002} = 8.9\text{万元} \end{cases}$$

3. 生猪收入变化量流率基本入树中各变量方程

流率基本入树 $T_{21}(t)$ 反映生猪收入的变化依赖于同期生猪的数量、价格、成本，也与上一期生猪收入有关，采用系统动力学仿真方程中的积差式刻画 $T_{21}(t)$ 中各变量对树根的影响：

$$\text{生猪收入变化量 } R_{21}(t) = [(\text{生猪毛均收入} M_{211}(t) - \text{生猪成本} M_{212}) \times (\text{生猪数} L_1(t) + \text{生猪数变化量 } R_1(t)) \times 10^{-4}] - \text{生猪收入 } L_{21}(t)$$

生猪收入变化量 $R_{21}(t)$(万元/年)：表示 $[t, t+\text{DT}]$ 期间生猪收入变化量，其微分方程为

$$\begin{cases} R_{21}(t) = \dfrac{dL_{21}(t)}{dt}, (M_{211}(t) - M_{212}) \times (L_1(t) + R_1(t)) \times 10^{-4} - L_2(t) \\ L_{21}(t)|_{t=2002} = 3\text{万元} \end{cases}$$

生猪毛均收入 $M_{211}(t)$ (元/头)：指平均每头生猪的毛收入。

$$M_{211}(t) = \text{MB}_{211} \times 105$$

式中，105kg/头为出栏生猪每头平均重量。

MB_{211} (元/kg)：指生猪价格，根据历史数据及商品猪价格变动周期预测的表函数。

$M_{211}(t) = \text{MB}_{211}(\text{Time})$

Time	2003	2004	2005	2006	2007	2008	2009	2010	2011	2012	2013	2014	2015
$M_{211}(t)$/(元/kg)	7.5	9.4	7.9	7.6	9	8.3	7.3	7.2	7.4	8	9	7.5	7.3

生猪成本 M_{212} (元/头)，表示每头猪的养殖成本，按如下公式计算得出：

每头猪的平均养殖成本 M_{212}

= 平均饲料成本 493.5 元/kg + 平均人工成本 45 元/头

+ 平均水电成本 10 元/头 + 平均防疫成本 12 元/头

+ 母猪平摊成本 130 元/头 + 设备折旧平摊成本 30 元/头

= 720.5 元/头

4. 稻谷收入变化量流率基本入树中各变量方程

流率基本入树 $T_{22}(t)$ 揭示，稻谷收入的变化依赖于单位重量稻谷的收入和稻谷的产量的变化。其具体表达式为以下乘积式：

稻谷收入变化量 $R_{22}(t)$= 单位稻谷收入 $P_{22}\times$ 稻谷产量变化量 $R_4(t)$

其中，稻谷收入变化量 $R_{22}(t)$(万元/t)：表示 $[t, t\text{+DT}]$ 期间稻谷收入变化量，其微分方程为

$$\begin{cases} R_{22}(t) = \dfrac{dL_{22}(t)}{dt} = P_{22} \times R_4(t) \\ L_{22}(t)|_{t=2002} = 4.375\text{万元} \end{cases}$$

单位稻谷收入 P_{22}(万元/t)：根据泰华规模养种生态系统情况，每 1000kg 稻谷纯收入 0.0625 万元，故 $P_{22} = 0.0625$ 万元/t。

5. 蔬菜收入变化量流率基本入树中各变量方程

蔬菜收入变化依赖于单位面积蔬菜的收入和蔬菜地面积的变化。$T_{23}(t)$ 中各变量间关系具体表达式为乘积式：

蔬菜收入变化量 $R_{23}(t)$ = 单位面积蔬菜收入 $M_{231}(t)\times$[蔬菜地面积 $L_5(t)$ + 蔬菜地面积变化量 $R_5(t)$]− 蔬菜收入 $L_{23}(t)$

其中，蔬菜收入变化量 $R_{23}(t)$(万元/年)：表示 $[t, t\text{+DT}]$ 期间蔬菜收入变化量，其微分方程为

$$\begin{cases} R_{23}(t) = \dfrac{dL_{23}(t)}{dt} = M_{231}(t) \times [L_5(t) + R_5(t)] - L_{23}(t) \\ L_{23}(t)|_{t=2002} = 0.9\text{万年} \end{cases}$$

其中，单位面积蔬菜收入 $M_{231}(t)$(万元/ha)。

实施冬闲田、旱地蔬菜种植工程之后，单位面积蔬菜收入按蔬菜年销售收入计算。基于上述分析，构建如下函数：

单位面积蔬菜收入 $M_{231}(t)$=IF THEN ELSE(C_2 = 0，0.9，MB_{231})

其中，C_2 为冬闲田、旱地蔬菜工程实施变量，$C_2 = 1$ 表示实施了冬闲田、旱地蔬菜工程，$C_2 = 0$ 则表示未实施了冬闲田、旱地蔬菜工程。

表函数 MB_{231} 定义如下：

$M_{231} = \text{MB}_{231}$

Time	2003	2004	2005	2006	2007	2008	2009	2010	2011	2012	2013	2014	2015
$M_{231}(t)$	0.9	0.9	1.2	1.25	1.5	1.5	1.5	1.5	1.5	1.5	1.5	1.5	1.5

表函数 MB_{231} 在 2005 年的值为 1.2，是由于 2005 年冬开发的 3.1hm^2，2005 年冬闲田蔬菜收入 3.72 万元，平均每公顷收入 1.2 万元。2006 年增加到 6.8hm^2，平均每公顷收入增加 1.25 万元，由于种植经验、管理技术的日渐成熟，之后各年份假设每公顷收入 1.5 万元。

6. 沼气收入变化量流率基本入树中各变量方程

沼气收入依赖于同期沼气使用量和沼气价格。政府和科研单位于 2002 年在泰华启动沼气生活用燃料项目，将沼气部分用作生活燃料，并将在 2009 年开发沼气发电工程。基于此，建立流率基本入树模型 $T_{24}(t)$ 中沼气收入流率受流位变量 $L_6(t)$ 和 $L_{24}(t)$ 控制的函数关系：

沼气收入变化量$R_{24}(t)$=沼气价格P_{24}×沼气使用量$A_{24}(t)\times10^{-4}$−沼气收入$L_{24}(t)$

其中，沼气收入变化量 $R_{24}(t)$(万元/年)：表示 $[t,\ t+\mathrm{DT}]$ 期间沼气收入变化量，其微分方程为

$$\begin{cases} R_{24}(t) = \dfrac{dL_{24}(t)}{dt} = P_{24} \times A_{24}(t) \times 10^{-4} - L_{24}(t) \\ L_{24}(t)\big|_{t=2002} = 0\text{万元} \end{cases}$$

沼气使用量 $A_{24}(t)$ 在政府、科研项目启动后，包含生活用和发电用两种。

沼气生活燃料用量 $A_{241}(t)$(m^3)，指 $[t, t+\mathrm{DT}]$ 期间用作生活燃料的沼气量；

K_{241}(无量纲) 为生活用沼气量期望比例，指用作燃料的沼气占同期产沼气量的百分比，为依据实际和预测数据确定的表函数。

$K_{241}= KB_{241}$

Time	2003	2004	2005	2006	2007	2008	2009	2010	2011	2012	2013	2014	2015
$K_{241}(t)$	0.39	0.34	0.23	0.29	0.4	0.37	0.47	0.49	0.44	0.41	0.37	0.35	0.34

生活用沼气量 A_{241}

= 沼气量 $L_6(t)\times$ 生活燃料沼气期望比例 $K_{241}\times$ 政府科研项目沼气因子 C_{31}

发电用沼气量 $A_{242}(t)$ (m^3)，指 $[t, t+\mathrm{DT}]$ 期间用作发电的沼气量；

发电用沼气量 $A_{242}(t)$

= 沼气量 $L_6(t)\times$ 发电用沼气期望比例 K_{242}

× 政府、科研项目沼气因子 C_{32}

其中，K_{242}(无量纲) 为发电用沼气期望比例，指用作发电的沼气占同期产沼气量的百分比，为依据实际和预测数据确定的表函数。

K_{242}=KB_{242}

Time	2003	2004	2005	2006	2007	2008	2009	2010	2011	2012	2013	2014	2015
K_{242}	0	0	0	0	0	0	0.34	0.38	0.41	0.45	0.5	0.53	0.56

沼气使用量 $A_{24}(t)(\mathrm{m}^3)$，在泰华沼气能源系统内，对沼气的综合利用主要是替代燃煤，用作生活燃料，2012 年后计划开发沼气发电工程，因此，

$$\text{沼气使用量 } A_{24}(t)= \text{沼气生活燃料用量 } A_{241}(t) + \text{发电用沼气量 } A_{242}(t)$$

沼气价格 P_{24}：由于沼气商品化发展在我国还不成熟，无法得知其市场价格，一般沼气价值按与其等量用能的农家燃料的费用替代。按当地煤球价格折算的沼气价格为 1.67 元/m^3 (第 4 章有其详细的折算公式)，故取 $P_{24} = 1.67$ 元/m^3。

7. 沼液变化量流率基本入树中各变量方程

沼液变化量 $R_3(t)$ 包括流入率沼液排放变化量 $R_{31}(t)$ 和流出率沼液综合利用变化量 $R_{32}(t)$。

沼液排放变化量 $R_{31}(t)$(t/年)，表示 [t，t+DT] 期间沼液排放量的变化量。

泰华猪场每日冲栏用水和沼气池容固定，所以沼液的排放量与产生的粪尿量成正比，即

$$\text{沼液排放变化量 } R_{31}(t)=0.656\times \text{ 生猪数变化量 } R_1(t)\times \text{ 沼液粪尿比 } K_{311}$$

其中，常数 0.656(t) 为每头生猪生长期产粪尿量，计算如下：

$$\begin{aligned}&\text{每头生猪生长期产粪尿量}\\&= [\text{日均排粪量 } 1.5\text{kg}/(\text{天}\cdot\text{头}) + \text{日均排尿量 } 2.6\text{kg}/(\text{天}\cdot\text{头})]\\&\quad\times \text{ 生长期 } 160 \text{ 天 } \times 10^{-3}\\&= 0.656(\text{t})\end{aligned}$$

$K_{311} = 1.12$(无量纲) 为沼液粪尿比。

沼液综合利用变化量 $R_{32}(t)$(t/年)，表示 [t，t+DT] 期间水稻、蔬菜种植对沼液吸收的变化量。

泰华生猪规模养种生态农业系统管理策略工程，是以沼气工程为纽带，连接生猪养殖业与水稻、蔬菜等有机农作物种植的循环农业工程，目前系统内对沼液的综合利用主要为将沼液用于水稻和蔬菜种植，因此沼液综合利用变化量方程为稻谷

种植吸纳沼液变化量 $M_{321}(t)$ 和蔬菜种植吸纳沼液变化量 $M_{322}(t)$ 之和，即

沼液综合利用变化量 $R_{32}(t)$
= 稻谷种植吸纳沼液变化量 $M_{321}(t)$ +蔬菜种植吸纳沼液变化量 $M_{322}(t)$

2002 年，生猪数为 1200 头，排放沼液量为 0.656 t/头 ×1200 头 ×1.12 = 881.7t。

2002 年沼液灌溉的水稻仅 4ha，蔬菜地为农户零散的自给蔬菜种植地，合计约 1ha，计算 2002 年综合利用的沼液量为 $L_{32}(2002)$ 和剩余沼液量 $L_{31}(2002)$ 分别为

$$L_{32}(2002)=4\text{ha}\times33.6\text{t/ha}+1\text{ha}\times50.5\text{t/ha}=184.8\text{t}$$
$$L_{31}(2002)=881.7\text{t}-184.8\text{t}=696.9\text{t}$$

所以，

沼液综合利用变化量 $R_{32}(t)$(t/年) 的微分方程为

$$\begin{cases} R_{31}(t)=\dfrac{dL_{31}(t)}{dt}=0.656\times R_1(t)\times K_{311} \\ L_{31}(t)|_{t=2002}=696.9(\text{t}) \end{cases}$$

沼液排放变化量 $R_{31}(t)$(t/年) 的微分方程为

$$\begin{cases} R_{32}(t)=\dfrac{dL_{32}(t)}{dt}=M_{321}(t+\text{DT})+M_{322}(t+\text{DT}) \\ L_{32}(t)|_{t=2002}=184.8(\text{t}) \end{cases}$$

稻谷沼液变化量 $M_{321}(t)$ (t/年)：表示稻田水稻种植对沼液吸纳量的变化值。

稻谷沼液变化量 $M_{321}(t)$=4.48× 稻谷产量变化量 $R_4(t)$

其中，4.48(t/t) 为单位产量稻谷吸纳沼液量，其值由以下分析估算得出：

实地调查得，兰坡自然村农户大多选择每年只种一季稻，平均为 7.5t/ha。一般种植单季水稻的农田每年对猪粪尿承载吸纳量为 30t/ha，折算成沼液为 30t/ha×1.12 =33.6t/ha，则单位产量稻谷吸纳沼液量 =33.6t/ha÷7.5t/ha=4.48t/t，即平均 1t 稻谷的产量吸纳 4.48t 沼液。

蔬菜沼液变化量 $M_{322}(t)$ (t/年)：表示蔬菜种植对沼液吸纳量的变化值。

蔬菜沼液变化量 $M_{322}(t)$= 蔬菜地面积变化量 $R_5(t)$×50.4

其中，50.4t/ha 为单位面积蔬菜地吸纳沼液量，其值由以下分析估算得出：

一般蔬菜地每年对猪粪尿承载吸纳量为 45t/ha，折算成沼液为 45t/ha ×1.12= 50.4t/ha，即平均 1ha 蔬菜地吸纳 50.4t 沼液。

8. 稻谷产量变化量流率基本入树中各变量方程

稻谷产量变化量依赖于原有的基础。另外在 2005 年实施沼液清水分流工程以前，沼液与灌溉用水混流，使水稻在只需清水灌溉的非用肥时期，也只能以这种混合着沼肥的水灌溉，造成秧苗过肥而“青苗”减产。在实施了分流工程之后，“青苗”减产问题解决，水稻增产，保证了粮食安全。据此分析得稻谷产量变化量方程为

$$\begin{aligned}&\text{稻谷产量变化量 } R_4(t)\\&= \text{稻谷产量 } L_4(t)\times[\text{分流工程稻谷增长率 } M_{42}(t)\\&\quad+\text{无分流工程稻谷增长率 } M_{41}(t)]\end{aligned}$$

稻谷产量变化量 $R_4(t)$：表示 $[t，t+\mathrm{DT}]$ 期间稻谷产量的变化量，其微分方程为

$$\begin{cases}R_4(t)=\dfrac{dL_4(t)}{dt}=L_4(t)\times[M_{41}(t)+M_{42}(t)]\\L_4(t)|_{t=2002}=70\mathrm{t}\end{cases}$$

无分流工程稻谷增长率 $M_{41}(t)$(无量纲)，是沼液污染 $L_3(t)$ 的减函数。

在养殖业沼液污染未殃及水稻生产以前，稻谷产量稳定且略有增加，由于养殖规模的不断扩大，沼液的排放量大大超过了农田的承载能力，且沼液与灌溉用清水混流，造成对农田的污染，致使水稻营养过剩，出现“青苗”现象，稻谷减产，2002 年，减产情况凸显。基于此现实，构建无分流工程稻谷增长率 $M_{41}(t)$ 函数

$$M_{41}(t)=\text{IF THEN ELSE(沼液污染量 } L_{31}(t)696.9，-0.005，0.001)$$

分流工程稻谷增长率 $M_{42}(t)$(表函数无量纲)，是预测设定的表函数。

建设专用沼液管道、实施沼液与灌溉用水分流、同时对沼液实施多级净化、以确保粮食安全的分流创新工程于 2005 年在泰华所在的兰坡村建成，2006 年实地调查显示，青苗问题已解决，水稻增产 30%，规模养殖废弃物综合利用的“猪–沼液–水稻”生态模式正常运行。据此，建立分流工程稻谷增长率 $M_{42}(t)$ 表函数

$$M_{42}(t)=\mathrm{MB}_{42}$$

Time	2003	2004	2005	2006	2007	2008	2009	2010	2011	2012	2013	2014	2015
$M_{42}(t)$	0	0	0.3	0.01	0.011	0.01	0.009	0.0095	0.0098	0.0098	0.0097	0.0096	0.0095

9. 蔬菜地面积变化量流率基本入树中各变量方程

冬闲田旱地蔬菜工程的开发是为了减小剩余沼液及沼液的季节性污染，随着生猪养殖规模的扩大，需开发的蔬菜地面积将扩大，根据泰华生态能源系统的实

际，得流率蔬菜地面积变化量方程：

$$
\begin{aligned}
&\text{蔬菜地面积变化量 } R_5(t)\\
&= \text{污染蔬菜地影响因子 } M_{51}(t)\times \text{ 冬闲田、旱地蔬菜工程变量 } C_2
\end{aligned}
$$

蔬菜地面积变化量 $R_5(t)$(ha/年)：表示 $[t，t+\mathrm{DT}]$ 期间蔬菜地面积的变化量。其微分方程为

$$
\begin{cases}
R_5(t) = \dfrac{dL_5(t)}{dt} = M_{51}(t)\times C_2 \\
L_5(t)|_{t=2002} = 1\mathrm{ha}
\end{cases}
$$

其中，$C_2 = 1$(无量纲)，为冬闲田旱地蔬菜工程调控参数；$L_5(t)$ 的初值是如下确定的。2002 年，未实施冬闲田旱地蔬菜工程，用沼肥蔬菜种植仅限于附近 38 家农户在自家房前屋后零散的自用蔬菜地种植蔬菜。此时种植的蔬菜地面积由如下公式计算。

$$
\begin{aligned}
&\text{种植的无公害蔬菜地面积}\\
&=\text{人均自给蔬菜面积}\\
&\quad\times \text{ 平均每户人数 } \times \text{ 户数}\\
&=0.08 \text{ 亩/人 } \times 5 \text{ 人/户 } \times 38 \text{ 户 } = 15.2 \text{ 亩 } = 1\mathrm{ha}
\end{aligned}
$$

污染蔬菜地影响因子 $M_{51}(t)$：沼液污染量引起的蔬菜地面积变化量。

泰华规模养殖生态农业系统内用以消纳沼肥的农田的严重不足，另外，水稻种植用肥具有季节性 (泰华水稻单季种植农田冬闲近七个月)，造成了严重的二次污染。2005 年起在泰华逐步实施冬闲田、旱地蔬菜工程，利用泰华猪场养殖区域系统内还未开发的旱地和冬闲田，开发 "猪–沼–菜" 工程，此工程实施的目的是提高并充分利用系统内土地资源利用效率，减小甚至消除沼液污染。因此建立污染蔬菜地影响因子 $M_{51}(t)$ 方程：

$$
M_{51}(t) = \text{IF THEN ELSE(沼液污染量 } L_{31}(t) > 0，1，0)\times \mathrm{MB}_{51}
$$

MB_{51} 为预测确定的外生变量表函数。

Time	2003	2004	2005	2006	2007	2008	2009	2010	2011	2012	2013	2014	2015
$M_{51}(t)$/ha	0	0	3.11	6.58	2	1	1	2	2	4	3	3	3

10. *沼气变化量流率基本入树中各变量方程*

沼气排放变化量 $R_6(t)$ (m^3/年)：表示 $[t, t+\mathrm{DT}]$ 期间沼气排放量的变化量。

在技术稳定的条件下，沼气生产量依赖于其原料猪粪尿的产气量，与产生的粪尿量成正比，进而与生猪养殖的规模成正比。

由第 4 章公式:

$$\text{猪粪 (尿) 年产沼气量} = \text{鲜猪粪 (尿) 量} \times \text{干物率} \times \text{干猪粪产气量}$$

得沼气排放变化量方程为

$$\begin{aligned}&\text{沼气排放变化量 } R_6(t)\\ = &(1.5\times0.18+2.6\times0.03)\times160\times0.2573\times \text{生猪数变化量 } R_1(t)\end{aligned}$$

其中，1.5(千克) 为每头猪日均排粪量；0.18(无量纲) 为每千克鲜猪粪可得的干粪量比；2.6(千克) 为每头猪日均排尿量；0.03(无量纲) 为每千克鲜猪尿可得的干粪量比；160(天) 为生猪的饲养期；0.2573(m^3/t) 为干猪粪尿产气量。

沼气排放变化量的微分方程为

$$\begin{cases} R_6(t) = \dfrac{dL_6(t)}{dt} = (1.5 \times 0.18 + 2.6 \times 0.03) \times 160 \times 0.2573 \times R_1(t) \\ L_6(t)\,|_{t=2002} = 3614\mathrm{m}^3 \end{cases}$$

11. 政策参数取值范围的确定

在管理对策仿真中，还将采用管理对策实施调控因子，因此，在流率基本入树中，包含如下三个管理对策调控因子：粮食安全分流创新工程因子 C_1、冬闲田旱地蔬菜工程因子 C_2、政府科研项目沼气因子 C_{31}, C_{32}，四个参数 $C_i \in [0,1]$，$i =$ 1,2,31,32，$C_i = 0$ 表示没有实现此工程；$C_i = 1$ 表示完全实现了此工程；$C_i \in (0,1)$ 表示部分实现了此工程。

4.3.2 系统动力学仿真方程的基本反馈环逐步调试建立法

1. 方程基本反馈环逐步调试建立法的提出

系统动力学刻画系统的问题，最终是要建立定量仿真模型。前文的系统关键变量顶点赋权图分析和系统的流率基本入树模型，为建立系统结构在流位流率系下的流位变流、辅助变量、外生变量、流率变量、增补变量数学方程打下了基础。然而，系统动力学模型的方程，尤其是流率和辅助变量方程，形式灵活，福瑞斯特等先驱者虽然在实践中总结出了从结构入手的一些基本方程建立方法，如乘积式、差商式、积差式、表函数式等，但由于复杂系统其结构流图涉及变量众多，变量之间错综复杂的因果关系有时难以用数学方程式表达，其中存在大量模糊概念，且有的变量之间的关系完全依赖于试验数据，许多系统动力学建模者尝试与其他理论相结合建立模型方程，并取得了一些理论成果，但系统方程的建立仍是一个十分困难的问题，而且方程的可靠性也很难检验。至今为止，系统动力学仿真方程式的建立问题并未得到有效解决，这成为制约系统动力学定量分析应用发展的瓶颈。

在课题研究中，经过大量的实践探索，我们研究出了一种将树与反馈基模相结合的系统动力学仿真方程建立方法，采用如下两种方式构建模型方程。

方式 1 对模型中以和式、乘积式、差商式、积差式等关系依赖于其树叶流位变量或流率变量、辅助变量的变量方程，直接通过其所在的入树构建方程。

例如，在本章的泰华生猪规模养种生态农业系统模型仿真方程的建立中，沼液流率基本入树 $T_3(t)$、水稻产量流率基本入树 $T_4(t)$、蔬菜地面积流率基本入树 $T_5(t)$、沼气量流率基本入树 $T_6(t)$，这四棵入树中的流率变量和辅助变量方程，都是以和式、乘积式、差商式、积差式等形式依赖于其他流位、流率变量、辅助变量的，因此我们直接利用顶点赋权图和入树模型分析构建了它们的变量方程。

此方式简便、直观，适合于建立以线段式关系依赖于其他流位流率变量的变量方程。但由于其将变量方程的建立仅限于变量所在的树，而单棵的树描述的只是变量依赖于一个或几个变量的线段式的非封闭式的因果关系，揭示的还只是细节性复杂，所以对那些以非线性、动态因果关系直接依赖于多棵树的变量，常常无法以此方式完成方程的建立。

方式 2 基本反馈环逐步调试法。我们在本研究中，提出一种利用反馈环进行方程建立调试的方法，我们称之为流率基本入树方程的基本反馈环逐步调试法，并用此方法有效地进行了非线性、动态因果关系依赖于流位流率变量的变量方程建立与调试。

我们以一个实例来阐述基本反馈环逐步调试法。

2. “生猪市场收入影响因子”方程的反馈环逐步调试建立

在生猪数流率基本入树 $T_1(t)$ 中 (图 4-3(a))，市场收入影响因子 $M_{14}(t)$ 变量依赖与市场影响因子 $M_{141}(t)$ 和收入指数 $M_{142}(t)$。

一方面，由于当地生猪销售市场较稳定，取市场影响因子 $M_{141}(t)$=1，则市场收入影响因子 $M_{14}(t)$ 相当于仅为收入指数 $M_{142}(t)$ 的函数。

另一方面收入指数 $M_{142}(t)$ 表示总纯收入的增长 (收入指数 $M_{142}(t)$= 总纯收入 $L_2(t)$/天 ELAY1I(总纯收入 $L_2(t)$, 1, 9.09))，是一个随收入变化而变化的量，而由图 4-4 又可知，市场收入影响因子 $M_{14}(t)$ 制约生猪数量的变化，而生猪数量的变化将导致总纯收入的变化。这样 $M_{14}(t)$ 与 $M_{142}(t)$ 互相制约、互为因果，且它们之间的这种制约关系在每一次反馈作用后，都将发生变化，即为一种动态的函数关系。

这种动态的函数关系很难像其他变量一样从线段式的静态的因果关系角度，用简单的加减乘除运算刻画，而必须在各次反馈作用的动态变化结果中搜寻它们的制约关系。我们以表函数形式描述 $M_{14}(t)$ 与收入指数 $M_{142}(t)$ 之间的函数关系，并记此表函数为 MB_{14}。

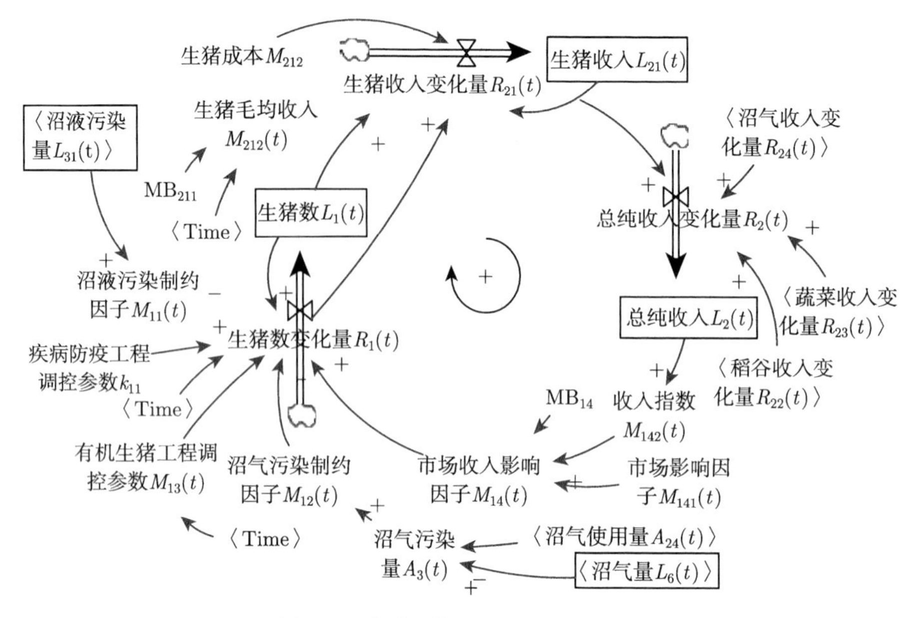

图 4-4 生猪、收入基本反馈环调试

由以上分析可知，MB_{14} 同时依赖于生猪流率基本入树 $T_1(t)$、总纯收入流率基本入树 $T_2(t)$ 和生猪收入流率基本入树 $T_{21}(t)$ 构成的反馈环的反馈变化过程，因此其中函数关系的建立和调试如果仅限于其所在的树，则难以解决仿真结果与实际不符合的问题。为此，采用基本反馈环逐步调试方法，由生猪、总纯收入、生猪收入构成的三阶反馈环的逐次反馈结果，动态地刻画市场收入影响因子 $M_{14}(t)$ 与收入指数 $M_{142}(t)$ 之间的互动关系。

1) 构建决定生猪数变化量的基本反馈环——生猪收入反馈环

通过流率基本入树模型的定量分析可以看出，生猪数的变化量主要通过辅助变量市场收入影响因子、收入指数依赖于流位总纯收入 $L_2(t)$，而沼液污染量、沼气量、疾病防御工程、有机生猪创新工程等变量、参数只是根据现实情况，对此流率作细微的修正。为使变量方程调试确定简化，我们从主导制约因素的角度构建生猪、生猪收入、总纯收入三阶反馈环 (图 4-4)，并称此反馈环为生猪数变化量的基本反馈环，以此基本反馈环进行变量市场收入影响因子 $M_{14}(t)$ 方程的逐步预测调试。

2) 市场收入 $M_{14}(t)$ 方程确定的主导反馈环逐步调试

利用历史数据预设函数 MB_{14} 初值。

为计算方便，我们取 DT=1，市场收入影响因子 MB_{14} 的输入值 (Input) 为上一年的总纯收入指数，由于调试过程不考虑稻谷、蔬菜、沼气收入的变化，所以在此以生猪收入替代总纯收入计算收入指数。又由于 MB_{14} 的输出值 (Output) 是生猪变化量的主要影响因素，故将对应的生猪增长率作为其输出初始值。

在一个仿真步长内 $[t+\mathrm{DT}]$ 内，生猪增长率 $\lambda(t+\mathrm{DT}) = [L_1(t+\mathrm{DT}) - L_1(t)]/L_1(t)]$，生猪变化量 $R_1(t+\mathrm{DT}) = L_1(t+\mathrm{DT}) - L_1(t)] = \lambda(t+\mathrm{DT}) \times L_1(t), \mathrm{DT}=1$。而假设总纯收入 $L_2(t)$ 主要为生猪收入 $L_{21}(t)$ 时 (与研究实际基本相符)，$R(t+\mathrm{DT}) = L_1(t) \times$ 市场收入影响因子 $M_{14}(t+\mathrm{DT})$，则，$M_{14}(t) = \lambda(t)$。

因此，由表 4-2 第 5、6 列值，且考虑 $t+\mathrm{DT}$ 中下年的增长率依赖于上年的收入指数 (由实际确定)，预设表函数 MB_{14} 初值如下：

$M_{141} \times M_{142}$	0.467	0.629	5.254
M_{14}	0.028	0.116	0.466

表 4-2　函数 MB_{14} 初值相关历史数据

年份	$L_1(t)$	年均价格	生猪收入	收入指数	生猪增长率
2003	1600	7.5	10.72		0.333
2004	2200	9.3	56.32	5.254	0.375
2005	3225	7.9	35.153	0.629	0.466
2006	3600	7.3	16.56	0.467	0.116
2007	3700	9	83.065	5.423	0.028

(1) 第一轮反馈调试。

将 MB_{14} 初值代入模型，表函数值与历史数据相符。查看其 2003 年生猪数、收入指数仿真结果。

Step0	年份	生猪数 $L_1(t)$	收入指数 $M_{142}(t)$
	2002	1200	1
	2003	1366	1.669

Step0 结果显示 2003 年生猪数，仿真结果 1366 头，与实际的 1600 头相比偏小。

根据仿真结果确定表函数 MB_{14} 的第一组值输入值 M_{142}=1，那么 M_{14}=?

为使 2003 年仿真结果在此线段性复杂关系中与历史数据相符，即

$$L_3(2003) = 1600 \text{ 头}$$

$$2003 \text{ 年生猪数变化量 } R_1(2003) = 1600\text{头} - 1200\text{头} = 400 \text{ 头}$$

只考虑市场收入影响因子对生猪数的变化量的影响，利用生猪数变化量 $R_1(t)$ 计算公式估算市场收入影响因子 $M_{14}(2003)$ 的值，则

$$L_1(2002) \times M_{14}(2003) = R_1(2003)$$

由此 $M_{14}(2003)=\dfrac{400}{1200}=0.333$，即

M_{142}	1
M_{14}	0.333

又将这对值代入模型，仿真。

Step1	年份	生猪数 $L_1(t)$	收入指数 $M_{142}(t)$
	2002	1200	1
	2003	1585	1.828
	2004	2135	3.647

同样，利用二阶反馈环的第二次反馈变化确定新的一对函数值。

(2) 第二轮反馈调试。

$t=2003,\quad L_1(2003)=1585$(因为还有其他因素影响)

收入指数 $M_{142}(2003)=1.828, 2004$ 年实际生猪出栏数为 2200 头，生猪变化量为

$$R_1(2004)=2200\text{头}-1585\text{头}=615\text{头}$$

同样，$L_1(2003)\times M_{14}(2004)=R_1(2004)$，得

$$M_{14}(2004)=\frac{615}{1585}=0.388$$

即

M_{142}	1.828
M_{14}	0.388

如此反复，通过 5 次如上的反馈变化分析，逐轮调试，然后再做微调，可得到市场收入影响因子 $M_{14}(t)$ 表函数MB_{14} 的表函数值。这样通过三阶反馈环的反馈变化，有效地建立了表函数MB_{14}。

$M_{141}\times M_{142}$	0.47	0.63	0.78	1	1.8	3.7
M_{14}	0.03	0.12	0.14	0.33	0.4	0.5

4.4 生态农业系统管理策略仿真

系统行为的性质主要取决于系统内部的结构与机制，这是系统动力学基本理论中的核心思想。系统动力学著名的“内生”观点认为，尽管系统的行为丰富多彩，系统在外部涨落的作用下可能发生千变万化的反应，但系统行为的发生与发展都主要地植根于系统的内部结构。因此要进一步刻画泰华生猪规模养种生态农业系统主要矛盾问题及其发生与发展的原因，就有必要对该系统内部的动态结构进行反馈分析，揭示其内部各反馈回路是如何耦合、交叉、相互作用，从而产生系统的总体功能与行为。

本节在流率基本入树模型基础上，首先利用已建立的仿真模型，对泰华生猪规模养种生态农业系统反馈结构进行定量仿真预测分析，目的是定量探讨规模养殖与农民增收、环境污染、粮食安全的关系在不同条件下的发展趋势，论证水稻生产安全分流创新工程、冬闲田、旱地蔬菜工程及政府、科研项目沼气综合利用投入的价值。然后利用系统结构流图所对应的流率基本入树模型和枝向量行列式反馈环算法，计算出系统结构中所包含的反馈环，并通过对主导基模的仿真分析，定量揭示系统行为发生与发展的原因及发展趋势。

4.4.1 系统结构流图

系统结构流图可通过系统流率基本入树模型通过耦合 (嵌运算，数学符号：$\vec{\cup}$) 得到，而反过来，流图也可以分解成一些流位或流率变量直接或通过辅助变量控制流率变量的子图，即流率基本入树。系统的流图与其流率基本入树模型是当且仅当的关系，系统基于其流图模型和基于其流率基本入树模型的 Vensim 软件仿真结果相同。

将 4.2 节建立的流率基本入树模型中的十棵流率基本入树 (生猪数、总纯收入、生猪收入、稻谷收入、蔬菜收入、沼气收入、沼液污染量与综合利用量、水稻产量、蔬菜地面积、沼气量) 作嵌运算：

$$G\left(t\right)=T_1\left(t\right)\vec{\cup}T_2\left(t\right)\vec{\cup}T_{21}\left(t\right)\vec{\cup}T_{22}\vec{\cup}T_{23}\vec{\cup}T_{24}\vec{\cup}T_3\left(t\right)\vec{\cup}T_4\left(t\right)\vec{\cup}T_5\left(t\right)\vec{\cup}T_6\left(t\right)$$

可得到如图 4-5 所示的泰华生猪规模养种生态农业系统结构流图 $G(t)$。

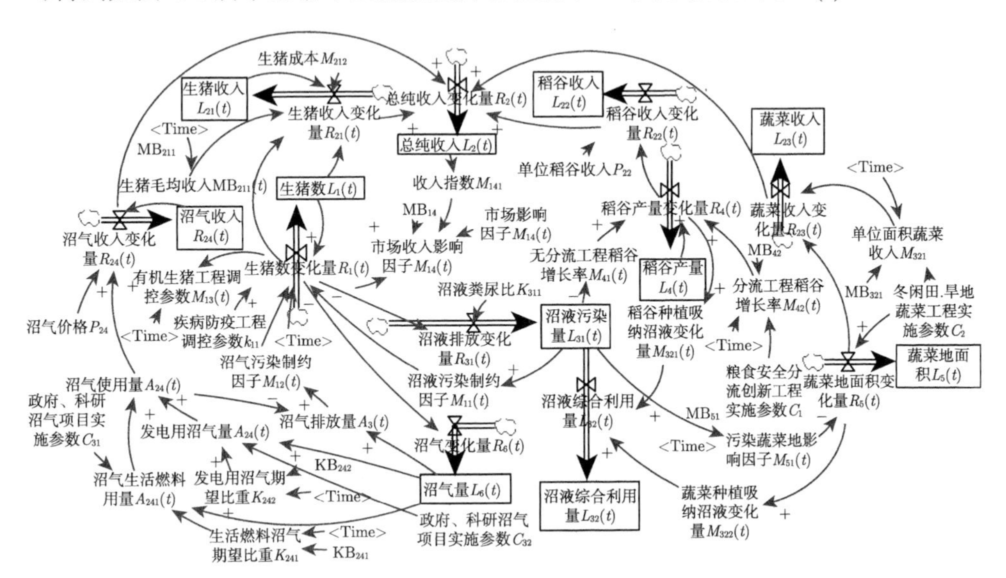

图 4-5 泰华生猪规模养种生态农业系统结构流图 $G(t)$

4.4.2 系统结构流图的定量仿真分析

用 Vensim 软件对泰华生猪规模养种生态农业系统流图模型进行仿真，仿真时间区间设为 2002~2015 年，仿真步长 DT 设为 0.25。下面给出主要仿真结果。

1. 农民收入仿真预测结果

收入是泰华生猪规模养种生态农业系统的重要变量。本系统发生发展的目的首先在于农民增收，了解系统内生猪养殖，稻谷、蔬菜种植，沼气能源开发利用对总纯收入的贡献，具有现实意义。所以我们在系统仿真中首先进行农民收入系统发展仿真分析，通过仿真，得出表 4-3 所示的收入结构数据及图 4-6 所示的发展曲线。

由表 4-3 和图 4-6 可以得出以下结论。

(1) 在这 15 年中，生猪 (规模养殖收入) 一直是农民收入的主体，占到总收入的 50%以上，有的年份接近 90%，可见规模养殖在目前和今后一段时期，是农民增收的主要途径。

(2) 生态系统管理策略工程的实施，使稻谷、蔬菜收入稳步增加，为农民收入的提高作出了贡献。

(3) 沼气、沼液生态资源的综合利用，为农民增加了收入，而且随着综合利用工程的深入开展，这一部分创造的利润逐步扩大，由仿真预测数据不难算出，2015 年这两项收入分别占总纯收入的 19.8%和 16.5%。

表 4-3 总纯收入、生猪收入、稻谷收入、蔬菜收入、沼气收入仿真结果 (单位：万元)

年份	2002	2003	2004	2005	2006	2007	2008
总纯收入	9.2	28.13	49.09	44.15	75.36	137.8	133.76
生猪收入	3	21.77	42.32	36.7	63.24	118.41	110.02
稻谷收入	4.375	4.359	4.337	4.819	5.777	5.808	5.841
蔬菜收入	0.9	0.9	0.9	0.8222	4.12	9.782	11.75
沼气收入	0.95	1.12	1.56	1.841	2.252	3.827	6.175
生猪收入/总纯收入	32.6%	77.4%	86.2%	83.1%	83.9%	85.9%	82.3%
年份	2009	2010	2011	2012	2013	2014	2015
总纯收入	102.72	107.53	156.53	270.9	302.53	211.75	188.96
生猪收入	72.06	66.24	108.41	217.33	242.93	146.78	118.47
稻谷收入	5.868	5.892	5.92	5.948	5.976	6.004	6.032
蔬菜收入	12.7	14.01	15.91	18.52	21.96	24.81	27.66
沼气收入	12.11	21.41	26.31	29.12	31.67	34.16	36.81
生猪收入/总纯收入	70.2%	61.6%	69.3%	80.2%	80.3%	69.3%	62.7%

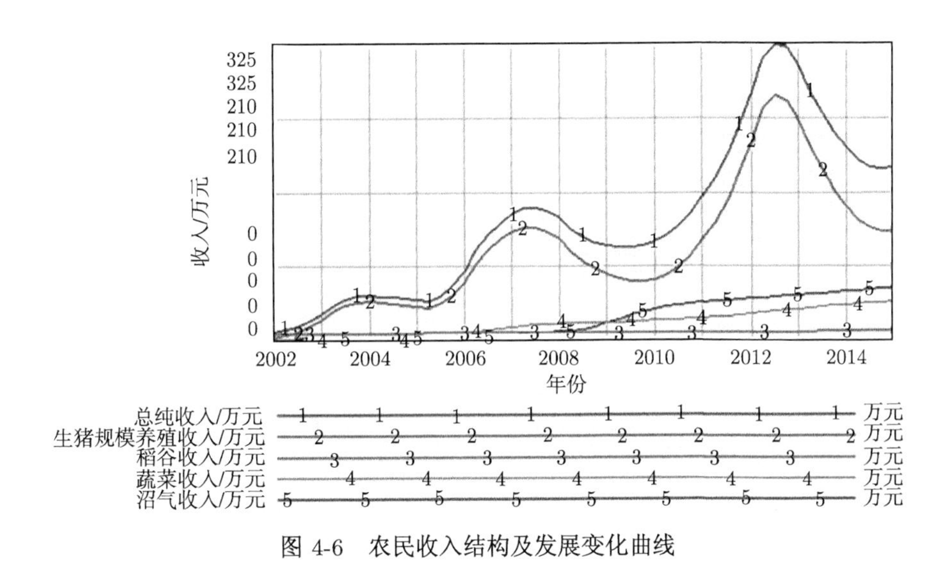

图 4-6 农民收入结构及发展变化曲线

2. 污染治理预测结果

规模带来环境污染，本系统发生发展的另一个目的是在发展规模养殖的同时，农业生态环境不受污染，确保生产粮食安全。分析预测粮食安全分流创新工程、冬闲田旱地蔬菜开发创新工程、沼气生活用能及沼气发电工程等系列工程实施的意义和价值，具有现实意义。所以我们在系统仿真中选择对沼液污染、沼气污染变量进行仿真分析，通过仿真，得出表 4-4 的污染变化数据及如图 4-7 所示的变化趋势曲线。

表 4-4 和图 4-7 显示，泰华生猪规模养种生态农业系统内沼液污染存在，但由于实施了沼液灌溉用水分流工程，水稻产量保持稳步增长，证明沼液清水分流创新工程实施目的达到，但剩余沼液的综合利用污染治理问题仍有待进一步完善。

表 4-4 沼液污染、稻谷产量仿真结果

年份	2002	2003	2004	2005	2006	2007	2008	2009	2010	2011	2012	2013	2014	2015
沼液污染/t	696.9	978.34	1,430	2,211	2,244	2,330	3,630	5,019	5,303	5,935	6,567	7,099	7,680	7,795
稻谷产量/t	70	70.07	69.71	69.37	89.83	90.28	90.82	91.28	91.64	92.05	92.49	92.94	93.38	93.81

在对泰华生猪规模养种生态农业系统的上述仿真分析之后，我们希望从更深的层次揭示：是什么原因造成了系统如此的变化趋势，系统复杂的反馈结构是如何作用，从而导致系统的出现这样的发展特征。

这深层次的定性定量分析，首先要遇到的问题是:

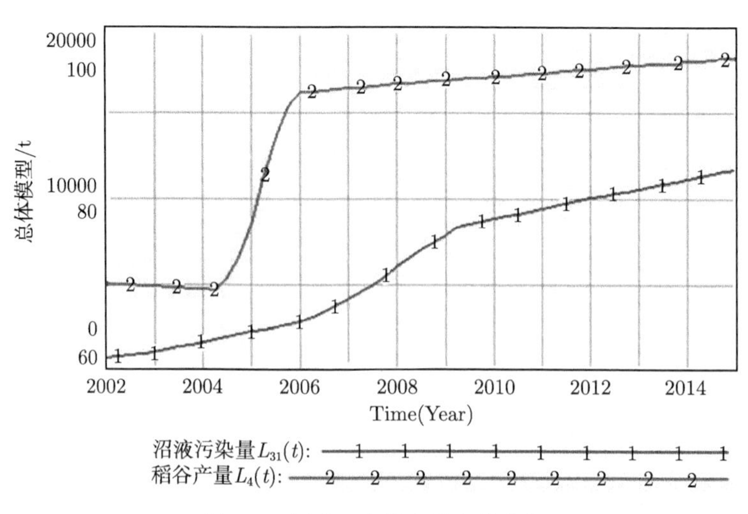

图 4-7 污染、水稻产量变化曲线

(1) 如图 4-5 所示系统流图模型结构中含多少反馈环?

(2) 各反馈环，尤其是主导反馈环是如何作用的?

要回答两个问题，可利用流图 $G(t)$ 所对应的流率基本入树模型和枝向量行列式反馈环算法，计算出系统结构中所包含的反馈环，通过反馈环分析，揭示系统行为发生与发展的原因。

4.5 生态农业系统结构反馈环计算

4.5.1 基于枝向量行列式的反馈环计算方法

反馈环和延迟是造成系统反馈动态性复杂的根本原因，对反馈环的分析是研究系统反馈动态性复杂的重要手段。对于系统反馈结构反馈环的计算，贾仁安提出了枝向量行列式反馈环计算法，实现了反馈环的代数计算，为反馈环的程序化计算奠定了基础。

1. 流率基本入树枝向量定义

定义 4.5.1(枝向量) 以流率基本入树模型 $T_1(t), T_2(t), \cdots, T_n(t)$ 的枝中变量为元素，依次排列构成的向量 $(R_i(t), \pm, A_{ij}(t), L_j(t))$ 或 $(R_i(t), \pm, B_{ij}(t), R_j(t))$ 称为枝向量，其中 $R_i(t)$ 为流率，$L_j(t)$ 为流位，$A_{ij}(t)$，$B_{ij}(t)$ 为入树枝中的辅助变量依次排列的组合，其中“+”“−”号表示枝向量因果链的极性，是树枝中所有因果关系的叠加。特别地，规定：若 $R_i(t)$ 为流出率，其极性为“−”。

2. 枝向量乘法定义

定义 4.5.2(枝向量乘法)

$$
\begin{aligned}
&[R_i(t), A_{ij}(t), L_j(t)) \times (R_t(t), B_{tp}(t), L_p(t)] \\
&= \begin{cases}
(R_i(t), A_{ij}(t), L_j(t), R_t(t), B_{tp}(t), L_p(t)), & t=j, \\
\quad \text{且}A_{ij}(t)\text{与}B_{tp}(t)\text{中无相同变量} & \\
(R_t(t), B_{tp}(t), L_p(t), R_i(t), A_{ij}(t), L_j(t)), & i=p, \\
\quad \text{且}A_{ij}(t)\text{与}B_{tp}(t)\text{中无相同变量} & \\
0, \quad \text{其他情况} &
\end{cases}
\end{aligned}
$$

3. 枝向量加法定义

定义 4.5.3 $(R_i(t), A_{ij}(t), L_j(t)) + (R_i(t), B_{ip}(t), L_p(t))$，仅表示在以 $R_i(t)$ 为树根的强简化流率基本入树中存在$(R_i(t), A_{ij}(t), L_j(t))$和$(R_i(t), B_{ip}(t), L_p(t))$对应的两条强简化枝。

4. 流率基本入树模型枝向量行列式定义

定义 4.5.4 流率基本入树模型 $T_1(t), T_2(t), \cdots, T_n(t)$ 的枝向量行列式为

$$
\begin{array}{c}
\\ T_1(t) \\ \\ T_2(t) \\ \vdots \\ T_n(t)
\end{array}
\begin{array}{ccc}
L_1(t)/R_1(t) & L_2(t)/R_2(t) & \cdots \\
\left(\begin{array}{c} R_1(t), \pm, A_{11}(t), L_1(t) \end{array}\right. & \begin{array}{c}(R_1(t), \pm, A_{12}(t), L_2(t)) \\ +(R_1(t), \pm, B_{12}(t), R_2(t))\end{array} & \cdots \\
\begin{array}{c}(R_2(t), \pm, A_{i1}(t), L_1(t)) \\ +(R_2(t), \pm, B_{i1}(t), R_1(t))\end{array} & (R_2(t), \pm, A_{22}(t), L_2(t)) & \cdots \\
\vdots & \vdots & \\
\begin{array}{c}(R_n(t), \pm, A_{n1}(t), L_1(t)) \\ +(R_n(t), \pm, B_{n1}(t), R_1(t))\end{array} & \begin{array}{c}(R_n(t), \pm, A_{n2}(t), L_2(t)) \\ +(R_n(t), \pm, B_{n2}(t), R_2(t))\end{array} & \cdots
\end{array}
$$

$$
\begin{array}{c}
L_n(t)/R_n(t) \\
\left.\begin{array}{c}
(R_1(t), \pm, A_{1n}(t), L_n(t) \\
+(R_1(t), \pm, B_{1n}(t), R_n(t)) \\
(R_2(t), \pm, A_{2n}(t), L_n(t)) \\
+(R_2(t), \pm, B_{2n}(t), R_n(t)) \\
\vdots \\
R_n(t), \pm, A_{nn}(t), L_n(t))
\end{array}\right)
\end{array}
$$

$$
\begin{aligned}
&= \sum_{j_1 j_2 \cdots j_n} [(R_{1j_1}(t), \pm, A_{1j_1}(t), L_{j_1}(t)) + (R_{1\mathrm{j}_1}(t), \pm, B_{1j_1}(t), R_{j_1}(t))] \\
&\quad \times [(R_2(t), \pm, A_{2j_2}(t), L_{j_2}(t)) + (R_2(t), \pm, B_{2j_2}(t), R_{j_2}(t))] \\
&\quad \times \cdots \times [(R_n(t), \pm, A_{nj_n} L_{j_n}(t))((R_n(t), \pm, B_{nj_n}(t), R_{j_n}(t))]
\end{aligned}
$$

其中 $\pm$ 表示枝向量的极性 (取＋或取 −)；$\sum\limits_{j_1 j_2 \cdots j_n}$ 表示对 $j_1 j_2 \cdots j_n$ 的所有 n 级排列求和。

枝向量行列式具有交换两行或两列后行列式不变的性质，按行列展开除全部为加号外，皆与数字代数行列式的性质一样。

定义 4.5.5　反馈环的阶数指反馈环中所含流率及流位相关的树的数量。

5. 强简化流率基本入树模型

定义 4.5.6(强简化流率基本入树)　删除流率基本入树模型各枝中的非重复辅助变量顶点，保持不变各枝因果链极性不变，将保留的枝变量仍按原方向连接成强简化枝，所有强简化枝构成原流率基本入树的强简化流率基本入树；所有强简化流率基本入树构成强简化流率基本入树模型。

定理 4.5.1　强简化流率基本入树通过嵌运算耦合而成强简化流图。强简化流图所包含的反馈环与原流图中的反馈环一一对应。

强简化流率基本入树的主要作用是：① 删除了流率基本入树各树枝中与其他入树无重复的辅助变量 (Vensim 软件下的非阴影辅助变量)，而仅保留枝向量中的有可能构成反馈回路的变量，这样既不会影响基本反馈结构，又能更直接地观察各流位对流率的作用；② 强简化枝向量保留了枝向量的主干部分，使枝向量乘法更加简洁。

6. 流图反馈环计算公式

定义 4.5.7　将枝向量行列式的对角线上全部元素置 1，其他元素不变，所得的枝向量行列式称为对角置 1 的枝向量行列式。

作流率基本入树模型 $T_1(t), T_2(t), \cdots, T_n(t)$ 对应的强简化流率基本入树模型的枝向量构成的对角置 1，枝向量行列式

$$
A_n(t)=\left|\begin{array}{cccccc}
1 & & \begin{array}{c}(R_{12}(t),\pm,A_{12}(t),L_2(t))\\+(R_{12}(t),\pm B_{12}(t),R_2(t))\end{array} & \cdots & \begin{array}{c}(R_1(t),\pm,A_{1n}(t),L_n(t))\\+(R_1(t),\pm B_{1n}(t),R_n(t))\end{array}\\
\vdots & & \vdots & & \vdots\\
\begin{array}{c}(R_2(t),\pm,A_{21}(t),L_1(t))\\+(R_2(t),\pm,B_{21}(t),R_1(t))\end{array} & \cdots & 1 & \cdots & \begin{array}{c}(R_2(t),\pm,A_{2n}(t),L_n(t))\\+(R_2(t),\pm,B_{2n}(t),R_n(t))\end{array}\\
\vdots & & \vdots & & \vdots\\
\begin{array}{c}(R_n(t),\pm,A_{n1}(t),L_1(t))\\+(R_n(t),B_{n1}(t),R_1(t))\end{array} & \cdots & \begin{array}{c}(R_n(t),\pm,A_{nj}(t),L_j(t))\\+(R_n(t),\pm,B_{nj}(t),R_j(t))\end{array} & \cdots & 1
\end{array}\right|
$$

计算该行列式，得对应流图模型中所有 2 至 n 阶强简化反馈环。

枝向量行列式反馈环计算法通过图论与线性代数的完美结合，解决了系统动力学反馈结构分析过程中反馈环确定的难题，为反馈环计算提供了规范可行的方法，且整个计算过程可借助相关数学软件完成。

7. 枝向量行列式反馈环计算步骤

步骤 1 由系统各流率基本入树分别直接求出系统流图的全部一阶反馈环。

步骤 2 作系统流率基本入树模型的强简化流率基本入树模型。

步骤 3 写出强简化流率基本入树模型对应的对角置 1 强简化枝向量行列式。

步骤 4 计算对角置 1 强简化枝向量行列式，得到系统流图 2 阶以上全部强简化反馈环，这是原流率基本入树构成的反馈环的核。

步骤 5 对所求出的强简化反馈环，补充强简化流率基本入树删掉的非重复辅助变量，得到流图模型 $G_n(t)$ 的 2 阶至 n 阶全部反馈环。

4.5.2 系统结构强简化流率基本入树模型

流率基本入树模型的构建，为系统结构反馈环的计算提供了基础平台，本节利用图 4-3 所示的泰华生猪规模养种生态农业系统结构的流率基本入树模型，利用枝向量行列式反馈环算法，计算该系统结构所含的全体反馈环。

为计算方便，删掉图 4-3 系统结构简化流率基本入树模型各树枝中的非重复辅助变量顶点，将其变换为对应的强简化流率基本入树 (图 4-8)。因为删掉各树枝中的非重复辅助变量顶点，只影响反馈环的长度，而不会影响反馈环的条数，所以流图与其强简化流图存在一一对应的反馈环。

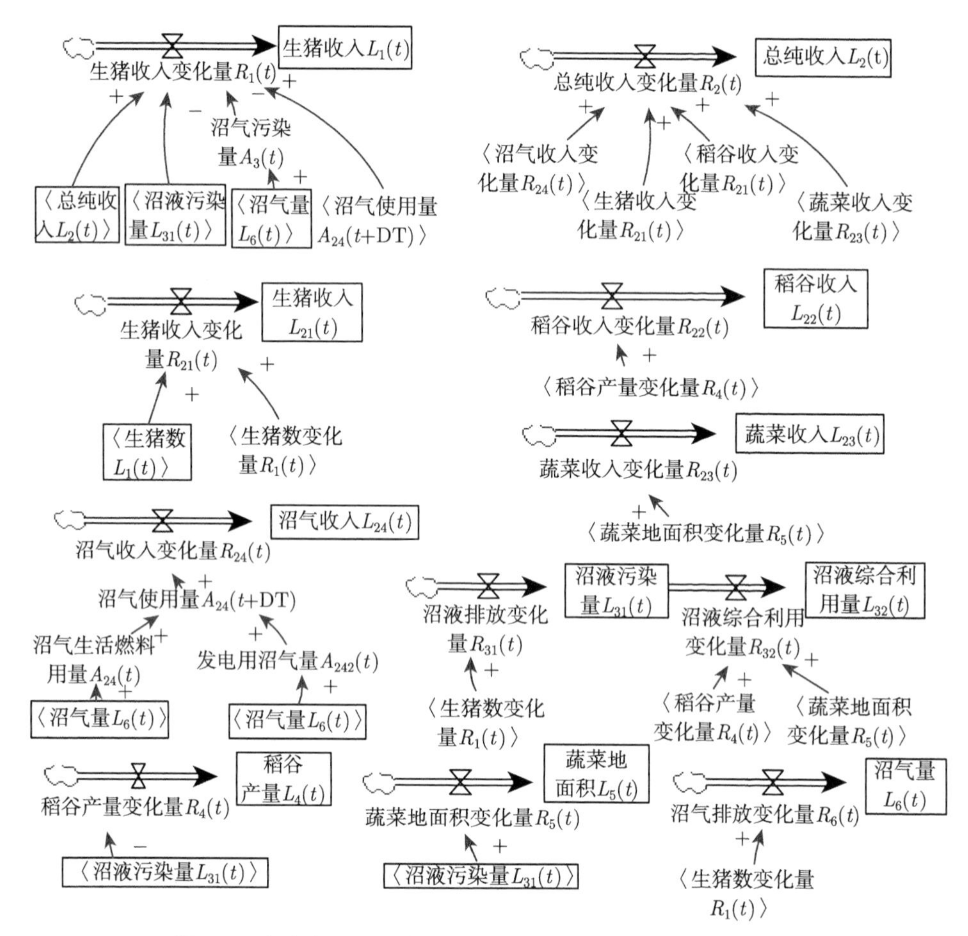

图 4-8 泰华生猪规模养种生态农业系统强简化流率基本入树

4.5.3 系统结构流图模型反馈环计算

根据前文提出的枝向量行列式反馈环计算法，可以求出泰华生猪规模养种生态农业系统结构流图模型 (图 4-5) 中的全部反馈环。

对应于泰华生猪规模养种生态农业系统强简化流率基本入树模型的枝向量行列式为

$$
A_{10\times 10}=\left|\begin{array}{ccc}
1 & (R_1,+,L_2) & 0 \\
0 & 1 & (R_2,+,R_{21}) \\
\begin{array}{c}(R_{21},+,R_1)\\+(R_{21},+,L_1)\end{array} & 0 & 1 \\
0 & 0 & 0 \\
0 & 0 & 0 \\
0 & 0 & 0 \\
(R_{31},+,R_1) & 0 & 0 \\
0 & 0 & 0 \\
0 & 0 & 0 \\
(R_6,+R_1) & 0 & 0
\end{array}\right.
$$

$$
\begin{array}{cccc}
0 & 0 & 0 & (R_1,-,L_{31}) \\
(R_2,+,R_{22}) & (R_2,+,R_{23}) & (R_2,+,R_{24}) & 0 \\
0 & 0 & 0 & 0 \\
1 & 0 & 0 & 0 \\
0 & 1 & 0 & 0 \\
0 & 0 & 1 & 0 \\
0 & 0 & 0 & 1 \\
0 & 0 & 0 & (R_4,-,L_{31}) \\
0 & 0 & 0 & (R_5,+,L_{31}) \\
0 & 0 & 0 & 0
\end{array}
$$

$$
\left.\begin{array}{ccc}
0 & 0 & \begin{array}{c}(R_1,-,A_3,L_6)\\+2(R_1,+,A_{24},L_6)\end{array} \\
0 & 0 & 0 \\
0 & 0 & 0 \\
(R_{22},+,R_4) & 0 & 0 \\
0 & \begin{array}{c}(R_{23},+,R_5)\\+(R_{23},+,L_5)\end{array} & 0 \\
0 & 0 & 2(R_{24},+,A_{24},L_6) \\
(R_{32},-,R_4) & (R_{32},-,R_5) & 0 \\
1 & 0 & 0 \\
0 & 1 & 0 \\
0 & 0 & 1
\end{array}\right|
$$

计算此行列式

$$
A_{10\times 10}=(R_5,+,L_{31})\cdot\begin{vmatrix}
1 & (R_1,+,L_2) & 0 & 0 & 0 & 0 & 0 & 0 & \begin{array}{c}(R_1,-,A_3,L_6)\\+2(R_1,+,A_{24},L_6)\end{array}\\
0 & 1 & (R_2,+,R_{21}) & (R_2,+,R_{22}) & (R_2,+,R_{23}) & (R_2,+,R_{24}) & 0 & 0 & 0\\
\begin{array}{c}(R_{21},+,R_1)\\+(R_{21},+,L_1)\end{array} & 0 & 1 & 0 & 0 & 0 & 0 & 0 & 0\\
0 & 0 & 0 & 1 & 0 & 0 & (R_{22},+,R_4) & 0 & 0\\
0 & 0 & 0 & 0 & 1 & 0 & 0 & \begin{array}{c}(R_{23},+,R_5)\\+(R_{23},+,L_5)\end{array} & 0\\
0 & 0 & 0 & 0 & 0 & 1 & 0 & 0 & 2(R_{24},+,A_{24},L_6)\\
(R_{31},+,R_1) & 0 & 0 & 0 & 0 & 0 & (R_{32},-,R_4) & (R_{32},-,R_5) & 0\\
0 & 0 & 0 & 0 & 0 & 0 & 1 & 0 & 0\\
(R_6,+R_1) & 0 & 0 & 0 & 0 & 0 & 0 & 0 & 1
\end{vmatrix}
$$

$$
+\left|\begin{array}{cccccc}
1 & (R_1,+,L_2) & 0 & 0 & 0 & 0\\
0 & 1 & (R_2,+,R_{21}) & (R_2,+,R_{22}) & (R_2,+,R_{23}) & (R_2,+,R_{24})\\
\begin{array}{c}(R_{21},+,R_1)\\+(R_{21},+,L_1)\end{array} & 0 & 1 & 0 & 0 & 0\\
0 & 0 & 0 & 1 & 0 & 0\\
0 & 0 & 0 & 0 & 1 & 0\\
0 & 0 & 0 & 0 & 0 & 1\\
(R_{31},+,R_1) & 0 & 0 & 0 & 0 & 0\\
0 & 0 & 0 & 0 & 0 & 0\\
(R_6,+R_1) & 0 & 0 & 0 & 0 & 0
\end{array}\right.
$$

$$
\left.\begin{array}{ccc}
(R_1,-,L_{31}) & 0 & \begin{array}{c}(R_1,-,A_3,L_6)\\+2(R_1,+,A_{24},L_6)\end{array}\\
0 & 0 & 0\\
0 & 0 & 0\\
0 & (R_{22},+,R_4) & 0\\
0 & 0 & 0\\
0 & 0 & 2(R_{24},+,A_{24},L_6)\\
1 & (R_{32},-,R_4) & 0\\
(R_4,-,L_{31}) & 1 & 0\\
0 & 0 & 1
\end{array}\right|
$$

$$
=(R_5,+,L_{31})\cdot\left|\begin{array}{ccccc}
1 & (R_1,+,L_2) & 0 & 0 & 0\\
0 & 1 & (R_2,+,R_{21}) & (R_2,+,R_{22}) & (R_2,+,R_{23})\\
\begin{array}{c}(R_{21},+,R_1)\\+(R_{21},+,L_1)\end{array} & 0 & 1 & 0 & 0\\
0 & 0 & 0 & 1 & 0\\
0 & 0 & 0 & 0 & 1\\
0 & 0 & 0 & 0 & 0\\
(R_{31},+,R_1) & 0 & 0 & 0 & 0\\
(R_6,+R_1) & 0 & 0 & 0 & 0
\end{array}\right.
$$

$$
\left.\begin{array}{ccc}
0 & 0 & \begin{array}{c}(R_1,-,A_3,L_6)\\+2(R_1,+,A_{24},L_6)\end{array}\\
(R_2,+,R_{24}) & 0 & 0\\
0 & 0 & 0\\
0 & 0 & 0\\
0 & \begin{array}{c}(R_{23},+,R_5)\\+(R_{23},+,L_5)\end{array} & 0\\
1 & 0 & 2(R_{24},+,A_{24},L_6)\\
0 & (R_{32},-,R_5) & 0\\
0 & 0 & 1
\end{array}\right|
$$

$$+(R_5,+,L_{31})(R_{32},-,R_5)$$

$$\left|\begin{array}{cccc}
1 & (R_1,+,L_2) & 0 & 0 \\
0 & 1 & (R_2,+,R_{21}) & (R_2,+,R_{22}) \\
(R_{21},+,R_1)+(R_{21},+,L_1) & 0 & 1 & 0 \\
0 & 0 & 0 & 1 \\
0 & 0 & 0 & 0 \\
0 & 0 & 0 & 0 \\
(R_6,+R_1) & 0 & 0 & 0
\end{array}\right.$$

$$\left.\begin{array}{ccc}
0 & 0 & (R_1,-,A_3,L_6)+2(R_1,+,A_{24},L_6) \\
(R_2,+,R_{23}) & (R_2,+,R_{24}) & 0 \\
0 & 0 & 0 \\
0 & 0 & 0 \\
1 & 0 & 0 \\
0 & 1 & 2(R_{24},+,A_{24},L_6) \\
0 & 0 & 1
\end{array}\right|$$

$$+(R_4,-,L_{31})(R_{31},+,R_1)$$

$$\left|\begin{array}{ccccc}
(R_1,+,L_2) & 0 & 0 & 0 & 0 \\
1 & (R_2,+,R_{21}) & (R_2,+,R_{22}) & (R_2,+,R_{23}) & (R_2,+,R_{24}) \\
0 & 1 & 0 & 0 & 0 \\
0 & 0 & 1 & 0 & 0 \\
0 & 0 & 0 & 1 & 0 \\
0 & 0 & 0 & 0 & 1 \\
0 & 0 & 0 & 0 & 0
\end{array}\right.$$

$$\left.\begin{array}{cc}
0 & (R_1,-,A_3,L_6)+2(R_1,+,A_{24},L_6) \\
0 & 0 \\
0 & 0 \\
(R_{22},+,R_4) & 0 \\
0 & 0 \\
0 & 2(R_{24},+,A_{24},L_6) \\
0 & 1
\end{array}\right|$$

$$
+(R_4,-,L_{31})(R_{32},-,R_4)
$$

$$
\begin{vmatrix}
1 & (R_1,+,L_2) & 0 & 0 & 0 & 0 & (R_1,-,A_3,L_6)+2(R_1,+,A_{24},L_6) \\
0 & 1 & (R_2,+,R_{21}) & (R_2,+,R_{22}) & (R_2,+,R_{23}) & (R_2,+,R_{24}) & 0 \\
(R_{21},+,R_1)+(R_{21},+,L_1) & 0 & 1 & 0 & 0 & 0 & 0 \\
0 & 0 & 0 & 1 & 0 & 0 & 0 \\
0 & 0 & 0 & 0 & 1 & 0 & 0 \\
0 & 0 & 0 & 0 & 0 & 1 & 2(R_{24},+,A_{24},L_6) \\
(R_6,+R_1) & 0 & 0 & 0 & 0 & 0 & 1
\end{vmatrix}
$$

$$
+(R_{31},+,R_1)
$$

$$
\begin{vmatrix}
(R_1,+,L_2) & 0 & 0 & 0 & 0 & (R_1,-,L_{31}) & (R_1,-,A_3,L_6)+2(R_1,+,A_{24},L_6) \\
1 & (R_2,+,R_{21}) & (R_2,+,R_{22}) & (R_2,+,R_{23}) & (R_2,+,R_{24}) & 0 & 0 \\
0 & 1 & 0 & 0 & 0 & 0 & 0 \\
0 & 0 & 1 & 0 & 0 & 0 & 0 \\
0 & 0 & 0 & 1 & 0 & 0 & 0 \\
0 & 0 & 0 & 0 & 1 & 0 & 2(R_{24},+,A_{24},L_6) \\
0 & 0 & 0 & 0 & 0 & 0 & 1
\end{vmatrix}
$$

$$
+\left|\begin{array}{cccc}
1 & (R_1,+,L_2) & 0 & 0 \\
0 & 1 & (R_2,+,R_{21}) & (R_2,+,R_{22}) \\
(R_{21},+,R_1)+(R_{21},+,L_1) & 0 & 1 & 0 \\
0 & 0 & 0 & 1 \\
0 & 0 & 0 & 0 \\
0 & 0 & 0 & 0 \\
(R_6,+R_1) & 0 & 0 & 0
\end{array}\right.
$$

$$
\left.\begin{array}{ccc}
0 & 0 & (R_1,-,A_3,L_6)+2(R_1,+,A_{24},L_6) \\
(R_2,+,R_{23}) & (R_2,+,R_{24}) & 0 \\
0 & 0 & 0 \\
0 & 0 & 0 \\
1 & 0 & 0 \\
0 & 1 & 2(R_{24},+,A_{24},L_6) \\
0 & 0 & 1
\end{array}\right|
$$

$$
=(R_5,+,L_{31})(R_{31},+,R_1)\left|\begin{array}{cccc}
(R_1,+,L_2) & 0 & 0 & 0 \\
1 & (R_2,+,R_{23}) & (R_2,+,R_{24}) & 0 \\
0 & 1 & 0 & \begin{array}{c}(R_{23},+,R_5)\\+(R_{23},+,L_5)\end{array} \\
0 & 0 & 1 & 0
\end{array}\right|
$$

$$
+(R_5,+,L_{31})(R_{32},-,R_5)
$$

$$
\left|\begin{array}{ccccc}
1 & (R_1,+,L_2) & 0 & 0 & \begin{array}{c}(R_1,-,A_3,L_6)\\+2(R_1,+,A_{24},L_6)\end{array} \\
0 & 1 & (R_2,+,R_{21}) & (R_2,+,R_{24}) & 0 \\
\begin{array}{c}(R_{21},+,R_1)\\+(R_{21},+,L_1)\end{array} & 0 & 1 & 0 & 0 \\
0 & 0 & 0 & 1 & 2(R_{24},+,A_{24},L_6) \\
(R_6,+R_1) & 0 & 0 & 0 & 1
\end{array}\right|
$$

$$+(R_4,-,L_{31})(R_{31},+,R_1)\begin{vmatrix} (R_1,+,L_2) & 0 & 0 & 0 \\ 1 & (R_2,+,R_{22}) & (R_2,+,R_{24}) & 0 \\ 0 & 1 & 0 & (R_{22},+,R_4) \\ 0 & 0 & 1 & 0 \end{vmatrix}$$

$$+(R_4,-,L_{31})(R_{32},-,R_4)\begin{vmatrix} 1 & (R_1,+,L_2) & \begin{matrix}(R_1,-,A_3,L_6)\\ +2(R_1,+,A_{24},L_6)\end{matrix} \\ 0 & 1 & 0 \\ (R_6,+,R_1) & 0 & 1 \end{vmatrix}$$

$$+(R_{31},+,R_1)\begin{vmatrix} (R_1,+,L_2) & 0 & (R_1,-,L_3) \\ 1 & (R_2,+,R_{24}) & 0 \\ 0 & 1 & 0 \end{vmatrix}$$

$$+\begin{vmatrix} 1 & (R_1,+,L_2) & 0 & 0 & \begin{matrix}(R_1,-,A_3,L_6)\\ +2(R_1,+,A_{24},L_6)\end{matrix} \\ 0 & 1 & (R_2,+,R_{21}) & (R_2,+,R_{24}) & 0 \\ \begin{matrix}(R_{21},+,R_1)\\ +(R_{21},+,L_1)\end{matrix} & 0 & 1 & 0 & 0 \\ 0 & 0 & 0 & 1 & 2(R_{24},+,A_{24},L_6) \\ (R_6,+R_1) & 0 & 0 & 0 & 1 \end{vmatrix}$$

$$\begin{aligned}
&=(R_5,+,L_{31})(R_{31},+,R_1)(R_1,+,L_2)(R_2,+,R_{23})(R_{23},+,R_5)\\
&\quad+(R_5,+,L_{31})(R_{32},-,R_5)\\
&\quad+(R_4,-,L_{31})(R_{31},+,R_1)(R_1,+,L_2)(R_2,+,R_{22})(R_{22},+,R_4)\\
&\quad+(R_4,-,L_{31})(R_{32},-,R_4)\\
&\quad+(R_{31},+,R_1)(R_1,-,L_{31})+(R_{31},+,R_1)(R_1,-L_3)\\
&\quad+(R_{21},+,R_1)(R_1,+,L_2)(R_2,+,R_{21})\\
&\quad+(R_{21},+,L_1)(R_1,+,L_2)(R_2,+,R_{21})\\
&\quad+(R_6,+R_1)(R_1,+,L_2)(R_2,+,R_{24})2(R_{24},+,A_{24}L_6)\\
&\quad+(R_6,+R_1)(R_1,-,A_3L_6)\\
&\quad+(R_6,+R_1)2(R_1,+,A_{24}L_6)
\end{aligned}$$

计算结果显示，泰华生猪规模养种生态农业系统共含二至五阶反馈环 13 条。按反馈环阶数分类整理如下。

二阶反馈环 (6 条)

$$(R_4, -L_{31})(R_{32}, -R_4), (R_{31}, +, R_1)(R_1, -L_{31}),$$
$$(R_5, +L_{31})(R_{32}, -, R_5), (R_{31}, +, R_1)\,(R_1, -L_3)\,,$$
$$(R_6, +, R_1)\,(R_1, +, A_3, A_{24}, A_{241}, L_6)\,, (R_6, +R_1)(R_1, -, A_3, L_6);$$

三阶反馈环 (2 条)

$$(R_{21}, +, L_1)(R_1, +, L_2)(R_2, +, R_{21}),$$
$$(R_{21}, +, R_1)(R_1, +, L_2)(R_2, +, R_{21});$$

四阶反馈环 (2 条)

$$(R_6, +R_1)(R_1, +, L_2)(R_2, +, R_{24})(R_{24}, +, A_{24}, A_{241}, L_6),$$
$$(R_6, +R_1)(R_1, +, L_2)(R_2, +, R_{24})(R_{24}, +, A_{24}, A_{242}, L_6);$$

五阶反馈环 (3 条)

$$(R_5, +, L_{31})(R_{31}, +, R_1)(R_1, +, L_2)(R_2, +, R_{23})(R_{23}, +, R_5),$$
$$(R_5, +, L_{31})(R_{31}, +, R_1)(R_1, +, L_2)(R_2, +, R_{23})(R_{23}, +, L_5);$$
$$(R_4, -, L_{31})(R_{31}, +, R_1)(R_1, +, L_2)(R_2, +, R_{22})(R_{22}, +, R_4)。$$

4.6 基于主导基模的政策效率仿真

系统动力学以反馈回路来描述系统的结构，在系统内部的诸反馈回路中，在其发展、运动的各阶段，总是存在一个或一个以上的主要回路 (或称主导反馈环)，这些主导反馈环的性质及它们相互间的作用，主要决定了系统行为的性质及其变化与发展，这就是主导动态结构作用原理 (相当于协同学中的支配原理)。

彼得 • 圣吉博士在其 *The Fifth Discipline*: *The Art and Practice of the Learning Organization* 一书中将那些具有典型意义的反馈环称为系统的反馈基模。沿用此定义，本书将那些具有典型意义的主导反馈环称为系统的主导反馈基模，简称主导基模。本节将对泰华生猪规模养种生态农业系统结构的主导基模进行反馈分析。

3.5 节通过对泰华生猪规模养种生态农业系统主要矛盾问题的顶点赋权图分析，得出目前泰华生猪规模养种生态农业系统运行中存在三大主要问题，即沼液与灌溉用水混合排灌造成水稻苗发青、稻谷减产的问题；承载沼肥的农田不足和长达七个月的冬闲季节沼肥浪费引发的沼液污染问题；以及沼气存储、供气设施缺乏，农户对沼气能源的价值及其直接排放造成污染的认识不足导致的沼气污染问题。这三个问题对应着三个子系统。

(1) 规模养殖农民增收与水稻生产安全子系统，即“猪–沼液–水稻”子系统。

(2) 保障规模养种农民增收的“猪–沼气–能源”子系统。

(3) 保障规模养种农民增收的“猪–沼–菜”冬闲田开发污染治理子系统。

根据研究目的，这里将这三个子系统的反馈结构作为泰华生猪规模养种生态农业系统结构的主导结构，其中所包含的反馈环构成该系统结构的三个主导反馈基模。首先分别对这三个主导基模进行定性反馈分析。

1. 主导基模一：“猪–沼液–水稻–收入”的反馈分析

1)“猪–沼液–水稻–收入”基模包含的反馈环

这个子基模为“猪–沼液–水稻–收入”基模，以 $T_1(t)$(生猪数)、$T_2(t)$ (总纯收入)、$T_{21}(t)$(生猪收入)、$T_{22}(t)$(稻谷收入)、$T_3(t)$(沼液) 和 $T_4(t)$(水稻产量) 六棵流率基本入树刻画。反馈环的行列式计算结果中包含这六棵树的反馈环有以下几条。

五阶反馈环 (1 条)

(1) 水稻、沼液、生猪、收入五阶制约负反馈环

$$(R_4, -, L_{31})(R_{31}, +, R_1)(R_1, +, L_2)(R_2, +, R_{22})(R_{22}, +, R_4)$$

三阶反馈环 (2 条)

(2) 规模养殖、农民增收互相促进正反馈环 (通过生猪数流率 R_1 作用)

$$(R_{21}, +, R_1)(R_1, +, L_2)(R_2, +, R_{21})$$

(3) 规模养殖、农民增收互相促进正反馈环 (通过生猪数流位 L_1 作用)

$$(R_{21}, +, L_1)(R_1, +, L_2)(R_2, +, R_{21})$$

二阶反馈环 (2 条)

(4) 沼液污染影响粮食安全正反馈环 $(R_4, -L_{31})(R_{32}, -R_4)$。

(5) 沼液污染制约生猪养殖规模发展负反馈环 $(R_{31}, +, R_1)(R_1, -L_{31})$。

这五条反馈环嵌成“猪–沼液–水稻–收入”反馈结构子流图 (图 4-9)。

$$G_{1234}(t) = T_1(t) \overrightarrow{\cup} T_2(t) \overrightarrow{\cup} T_{21}(t) \overrightarrow{\cup} T_{22}(t) \overrightarrow{\cup} T_3(t) \overrightarrow{\cup} T_4(t)$$

2)“猪–沼液–水稻–收入”基模结构反馈分析

(1) 基模结构流图 $G_{1234}(t)$ 中，左上部分为规模养殖农民增收两个三阶正反馈环

$1(R_{21}, +, L_1)(R_1, +, L_2)(R_2, +, R_{21})$和 $2(R_{21}, +, R_1)(R_1, +, L_2)(R_2, +, R_{21})$,

这是本基模的主要结构。

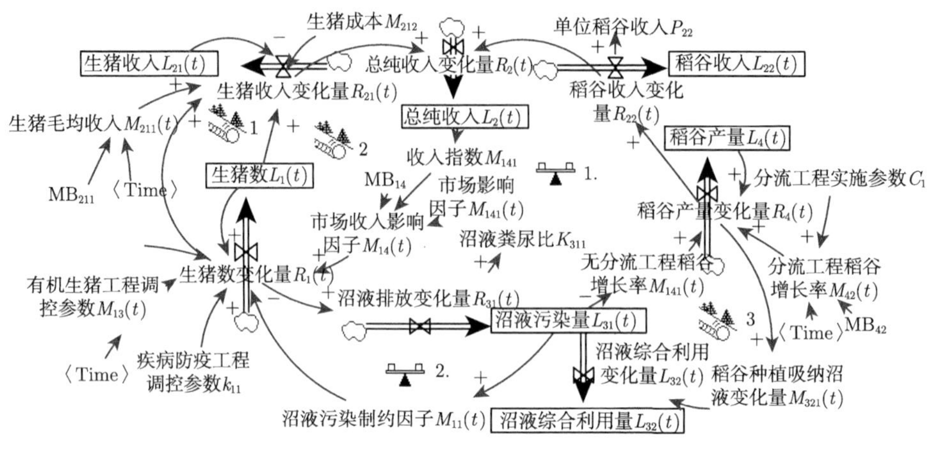

图 4-9 “猪–沼液–水稻–收入” 基模结构流图

(2) 中间部分为五棵树构成的五阶负反馈环 1

$$(R_4,-,L_{31})(R_{31},+,R_1)(R_1,+,L_2)(R_2,+,R_{22})(R_{22},+,R_4)$$

刻画了规模养殖产生沼液污染，使水稻发青，减产严重的反馈结构。为了消除这个五阶反馈环的制约，制定并实施了确保粮食安全的沼液与灌溉用水分流创新工程。若实施了此分流工程，则图中调控参数粮食安全分流创新工程因子 $C_1=1$，否则 $C_1=0$。

(3) 下部分为沼液污染影响生猪养殖规模发展的二阶制约负反馈环 2 $(R_{31},+,R_1)(R_1,-L_{31})$。

(4) 右下部分二阶正反馈环 3$(R_4,-L_{31})(R_{32},-R_4)$，刻画了沼液污染的增加，使水稻减产，而水稻的减产使沼液污染更为严重的反馈关系。

3) 沼液和灌溉用水分流策略效果仿真分析

根据泰华规模养殖农民增收与粮食安全基模，即 “猪–沼液–水稻–收入” 基模的内涵，根据是否实施沼液和灌溉用水分流工程，设置两个方案，选择稻谷产量流位变量进行仿真分析。

方案一　$C_1=0$，表示未实施分流创新工程，沼液和灌溉用水共用一条水道；

方案二　$C_1=1$，表示已实施分流创新工程，沼液和灌溉用水分流。

仿真结果见表 4-5 和图 4-10。

表 4-5 和图 4-10 显示了两个方案下的稻谷产量的变化趋势，结果显示，泰华生猪规模养种生态农业系统内，如果不实施粮食安全创新工程，沼液和灌溉用水共

用一条水道，水稻产量将逐年下降，生猪规模养殖产生的沼液污染将危及水稻生产的安全；实施了沼液与灌溉用水分流创新工程，水稻产量则能保持稳步增长，证明沼液清水分流创新工程是系统“猪–沼液–水稻”生态农业模式实施的保障。

表 4-5 稻谷产量变化比较仿真结果 (单位：t)

年份	2002	2003	2004	2005	2006	2007	2008	2009	2010	2011	2012	2013	2014	2015
C_1=0	70	69.75	69.4	69.06	68.71	68.37	68.03	67.69	67.35	67.01	66.68	66.35	66.02	65.69
C_1=1	70	69.75	69.4	77.11	92.43	92.93	93.45	93.89	94.28	94.72	95.17	95.63	96.07	96.51

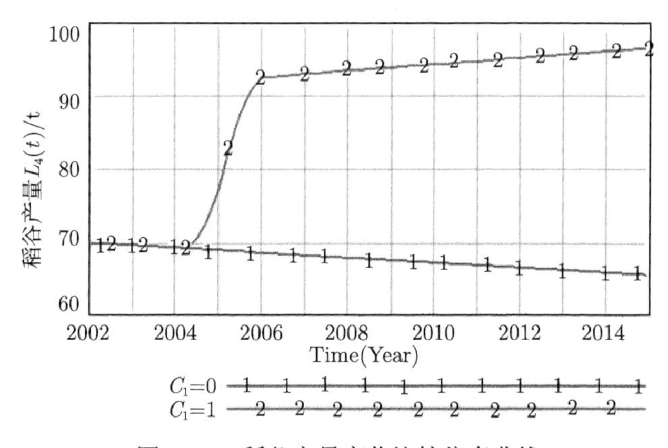

图 4-10 稻谷产量变化比较仿真曲线

2. 主导基模二：“猪–沼–菜–收入”的反馈仿真分析

1)“猪–沼–菜–收入”基模包含的反馈环

这个基模的反馈结构，是以保障规模养殖农民增收为出发点的“猪–沼–菜–收入”沼液综合利用、污染治理反馈基模结构。该基模以相关的 $T_1(t)$(生猪数)、$T_2(t)$(总纯收入)、$T_{21}(t)$(生猪收入)、$T_{22}(t)$(蔬菜收入)、$T_3(t)$(沼液) 和 $T_5(t)$(蔬菜地面积) 六棵流率基本入树刻画。反馈环的行列式计算结果中包含这四棵树的反馈环有以下几条。

五阶反馈环 (2 条)

(1) 蔬菜种植治理沼液污染促进生猪规模、收入增加五阶正反馈环。

$$(R_5,+,L_{31})(R_{31},+,R_1)(R_1,+,L_2)(R_2,+,R_{23})(R_{23},+,R_5),$$

$$(R_5,+,L_{31})(R_{31},+,R_1)(R_1,+,L_2)(R_2,+,R_{23})(R_{23},+,L_5)$$

三阶反馈环 (2 条)

(2) 规模养殖、农民增收互相促进正反馈环 (通过生猪数流率 R_1 作用)。

$$(R_{21},+,R_1)(R_1,+,L_2)(R_2,+,R_{21})$$

(3) 规模养殖、农民增收互相促进正反馈环 (通过生猪数流位 L_1 作用)。

$$(R_{21},+,L_1)(R_1,+,L_2)(R_2,+,R_{21})$$

二阶反馈环 (2 条)

(4) 冬闲田、旱地蔬菜开发综合利用沼液治理污染负反馈环。

$$(R_5,+L_{31})(R_{32},-,R_5)$$

(5) 沼液污染制约生猪养殖规模发展负反馈环 $(R_{31},+,R_1)(R_1,-L_{31})$。

这六条反馈环嵌成 “猪–沼–菜–收入” 反馈结构子流图 (图 4-11)。

$$G_{1235}\,(t)=T_1\,(t)\,\vec{\cup}T_2(t)\vec{\cup}T_{21}(t)\vec{\cup}T_{22}(t)\vec{\cup}T_3(t)\vec{\cup}T_5(t)$$

2)“猪–沼–菜–收入” 基模结构反馈分析

基模结构流图 $G_{1235}\,(t)$ 中，左上部分为规模养殖农民增收三阶正反馈环 $1(R_{21},+,L_1)\,(R_1,+,L_2)\,(R_2,+,R_{21})$，$2(R_{21},+,L_1)\,(R_1,+,L_2)\,(R_2,+,R_{21})$；

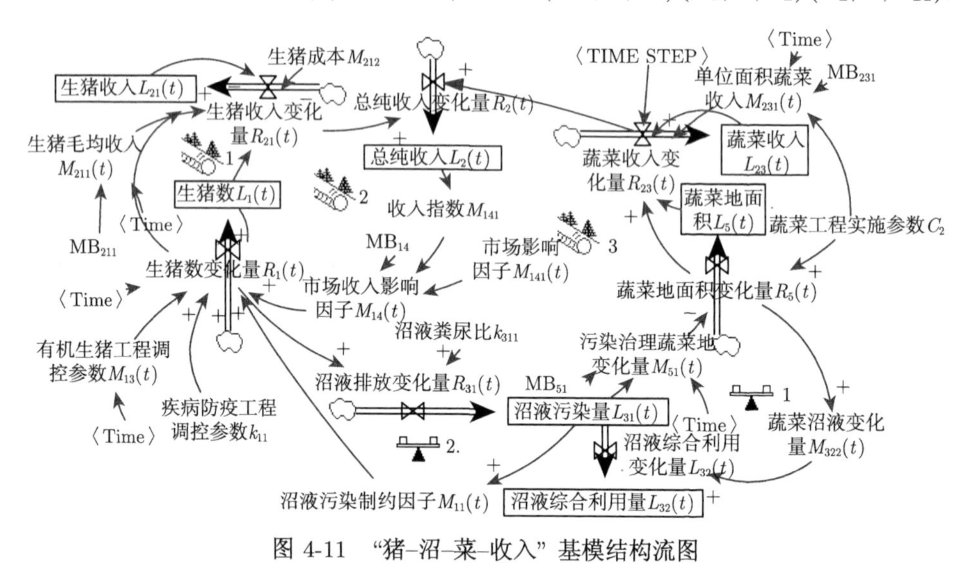

图 4-11 “猪–沼–菜–收入” 基模结构流图

(1) 中间部分五棵树构成的五阶正反馈环。

$3(R_5,+,L_{31})\,(R_{31},+,R_1)\,(R_1,+,L_2)\,(R_2,+,R_{23})\,(R_{23},+,L_5)$，为实施冬闲田、旱地蔬菜种植，综合利用沼液，收入增加，生猪养殖规模发展的五阶正反馈作用。

这个五阶正反馈环动态变化重要调试参数为“蔬菜工程实施参数 C_2”，C_2=1，表示实施冬闲田、旱地有机农业创新工程，否则 C_2=0。

(2) 右下部分二阶负反馈环 1：$(R_5,+L_{31})(R_{32},-,R_5)$，揭示了以沼液污染治理为目的的冬闲田、旱地有机农业创新工程，对沼液污染的治理作用。

(3) 下部分为沼液污染影响生猪养殖规模发展的二阶制约负反馈环

2$(R_{31},+,R_1)(R_1,-L_{31})$。

3) 实施冬闲田、旱地有机种植策略效果仿真分析

根据泰华规模养殖“猪–沼–菜–收入”基模的内涵，根据冬闲田、旱地有机农业创新工程实施的目的，设置两个方案，选择沼液污染量、蔬菜收入两个变量，进行仿真预测分析。

方案一　C_2=0，表示未实施冬闲田、旱地有机农业创新工程。

方案二　C_2=1，表示实施冬闲田、旱地有机农业创新工程。

仿真结果见表 4-6 和图 4-12 以及表 4-7 和图 4-13。

表 4-6 和图 4-12 显示了两个方案下的沼液污染量的变化趋势。泰华生猪规模养种生态农业系统冬闲田、旱地开发有机农作物种植工程的实施，对沼液污染的治理取得了一定的成效，随着工程规模的扩大，每年综合利用的沼液量增加，沼液污染治理量增加。

表 4-6　沼液污染量比　(单位：t)

年份	2002	2003	2004	2005	2006	2007	2008	2009	2010	2011	2012	2013	2014	2015
C_2=0	696.9	865.46	1002	1243	1474	1714	2319	3584	4461	5095	5663	6167	6751	7334
C_2=1	696.9	865.46	1002	1311	1754	2273	2968	4032	4475	5210	5851	6499	7234	7641
污染量减少	0	0	0	68	280	559	649	448	14	115	188	332	483	307

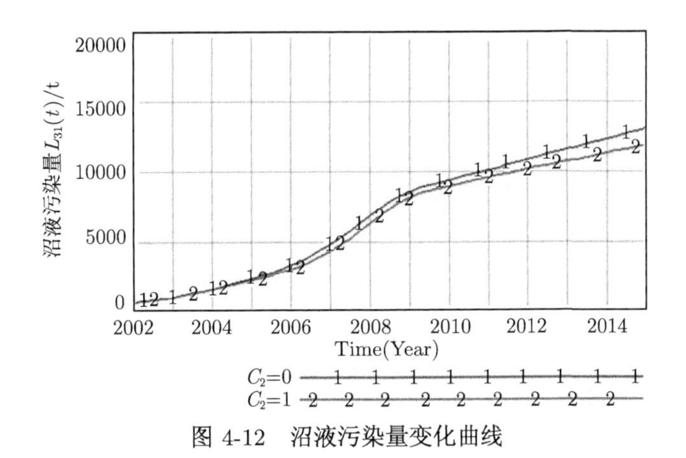

图 4-12　沼液污染量变化曲线

表 4-7　蔬菜收入比较　　(单位：t)

年份	2002	2003	2004	2005	2006	2007	2008	2009	2010	2011	2012	2013	2014	2015
C_2=0	0.9	0.9	0.9	1.501	3.356	6.976	8.519	9.469	10.77	12.67	15.28	18.73	21.58	24.43
C_2=1	0.9	0.9	0.9	0.9	0.9	0.9	0.9	0.9	0.9	0.9	0.9	0.9	0.9	0.9

因此建议在沼液污染综合利用污染治理方面加大投入力度，扩大冬闲田、旱地有机农业创新工程规模的同时，强调生猪养殖的适度规模，以地定畜，才能确保农业生态环境的可持续发展。

表 4-7 和图 4-13 结果表明，冬闲田、旱地有机农业创新工程的实施，在减轻了沼液污染的同时，有机蔬菜的销售还给农户带来了可观的收入。按现有的发展趋势，2015 年后，每年都能为系统内农户创收近 25 万元。

对主导基模二：“猪–沼–菜–收入” 基模的反馈分析，揭示出冬闲田、旱地有机农业创新工程的实施，能有效地利用沼液资源为农户增收。但我们也必须注意到，由于综合利用工程资金投入、系统内土地资源有限等原因，冬闲田、旱地有机农业创新工程对沼液的综合利用量，相对于沼液产出量而言，还有待进一步加大，这是有待进一步研究的重要问题。

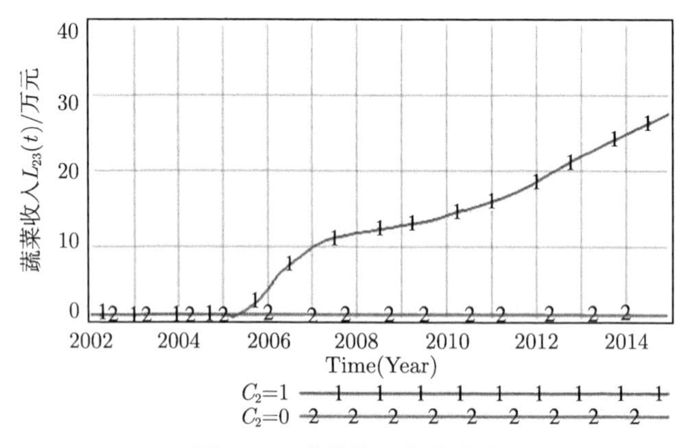

图 4-13　蔬菜收入变化曲线

3. 主导基模三：“猪–沼气–能源” 基模的反馈仿真分析

1)“猪–沼气–能源” 基模包含的反馈环

这个基模的反馈结构，用相关的 $T_1(t)$(生猪数)、$T_2(t)$(总纯收入)、$T_{21}(t)$(生猪收入)、$T_{24}(t)$(沼气收入)、$T_6(t)$(沼气量) 五棵流率基本入树刻画。反馈环的行列式计算结果中包含这五棵树的反馈环有以下几条。

四阶反馈环 (2 条)

(1) 沼气提供生活用燃料的 “猪–沼气–能源” 正反馈环。

$$(R_6,+R_1)(R_1,+,L_2)(R_2,+,R_{24})(R_{24},+,A_{24},A_{241},L_6)$$

(2) 沼气发电的 "猪–沼气–能源" 正反馈环。

$$(R_6,+R_1)(R_1,+,L_2)(R_2,+,R_{24})(R_{24},+,A_{24},A_{242},L_6)$$

三阶正反馈环 (2 条)

(3) 规模养殖、农民增收互相促进正反馈环 $(R_{21},+,L_1)(R_1,+,L_2)(R_2,+,R_{21})$。

(4) 规模养殖、农民增收互相促进正反馈环 $(R_{21},+,R_1)(R_1,+,L_2)(R_2,+,R_{21})$。

二阶反馈环 (3 条)

(5) 沼气综合利用作生活用燃料，使沼气污染减少，促使生猪养殖业发展的二阶正反馈环 $(R_6,+,R_1)(R_1,+,A_3,A_{24},A_{241},L_6)$。

(6) 沼气综合利用作发电，使沼气污染减少，促使生猪养殖业发展的二阶正反馈环 $(R_6,+,R_1)(R_1,+,A_3,A_{24},A_{242},L_6)$。

(7) 沼气污染制约生猪养殖规模发展的负反馈环 $(R_6,+R_1)(R_1,-,A_3,L_6)$。

这七条反馈环嵌成 "猪–沼气–能源" 反馈结构子流图 (图 4-14)。

$$G_{126}(t)=T_1(t)\vec{\cup}T_2\vec{\cup}T_{21}(t)\vec{\cup}T_{24}\vec{\cup}T_6$$

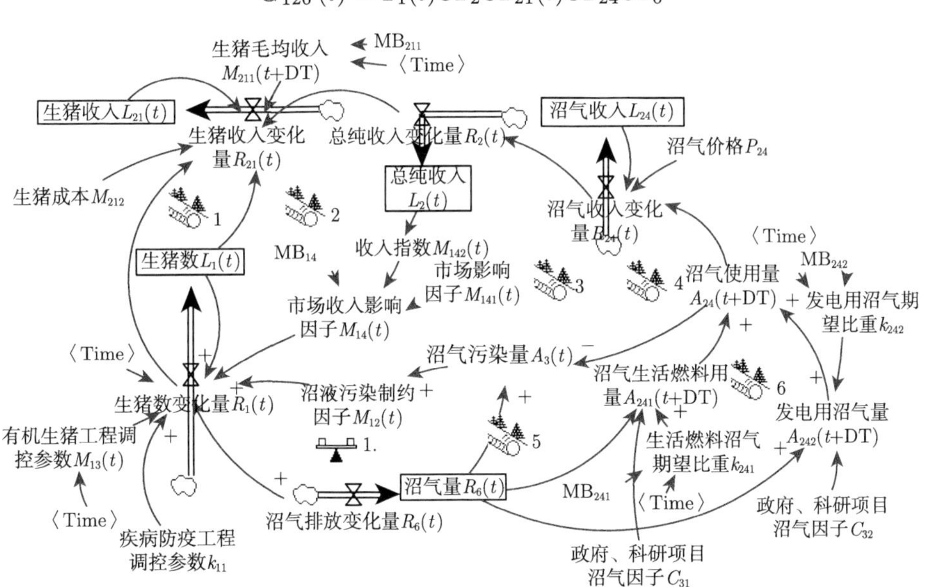

图 4-14 "猪–沼气–能源" 基模结构流图

2) "猪–沼气–能源" 基模反馈结构分析

基模结构流图 $G_{126}(t)$ 中，左上部分为规模养殖农民增收的两个三阶正反馈环，是本系统的主体部分。

1 $(R_{21}, +, R_1)\,(R_1, +, L_2)\,(R_2, +, R_{21})$；

2 $(R_{21}, +, L_1)\,(R_1, +, L_2)\,(R_2, +, R_{21})$。

(1) 中间部分为沼气综合利用，用作生活燃料、沼气发电，收入增加，生猪养殖业也得到发展的两个四阶正反馈环。

3 $(R_6, +R_1)\,(R_1, +, L_2)\,(R_2, +, R_{24})\,(R_{24}, +, A_{24}, A_{241}, L_6)$；

4 $(R_6, +R_1)\,(R_1, +, L_2)\,(R_2, +, R_{24})\,(R_{24}, +, A_{24}, A_{242}, L_6)$。

这两个反馈环为本基模的两个主导反馈环，为沼气综合利用作生活用燃料、沼气发电，使沼气污染减少，促进生猪养殖规模发展的二阶正反馈环；这两个二阶反馈环中，分别有“政府、科研项目沼气因子 C_{31}”和“政府、科研项目沼气因子 C_{32}”两个调控参数，C_{31}=1，刻画实施了沼气生活燃料用能开发，工程减少沼气储气柜，扩大范围向敬老院、陶瓷厂用户提供生活用燃料；C_{32}=1，表示开发实施了沼气发电工程。

(2) 二阶负反馈环 1$(R_6, +R_1)\,(R_1, -, A_3, L_6)$，揭示了沼气污染量增加，制约生猪养殖业发展。

3) 沼气综合利用策略仿真分析

沼气被充分利用是高效清洁的能源，但如果废弃排放则是巨大的空气污染源。对于泰华生猪规模养种生态农业系统内每天产生的大量沼气，政府、科研机构沼气工程项目投入的效益如何，我们用对“猪–沼气–能源”基模的定量仿真预测分析揭示其结果。

选择沼气污染量、沼气收入两个变量，根据政府、科研机构沼气工程项目投入力度，设置三个方案。

方案一：$C_{31}=0$，$C_{32}=0$ 表示沼气既未用作生活用燃料，又未实施沼气发电项目。

方案二：$C_{31}=1$，$C_{32}=0$ 表示沼气仅用作生活用燃料，而未实施沼气发电项目。

方案三：$C_{31}=1$，$C_{32}=1$ 表示沼气部分用作生活用燃料，部分用于发电。

仿真结果如表 4-8 和图 4-15，表 4-9 和图 4-16 所示。

表 4-8　沼气污染仿真结果　　(单位: m^3)

沼气污染	2002	2003	2004	2005	2006	2007	2008
C_{31}=1，C_{32}=1	2421	4451	6761	12782	18417	21418	31477
C_{31}=1，C_{32}=0	2421	4222	6319	12026	17206	20609	30299
C_{31}=0，C_{32}=0	3614	6918	9600	15668	24377	34536	48211

沼气污染	2009	2010	2011	2012	2013	2014	2015
C_{31}=1，C_{32}=1	14290	12087	16096	16933	17481	17855	16312
C_{31}=1，C_{32}=0	38439	45491	57974	69148	82236	94159	102393
C_{31}=0，C_{32}=0	69365	78454	92780	105355	118085	132411	140370

仿真结果揭示，没有沼气综合利用工程的，规模养殖沼气工程的后果是巨大的能源浪费和年均 10.6 万 m^3 的沼气污染。加大政府、科研机构沼气工程项目的投入力度，能有效地降低沼气的污染，沼气的作为生活用燃料的能源效益，每年能为周边的农户、敬老院及陶瓷工厂节约 10 万余元的燃料费用，2008 年启动沼气发电工程后，两项能源利用项目能创造年均 25 万元的收入。

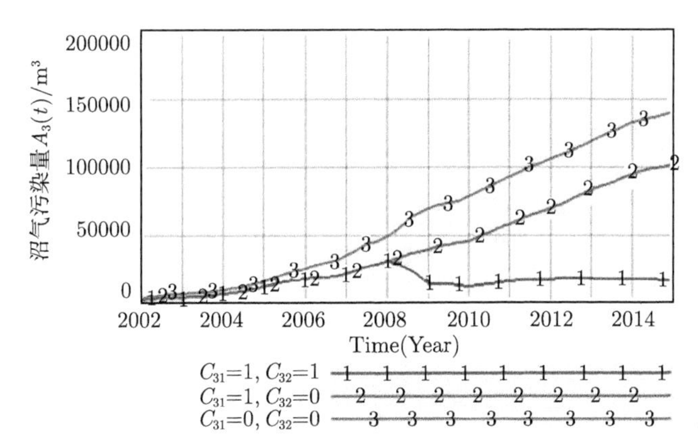

图 4-15 沼气污染变化趋势比较

表 4-9 沼气收入仿真结果

沼气收入/万元	2002	2003	2004	2005	2006	2007	2008	2009	2010	2011	2012	2013	2014	2015
C_{31}=1, C_{32}=1	0.00	0.23	0.44	0.56	0.81	1.44	2.35	4.87	9.66	12.84	15.17	17.33	19.57	21.97
C_{31}=1, C_{32}=0	0.00	0.23	0.40	0.52	0.7658	1.357	2.249	3.554	5.566	6.862	7.525	7.877	8.138	8.466
C_{31}=0, C_{32}=0	0	0	0	0	0	0	0	0	0	0	0	0	0	0

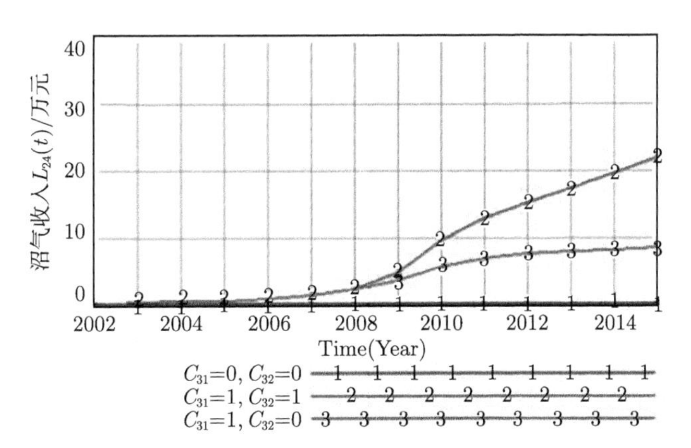

图 4-16 沼气收入变化趋势比较

4.7 本章小结

本章在第 3 章关键变量顶点赋权图分析的基础上，构建了由十棵流率基本入树组成的泰华生猪规模养种生态农业系统动力学模型，并借助第 3 章的一些定量分析结果，将树与反馈基模相结合，以两种方式完成了该模型仿真方程的建立。

利用所建立的仿真模型，以相应的主导基模，分别对泰华生猪规模养种生态农业系统在 2002~2015 年时段系统实施沼气综合利用、沼液与灌溉用水分流、冬闲田与旱地蔬菜种植三项策略前后系统状况进行情景仿真，定量论证了第 3 章所制定的管理策略的科学性及实施的必要性。模拟结果同时也揭示出系统内土地等自然资源有限，使得以循环利用为前提的规模养殖废弃物污染治理能力有限，建议农村规模养殖要考虑土地的承载能力，控制适度的发展规模，以保持规模养殖生态农业系统的可持续发展。

本章在原有系统动力学理论的基础上进行了如下两点创新。

(1) 将流率基本入树模型枝尾变量由仅为流位变量扩充成流位、流率变量，重新定义了流率基本入树模型，丰富和方便了系统动力学入树模型的构建，并将该理论应用于本模型的建立。

(2) 创建了基本反馈环逐步调试变量方程建立法，并将此方法与原有的仅基于单棵入树构建变量方程的静态建模方法相结合，建立了泰华生猪规模养种生态农业系统动力学模型的全体仿真方程，为构建刻画模型变量间动态函数关系的方程建立提供了新的思路。

本章在原有系统动力学流图模型和树模型仿真的基础上，提出了基于系统流率基本入树模型的主导基模仿真分析，以相应的主导基模分别对系统各策略实施前后情况进行情景仿真，预测检验策略的正确性，并据此修正确定各策略。此方法的提出，丰富了系统动力学仿真分析理论，同时也把定性基模分析上升到了定量基模分析的高度。此外，这种在系统关键顶点赋权图分析基础上提出管理策略，然后通过主导基模反馈仿真预测分析，对比管理策略实施前后系统发展趋势，从而论证、修改、确定管理策略的定性与定量相结合的管理策略制定的思路，充分体现了系统动力学作为社会、经济复杂系统试验室的功能，具有推广价值。

第 5 章　小规模养种循环生态农业系统管理策略的实施与推广

前面章节用系统动力学反馈仿真理论全面分析模拟论证了农村生猪规模养殖区域实施沼气综合利用、沼液与灌溉用水分流、冬闲田与旱地蔬菜种植等生态系统管理策略的必要性及其生态效益和经济效益。本章结合泰华规模养种生态农业系统试点项目工程，依据泰华规模养殖区域地理环境特点设计实施沼气沼液综合利用污染治理工程，即泰华养种循环生态农业系统工程。

5.1　工程的总体思路与工艺流程设计

5.1.1　工程总体思路

农村能源系统是农业生态系统的一个子系统，因此在考虑沼气工程对猪场废弃物生物质能源的开发或沼气工程治理猪场废弃物污染时，不能只单纯从“堵住”污染着眼，而忽略系统能源与生态环境之间物质交换、能源转化作用下形成的生态整体效应。因此，泰华养种循环生态农业系统工程设计的总体思路是：以系统科学理论和生态系统管理思想为指导，借鉴国内外成功的猪场废水厌氧消化污染治理生态能源模式，把畜禽粪便的污染治理工程融入整个农村社会经济循环系统中考虑，将泰华生猪规模养殖区域内的猪场、农田、丘陵山地、河流作为一个完整的生态经济系统，统筹规划，系统治理，把对生猪养殖污染治理同猪粪尿的生物质资源开发、生态环境保护及小流域经济发展统一起来，设计包括沼液三级沉淀净化、“猪–沼–粮”分流排灌系统、冬闲田开发、山旱地“猪–沼–菜 (果)”四个子工程组成的猪场废水厌氧消化液“沉淀净化 + 综合利用”的生态模式；“沼气池＋储气柜＋农户”和“沼气池＋储气柜＋发电房”的沼气能源综合利用模式。

希望通过一系列沼气、沼液生物质二次能源综合利用工程的实施，实现系统内部的能量、物质在种植业、养殖业与环境之间实现良性循环利用，为农户提供清洁高效的生活用能，为种植业提供高品质的有机肥料，同时也从根本上解决猪场粪尿等有机废弃物的污染问题，有效地改善小流域的空气、农田、水域生态环境，确保农民增收、粮食安全、区域内自然生态环境安全 (图 5-1)。

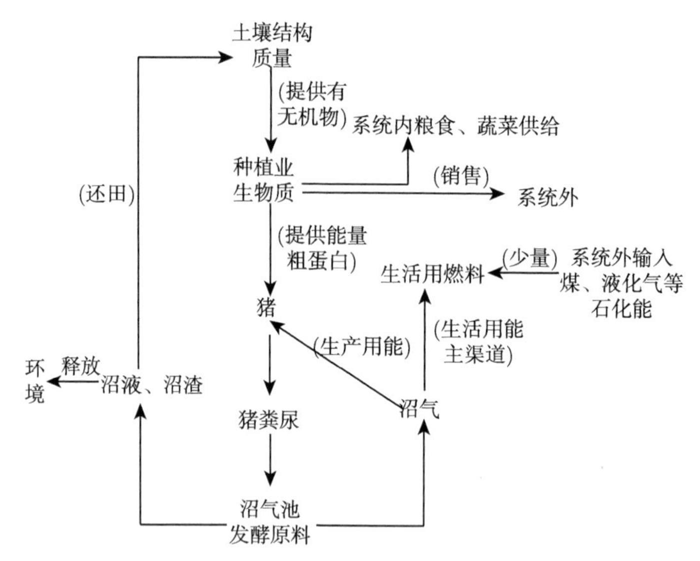

图 5-1 泰华养种循环生态农业系统工程总体思路示意图

5.1.2 总体工程工艺流程

根据泰华猪场的地理位置及其自身的经济条件，泰华猪场养殖废弃物综合利用工程拟采用如图 5-2 所示的工艺流程。

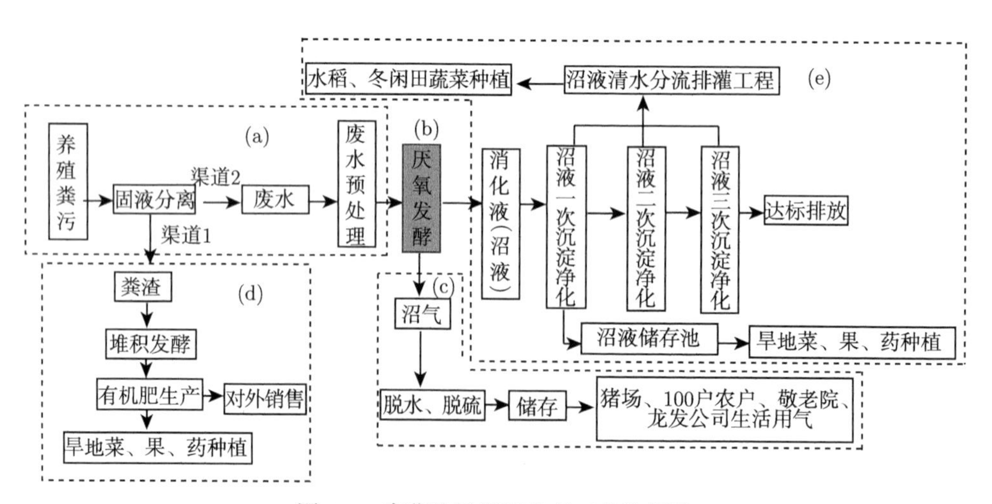

图 5-2 泰华猪场粪污处理工艺流程图

整个猪场沼气工程分为五个模块化的子系统：第一是养殖废水的前处理子系统(图 5-2(a))，包括固液分离和废水预处理；第二是沼气池厌氧消化子系统(图 5-2(b))；第三是沼气净化储存和利用子系统（图 5-2(c))；第四是生产固体有

机肥料子系统 (图 5-2(d))；第五是厌氧消化液即沼液的后处理和利用子系统 (图 5-2(e))。

5.2 工程基本建设投资预算

预计工程造价总投资 128.88 万元 (大写：壹佰贰拾捌万捌仟捌佰元整)，基本建设投资估算不包括处理场的道路、围墙、绿化投资 (表 5-1)。

表 5-1 泰华养种循环生态农业系统工程基本建设投资预算

序号	名称	规模	单位	投资额/万元	备注
1	格栅沉砂池		座	0.80	
2	圆形沼气池	$300m^3$	座	12.00	
3	HCF 发酵池 *	$800m^3$	座	45.00	
4	沼气储气柜	储气量 $200m^3$	座	20.00	
5	沼液净化池	$905m^3$	座	12.00	
6	沼液储存池	$200m^3$	座	5.00	
7	设备间	$45m^2$	座	2.60	
8	设备棚	$60m^2$	座	1.80	
9	电机		套	1.00	
10	站内管道		套	6.00	
		小计：(建设费)		105.60	
11	搅拌器		套	12.00	
12	自吸式污水泵	$Q=30m^3/h$，$H=30m$	台	1.00	
		小计 (设备费)		13.00	
		合计		118.60	
	设计费	合计 ×3%		3.558	
	调试费	合计 ×5%		5.93	
		总计		128.088	

* HCF 发酵池指高浓度塞流式工艺发酵池。

5.3 沼气能源综合利用工程流程设计

沼气是以甲烷为主要成分的一种可燃性混合气体，常温下无色、无味，完全燃烧时火焰呈浅蓝色，温度可达 1400~2000℃，并放出大量的热。完全燃烧后的产物是二氧化碳和水蒸气，不会产生严重污染环境的气体，因此沼气是一种优质的气体燃料。

泰华猪场按年出栏 3000 头生猪计算，理论上每年可产沼气量为 $42979m^3$，可供利用的沼气有效能为 719.4GJ，相当于 96.18t 原煤的能值。为充分利用这些优质的燃料，同时也为避免沼气中的甲烷 (50%~70%) 和二氧化碳 (30%~40%) 两种温室气体直接排放对大气产生污染。泰华养种循环生态农业系统工程设计沼气净化储存和综合利用系统工程 (图 5-3)，对沼气进行脱硫、脱水净化后，通过低压输送管路输送到用户家中，为其提供生活燃料。

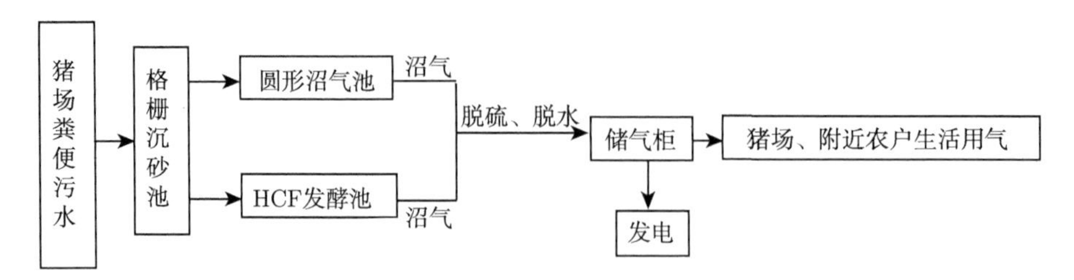

图 5-3 泰华沼气能源综合利用技术路线图

5.3.1 工程建设

1. 厌氧发酵工艺流程说明

粪尿污水经格栅沉砂池去除大的浮渣和砂过后，流入 HCF 发酵池，厌氧池内设搅拌和加热装置，以防厌氧池结壳，厌氧发酵伴随产生沼气。

2. 工程设施建设

(1) 格栅沉砂池。格栅安装在污水渠道进口处用以截留较大的悬浮物和漂浮物，如塑料制品，树叶、碎布、砂等。格栅沉砂池采用用砖混结构，格栅采用人工清渣格栅。

(2) 圆形沼气池。全地埋式沼气池，采用砖混结构，有效容积 300m^3。有效池容产气率 0.35m^3/(m^3·天), 日处理尿污水 20m^3，停留时间 15 天。

(3) HCF 发酵池。工程采用 HCF(高浓度塞流式) 工艺，其最大特点是进水浓度大，不容易阻塞，产气率比常规发酵池好，管理方便，可采用自流或用泵提升进料，本项目根据自然地势采用自流进料。

全地埋式沼气池，采用钢筋混凝土结构，有效容积 900m^3，有效池容产气率 0.45m^3/(m^3·天), 日处理尿污水 130m^3，停留时间约 7 天，内设搅拌和加温装置。

(4) 沼气储气柜 (图 5-4)。用于储存厌氧发酵池产生的沼气，保证每天正常用气，采用半地下砖混结构，水封池有效池容积 250m^3，储气罩采用钢结构，外表面做玻璃钢防腐处理，有效容积 200m^3。

(5) 沼气净化池。采用干脱硫装置，具有操作方便、运行成本低的优点，能确保沼气硫化氢含量达到国家标准，并配用阻火装置。

(6) 设备间及设备棚。设备间采用砖混结构，建筑面积 45m^2，用于存放搅拌器、出水装置和排泥装置。设备棚采用钢结构，建筑面积 60m^2。

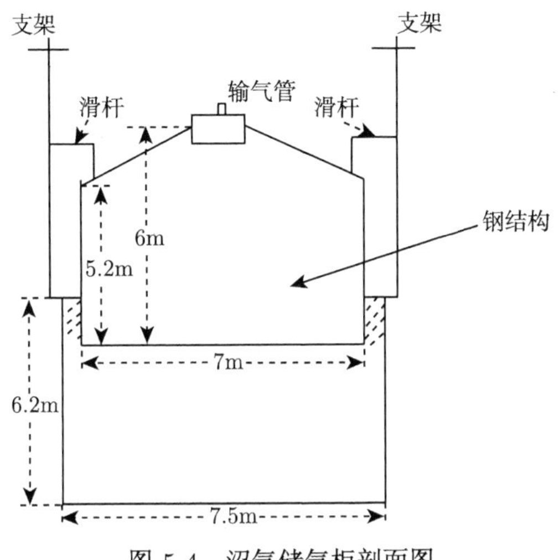

图 5-4 沼气储气柜剖面图

5.3.2 工程效益预算与实施情况

厌氧发酵伴随产生沼气。每天处理 150m^3 猪尿污水，圆形沼气池日处理粪尿污水 20m^3，停留时间 15 天，HCF 发酵池日处理粪尿污水 130m^3，停留时间约 7 天，总共厌氧发酵池有效容积 1200m^3，按有效容积产气率 0.35~0.45m^3/(m^3·天)，每天可产生沼气约 505m^3，可供利用的沼气有效能 10.6GJ(沼气能值 0.02092GJ/m^3)，相当于 361.8kg(1kg 标准煤热值 29.3MJ，1GJ=10^{3}MJ) 标煤的能值，按 2007 年 10 月份国内原煤平均价格 508.17 元/t 计算，年产沼气价值 6.7 万余元。按每户平均每天用 1.5m^3 沼气计算，能满足 336 户生活用燃料。

2005 年初，泰华猪场通过低压输送管路输送到用户家中，免费为农户供气，但因农户对沼气能源缺乏认识，加上供气不稳，结果只有 15 户同意使用沼气。

2008 年 3 月，泰华猪场沼气能源开发利用工程的主体部分 ——200m^3 沼气储气柜基本建成，沼气池容积由原来的 270m^3 扩建到 800m^3，基建投资 90 万元，准备向与猪场相邻的敬老院和陶瓷厂供气，并预备在年底启动沼气发电。由于沼气能源市场化机制缺乏，所以目前还很难预测其收益情况。

5.4 沼液与灌溉用水分流工程

5.4.1 猪场厌氧消化液沉淀净化工艺流程

厌氧消化液的后处理和利用子系统是本项目二次污染治理的重要部分，其中后处理工程设计为“多级沉淀净化＋专用沼液管道”。工程主体由三个净化池构成，第一个净化池距离沼气池 40m，厌氧消化液由沼气池排入一次净化池 (图 5-5(a))，该池长 15m，宽 14m，深 1m，容积为 210 m^3，池体为砖混结构，建于地下，上盖水泥板。为提高净化效果，池体设计由水泥板隔成 15 格，人为地增加沼液流动的阻力，增长其流经的路径，以延长水力停留时间。

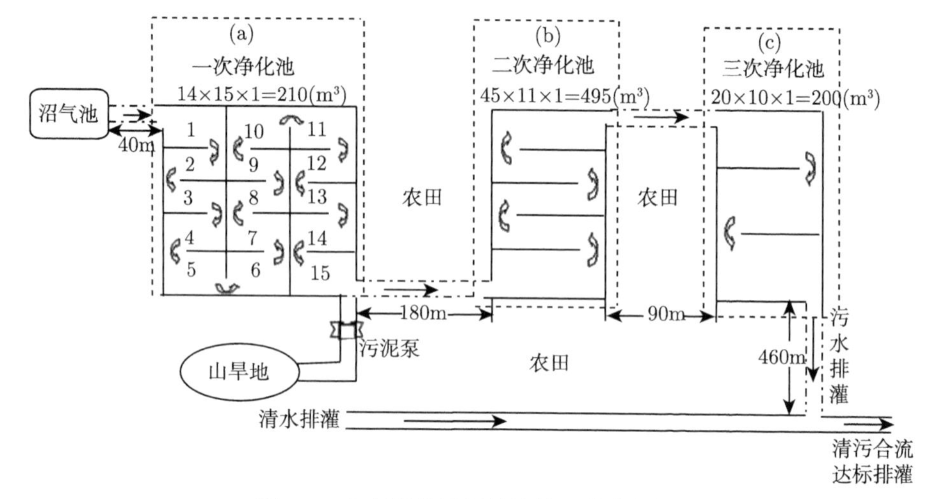

图 5-5　厌氧消化液沉淀净化工艺流程图

一次净化池后建有与灌溉用水并行的专用沼液管道，经一次沉淀过滤净化后的沼液，沿沼液管道流入二次净化池 (图 5-5(b))。二次净化池依地形而建，距一次净化池直线距离为 180m，池体为砖混结构，长 45m，宽 11m，深 1m，容积为 495m^3，无盖，由水泥板隔成为 5 格，相当于对沼液依次进行了 5 次过滤净化。

三次净化池距二次净化池直线距离为 90m(图 5-5(c))，两池间同样用专用沼液管道连接。池体为砖混结构，长 20m，宽 10m，深 1m，容积为 200m^3，由水泥板隔成为三格，对沼液三次过滤净化。据测定该池出水中化学需氧量、氨氮和磷的浓度已达《畜禽养殖业污染物排放标准》，经 460m 沼液管道，沿途仍可供农田灌溉，之后与排灌清水合流。这样既保证了本流域内耕地用肥的需求，又使流域内流出的水不给下游环境造成污染，做到养殖废水的“内部消化”。

5.4.2　沼液与灌溉用水分流排灌净化工程

沼液流入灌溉水渠，与灌溉用水混流，使水稻在只需清水灌溉的非用肥时期，也只能以这种混合着沼肥的水灌溉，造成秧苗过肥而“青苗”减产甚至不产，2005 年 9 月减产率高达 45.5%，如此高的减产率危及水稻生产的安全。根据消除增长制约、促进发展的管理原则，课题组以系统理论为指导，经过多次实地调研、论证，提出建设专用沼液管道，实施沼液与灌溉用水分流，同时对沼液实施多级净化的对策。2005 年 11 月 ~2006 年 4 月，累计投资 12 万元，在泰华规模生猪养殖区域内设计建成了如图 5-6 所示的沼液与灌溉用水分流排灌净化工程。

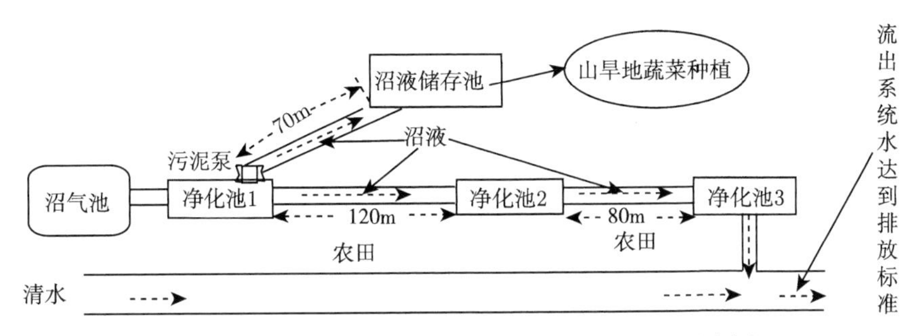

图 5-6 泰华养殖区域沼液、清水分流排灌工程示意图

5.5 沼液综合利用工程

厌氧消化液综合利用工程设计包括旨在解决沼液对水稻田肥力过剩污染，导致水稻青苗大幅度减产问题的“猪–沼液–水稻”工程，冬闲季节厌氧消化液污染治理的冬闲田“猪–沼液–蔬菜”(“猪–沼–菜”) 工程和为预备养殖规模适度扩大，厌氧消化液过剩污染的山旱地“猪–沼–菜 (果)”工程。

5.5.1 沼液、灌溉用水分流排灌系统与“猪–沼液–水稻”工程

泰华猪场所在的萍乡市属江西省水稻主产区，课题组设计了以沼液合理灌溉农田的“猪–沼液–水稻”厌氧消化液综合利用模式。此工程建设与厌氧消化液的沉淀净化工程配套，将一次净化池到三次净化池之间的总长 450m 的沼液管道随地势沿田埂修建，所经区域有稻田约 13.3ha(图 5-6)。沼液管道沿途设有灌溉缺口，稻田需要肥料时，可挖开缺口，沼液即随灌溉用水流入农田，不需要时就堵上缺口，方便易行。为防止沼液中磷、氮及其他物质渗入沿途水体、土壤，同时考虑基建成本，沼液管道选择为砖混结构。

工程实施效果：这一系统工程的实施，成功解决了沼液对水稻田肥力过剩污染，导致水稻青苗大幅度减产的问题。投入运行后的 2006 年、2007 年连续两年稻谷产量得到明显提高 (表 5-2)。

表 5-2 泰华生猪养殖区域内水稻产出情况

年份	种植面积/亩	单产/斤	总产/t	青苗影响
2002	200	890	89	少量青苗
2003	183	745	69.285	部分青苗
2004	170	540	45.9	青苗影响严重
2005	190	560	53.2	青苗影响严重
2006	200	1070	107	无青苗影响、增产
2007	200	1065	106.5	无青苗影响、增产

5.5.2 沼液季节性污染与冬闲田“猪–沼–菜”开发工程

农业生产用肥存在季节性。水稻冬闲田的大量存在不仅造成了对土地资源的利用率低下，也造成了规模养殖污染在冬季的季节性加剧。在长达 5~7 个月的冬闲休耕期，猪场废水的厌氧消化液虽然经过三次沉淀净化，但因为量大 (日排量 2.3 吨)，水力滞留期短，净化效果不佳，排放入下游水域，形成二次污染。而对大量冬闲田进行有效的开发和利用，通过冬闲田的利用，实现 5~7 个月水稻冬闲田土地开发利用，既能解决种植业生产效益低下，增加农民收入，提高土地利用率，用沼液有机肥改造农田土质，又能减轻规模养殖在冬季的污染程度，对冬闲期沼液的外流进行治理。

工程实施情况

分流工程建成后，2005 年 10 月，泰华猪场与区域内农户签订了 13.3ha 农田 5 年冬闲田使用权转让合同，实施冬闲田“猪–沼–菜”工程。

2005 年 10 月 ~2006 年 4 月，3.1hm^2(46.7 亩) 冬闲田沼液有机蔬菜种植工程启动，2006 年 10 月 ~2007 年 4 月，冬闲田蔬菜种植面积扩大到 9.7hm^2(145.7 亩)，2007 年冬种植面积 2hm^2(30 亩)，至 2008 年 3 月时，蔬菜尚未完全收割。种植蔬菜品种是在综合考虑当年萍乡市蔬菜市场行情、吸纳沼液能力、农田土质等因素的情况下，精心选择的。表 5-3 给出了冬闲田蔬菜种植及收入情况。

表 5-3 泰华养殖区域冬闲田蔬菜种植情况

品名	2005 年			2006 年		
	种植面积/亩	亩产/斤	利润/元	种植面积/亩	亩产/斤	利润/元
马铃薯	28	1650	29960			
四季豆	7.2	460	2448	9.6	550	3450
毛豆	3.6	450	460	32.4		15200
榨菜				69.4	3960	32200
黄瓜	2.1	1050	490			
笋瓜	4	1500	1000			
芥菜/包心菜				17	4000	27000
丝瓜	1.0		400			
饲草				17		2000
苦瓜	0.8		320			
合计面积	46.7			145.4		
合计利润			35078			79850

2007 年 4 月 25 日项目组从冬闲田沼液蔬菜种植基地采取蔬菜样本，送江西省农产品质量安全检测中心进行检验，检测结果表明区域内冬闲田沼液生产的蔬菜完全达到蔬菜类绿色食品标准 (表 5-4)。

表 5-4 江西省农产品质量安全检测中心检验结果报告书

检验项目	单位	检验值	单项结论	检验方法
马拉硫磷	mg/kg	未检出	合格	NY/T761-2004
敌敌畏	mg/kg	未检出	合格	NY/T761-2004
乐果	mg/kg	未检出	合格	NY/T761-2004
杀螟硫磷	mg/kg	未检出	合格	NY/T761-2004
喹硫磷	mg/kg	未检出	合格	NY/T761-2004
氯氰菊酯	mg/kg	未检出	合格	NY/T761-2004
溴氰菊酯	mg/kg	未检出	合格	NY/T761-2004
氰戊菊酯	mg/kg	未检出	合格	NY/T761-2004
备注	检出限 (mg/kg)：马拉硫磷 0.0170、敌敌畏 0.0250、乐果 0.0250、杀螟硫磷 0.0250、喹硫磷 0.0330、氯氰菊酯 0.0130、溴氰菊酯 0.0600、氰戊菊酯 0.0200。所检测项目检测结果比蔬菜类绿色食品标准值低，完全达标。			

5.5.3 山旱地“猪–沼–菜”工程设计与猪场规模的适度扩大

饲料采购、人力成本、抵御市场价格风险和防疫等原因使得猪场有扩大规模的需求，为防止因规模扩大而出现厌氧消化液的污染，根据泰华养殖区域兰坡村小流域的地理条件，设计开垦区域内猪场周边近 16.7hm^2(250 亩) 山旱地，实施旱地“猪–沼–菜”工程 (图 5-7)。

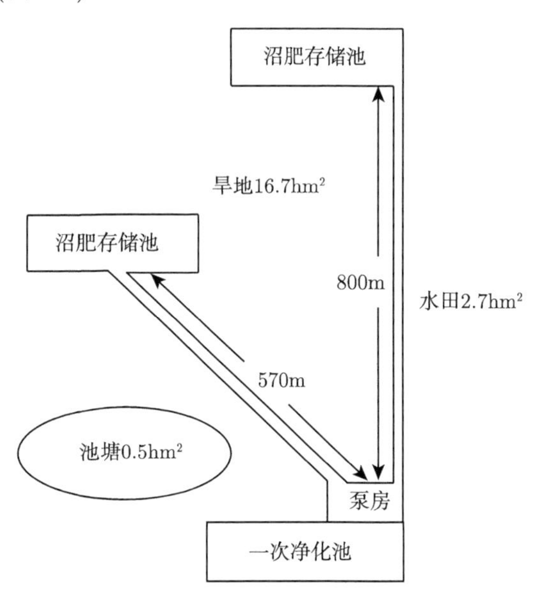

图 5-7 旱地“猪–沼–菜”工程示意图

工程设计在一次净化池旁建设一 40m^2 的泵房，放置水泵、污泥泵、污水泵共 7 台，将沼液及池底的沉淀淤泥通过施肥管道引入建于山坡上的两个沼液储存池，用于蔬菜灌溉。施肥管道与沼液储存池均为砖混结构，施肥管道长 1000m，两个沼肥储存池容积共 200m^3。此工程启动后，按每亩地五头猪的承载量计算，可消纳 1200 头猪产生的废水。

工程实施情况

2008 年初，泰华猪场正在计划开垦猪场后山 4hm^2(60 亩) 山旱地，实施旱地“猪-沼-红薯”工程，用沼液种植红薯，用红薯藤、红薯喂猪。沼液旱地红薯种植，一方面可解决规模养殖水稻承载土地不足的矛盾，另一方面用红薯喂猪，能生产绿色有机猪肉产品，满足市场需求；用沼液代替化肥生产绿色有机红薯，能为市场提供绿色农产品。此外，江西具有种植红薯的传统，因此“猪-沼-红薯”模式适合在江西丘陵红壤地实施，具有改良红壤土质的功效。

5.5.4 分流净化工程与沼液综合利用工程综合生态效益

泰华猪场沼气工程厌氧消化液后处理与综合利用子系统工程中三级沉淀净化、分流灌溉、冬闲田开发子工程启动运行一年后，2006 年 6 月对猪场原废水、厌氧消化液、一、二、三次净化池出水分别采样，检测结果见表 5-5。

表 5-5 泰华养种循环生态农业系统工程沼液污染治理效果 (单位：mg/L)

项目	厌氧消化池进水	厌氧消化池出水	净化池 1 出水	净化池 2 出水	净化池 3 出水	标准 1	标准 2
化学需氧量	21000	334	128	52	34	400	150
氨氮	134	12.7	11.75	6.52	1.25	80	25
磷	326	19.2	16.1	6.77	1.00	8.0	1.0

注：1. 水质由南昌大学环境科学与工程实验中心樊艳春、曾常华、陈亚试验员 2006.6.5-2006.6.12 测定。

2. 标准 1 为《畜禽养殖业污染物排放标准》(GB18596—2001) 的污染物最高允许排放浓度。

3. 标准 2 为《污水综合排放标准》(GB8978—1996) 的二级标准规定的污染物最高允许排放浓度。

表 5-5 检测结果表明：

(1) 猪粪尿直接排放污染严重。表 5-5 的第一列为未经厌氧消化的猪粪水，其中所含的化学需氧量、氨氮、磷的浓度分别为 21000mg/L、134mg/L、326mg/L，分别是《畜禽养殖业污染物排放标准》(标准 1) 污染物最高允许排放浓度的 52.5、1.67、40.75 倍，《污水综合排放标准》二级标准 (标准 2) 规定的污染物最高允许排放浓度标准的 140、5.36、326 倍。

(2) 沼气工程对粪污一次治理效果显著，但磷的排放量仍未达标准。表 5-5 的第二列显示，经沼气池厌氧消化后，化学需氧量的浓度降低了 98.4%，氨氮的浓度降低了 90.5%，均达到了标准 1、标准 2 规定的化学需氧量、氨氮最高允许排放浓度标准要求，但磷的浓度仍然是标准 1 规定最高浓度的 2 倍多，标准 2 的 16.1 倍。

(3) 厌氧消化液的污染治理工程使出水完全达标。从表 5-5 第三、四列可看出，经第二次净化后，磷的浓度虽然达到了标准 1 的要求，但未能达到标准 2 规定的污染物最高允许排放浓度，经过第三次沉淀净化后，出水则完全达标。最终流出小流域的水化学需氧量、氨氮、磷浓度分别为 34mg/L、1.25mg/L、1.00mg/L，说明这一子系统工程的实施，确保了很好的出水效果，解决了小流域内适度规模养殖污染严重的一大难题。

5.6 管理策略推广体系的构建

一项新的农业科技成果，其效益主要体现在综合效益和规模效益上，单个农户或者单一的生产单元很难将其效益体现出来，只有经过推广、扩散，被广大农民所采用，才能发挥其最大效益。生猪规模养殖生态农业系统管理策略的推广，是把生猪养殖规模化发展与自然生态系统健康可持续发展相结合的科学理念，以及以沼气技术为纽带、以种植业为依托，实现生猪规模养殖生态农业系统管理的策略、方式和技术等，通过各种手段传授、传播、传递给生猪生产经营者，是政府相关部门、科研单位和院校与农村、农民联结的纽带，是科技成果由潜在的生产力转化为现实生产力的桥梁，是开发生猪生产经营者智力，提高其文化素质的重要途径。

作为一项农业技术，生猪规模养殖生态农业系统管理策略的推广必须有一个科学完备的推广体系作保证。本章研究将所建立的泰华生猪规模养种生态农业系统管理策略，在其所辐射区域内的推广。通过政府、高校科研院所 → 生猪养殖大户 → 公司 (农民专业合作经济组织)→ 中小规模养殖专业户或散户的推广途径，带动广大生猪养殖户规避养殖风险，共同发展。在推广养殖技术、防疫技术、管理技术的同时，还推广养殖增收与生态环境健康和谐发展的理念，推广农牧结合，养殖废弃物综合利用的策略、技术。通过区域内大范围、更多的人群采用农牧结合生态模式，实现养殖污染治理成本的内部化，使污染治理行为本身产生效益，弥补成本且带来收益，将治理成本转化为经济投入，实现养殖区域农牧结合、养殖规模发展、农民增收、猪粪尿生物质资源再生利用、绿色种植业健康发展创收、农业生态环境改善的良性循环，促进农业可持续发展。

一般地，在中国农村，一种新的管理模式或一项新的农业技术能被农户广泛接纳，得到推广应用，最直接最现实的原因是它能满足农户最迫切的需求，能为农户带来最直接的收益。因此了解区域内农户的关注点和需求，根据经济效益原则建立有利于其增收与消除其发展制约的管理策略推广体系，可有效地促进生猪养殖生态系统管理策略的推广。

5.6.1　区域内中小规模养殖户发展制约与需求分析

农村中小规模生猪饲养专业户，其发展往往受到市场价格波动风险，饲料和运输价格上涨，销售渠道难寻，养殖户自身文化知识、疾病防疫技术、管理能力有限，发展资金不足等因素的制约，环境污染也是制约其发展的一个主要因素，从系统动力学角度而言，农村中小规模生猪养殖户发展系统是一个成长上限反馈系统(图 5-8)。

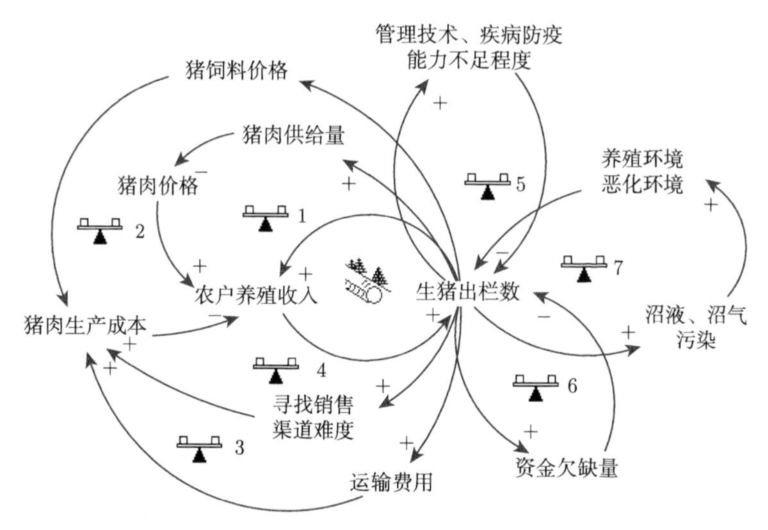

图 5-8　小规模养殖户成长上限基模

图 5-8 中间部分是一个促进发展的正反馈环 ( )，刻画了养殖户的收入与其养殖规模是正向加强型关系，生猪规模扩大，养殖户增收，增收之后扩大规模的意愿和能力增大，于是再扩大规模，如此反复加强，构成了中小规模生猪养殖户发展系统的增长子系统；四周是七个抑制发展的负反馈环 (1～ 7)，刻画了市场价格波动风险、饲料和运输价格上涨、销售渠道难寻、管理和疾病防疫技术不足、发展资金缺乏、养殖污染等因素对农户生猪养殖规模扩大的制约，构成小规模生猪养殖户发展系统的制约子系统，即上限子系统。

 1，市场价格制约反馈环：从养殖户的角度，生猪养殖规模的扩大，意味着更多养殖的收入，而增加的收入使得农户有进一步扩大规模的想法和资金能力，这是一种不断加强的正向反馈作用；然而，从市场角度，按照收入弹性理论，当产品需求价格有弹性，且弹性系数大于 1 时，增加产品供给量会使总收入随之提高，当产品需求价格无弹性或者弹性系数小于 1 时，增加产品供给量反而会使总收入下降。猪肉产品需求弹性小于 1，生猪供给的大量增加不仅会使其价格下跌，而且会使养殖户得不到较大的实惠；生猪供给量减少会使猪肉价格上涨，但由于产量减少，养殖户收入不会有较大的提高，因此养殖户在市场中总处于不利位置。造成这种现象的原因是：大多数中小规模养殖户和散户，由于自身文化素质、信息来源、市场经济意识等方面的限制，往往不能很好地掌握市场行情，对信息的分析及选择能力较差，因而生产决策盲目性较大。“养猪 3 年，赚钱 1 年”，中国的养猪业就在肉价的上涨和跌落之间反复，经过了一个又一个轮回，一批批小规模的养猪户在这样无情的轮回中黯然退出。

2，猪饲料价格制约反馈环；3，运输费用制约反馈环；4，销售渠道制约反馈环：以一家一户小生产为基础的生产方式，组织化程度低、分散的生产经营方式限制了养殖户的交易方式。单个养殖户市场信息缺乏，饲料、运输、销售的非规模化，思想观念、经营素质、经济实力也远未达到市场经济所需的“成熟市场主体”的水平，所以他们的市场开拓能力及谈判能力低，很难与销售地区建立相对固定的渠道，从而取得相对稳定的市场销售份额，扩大规模的积极性受到制约。

5，资金制约反馈环；6，管理和防疫技术不足制约反馈环：小规模养殖户规模发展受到资金、管理和防疫能力的制约。生猪饲养规模的扩大，需要投入资金的增加；同时饲养量的增加，造成管理难度、生猪疫病防疫难度的增加，养殖管理和防疫技术直接关系到养殖的安全生产的效率，养殖户管理和防疫能力的不足，制约作其养殖的生存和发展，收入的增加。

7，养殖污染制约反馈环：小规模养殖户同样存在养殖污染与二次污染，由于其养殖规模不大，其污染量在短时期内不如养殖大户或家庭养殖场那么明显，加上农村环境监管工作薄弱，农民环保意识淡薄，所以，目前绝大多数中小规模生猪养殖专业户养殖废弃物综合利用方式都非常有限甚至根本没有综合利用：沼气池容积不足，猪粪尿厌氧发酵不充分；沼气仅供自家或邻居生活燃料，多余部分直接排入大气；沼液及沼渣极少部分还田或用来养鱼，大量直接顺势排入河沟。养殖污染在小区域内集聚，随时间和养殖规模的逐步扩大，对生产生活环境污染日益严重，生态环境的恶化反过来又使得生猪疫病增多，生产安全受到威胁，抑制养殖规模的扩大。

以一家一户小生产为基础的生产方式，组织化程度低，分散的生产经营方式限制了养殖户的交易方式。农民的思想观念、经营素质、经济实力也远未达到市场经济所需的“成熟市场主体”的水平，所以他们很难与销售地区建立相对固定的渠道，从而取得相对稳定的市场销售份额；在获得准确的市场信息，采用现代农业科学技术标准并获得相应的指导等方面也存在一系列难题，出现了一种市场信息和技术指导的信息阻断现象。

诸多因素的反馈制约，加大了中小规模生猪养殖户养殖的风险，抑制了他们发展增收。如 2007 年玉米、豆粕等生猪饲料价格的大幅度上扬、蔓延全国的高致病性蓝耳病、长江中下游百年不遇的暴雪冰冻，传统的小养殖户经不起这一系列的冲击，不断遭到市场淘汰。面对市场、疫病的风险压力，弱势的分散的养殖户需要合作。

5.6.2　生猪养殖专业合作经济组织与发展制约的消除

1. 生猪养殖专业合作经济组织的概念

农民专业合作经济组织是农民为了谋求、维护和改善其共同利益，在农村家庭承包经营基础上，同类农产品的生产经营者或者同类农业生产经营服务的提供者、利用者，自愿联合、民主管理的互助性经济组织。由此定义，生猪养殖专业合作经济组织是指从事生猪生产经营者或者经营服务的提供者、利用者，自愿联合、民主管理的互助性经济组织。该合作组织以其成员为主要服务对象，提供生猪饲料的购买，商品猪的销售、加工、运输、储藏以及与生猪生产经营有关的技术、信息等服务。它改变了单个生猪养殖户受生产经营规模狭小、技术水平低下、市场信息闭塞、生猪生产受到资源、技术、信息和市场因素制约的局面，同时，在市场经济条件下，使养殖生产实行规模化经营，延伸生猪生产的产业链，实现生产、加工、销售的农、工、商一体化经营, 提高了生猪养殖额标准化、市场化水平和市场竞争力，最终把农民组织起来，使养殖增效、农民增收。

2. 生猪养殖专业合作经济组织消除养殖户发展制约作用分析

如图 5-9 的反馈基模所示，生猪养殖专业合作经济组织的建立，能消除中小规模养殖户单一经营所存在的风险与不足，促使上限系统负反馈环转化为正反馈环。

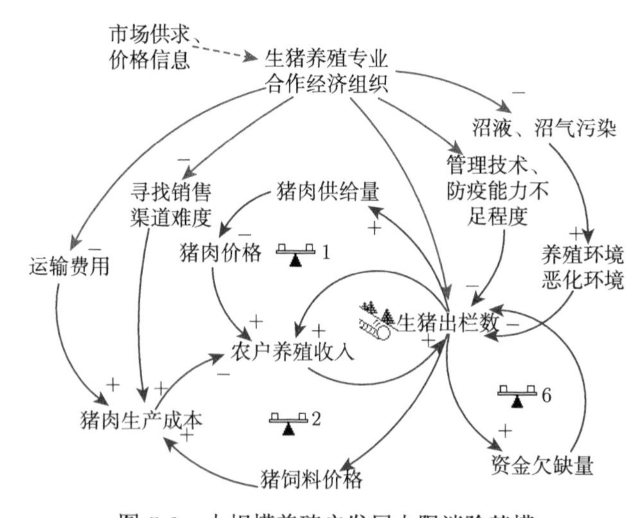

图 5-9　小规模养殖户发展上限消除基模

专业合作经济组织能促进农民间进行技术交流和学习，消除农户管理技术、防疫知识不足的制约，管理和防疫技术不足制约负反馈环消除 (图 5-8 ⚖ 5)。

从生产角度看，专业合作经济组织按照国家产业政策、产业规划及市场信息，组织养殖户进行生产、销售，促使生猪生产由行政管理过渡到由合作社组织协调管理，参与市场竞争。从市场角度，大公司、大市场都不可能直接面对千家万户，同样单个农户也不可能直接加入大公司的经营序列或加入大市场买卖畜产品，同时单个农户在市场上其弱小地位及信息收集费用高昂，组建合作社可提高他们的谈判能力，改变市场结构，促进市场竞争。从而通过养殖户的联合，不成熟的市场主体消除，生产的计划性加强，供求矛盾缓和，盲目性生产损失降低 (图 5-9 ⚖ 1)，运输、销售市场等的抑制作用减弱乃至消除 (图 5-8 ⚖ 3，图 5-8 ⚖ 4)。

5.6.3 泰华生猪养殖生态系统管理策略的推广体系

现阶段我国农业技术推广体系，主要有三条路径，即政府 (公益性)、产业化组织 (合作经济组织) 和非产业化组织。政府主持和管理公益性农业技术推广，由高校和科研院所开发公益生产技术，可以通过行业协会有偿转让给产业化经营龙头企业，龙头企业以龙头带基地，基地带农户的形式把农业生产技术或科研成果推广到农户中去，也可以通过科研院所或高校直接转让给产业龙头或科研单位创办科技型龙头企业，通过科技成果产业化的方式推广到农户中去。除此以外，在一些产业化组织欠发达的地区，产业化经营的龙头企业的拉动作用不强，要通过科研院所或高校把科研成果有偿转让给中介组织，通过专业协会推广到农户或企业中，也可以由科研院所、高校直接同专业协会进行联系向农户推广或科研院所、高校通过自己的开发组织推广到农户和农业企业中 (图 5-10)。

泰华生猪养殖生态系统管理策略的推广正是采用了合作经济组织推广与政府推广相结合的体系模式 (图 5-11)，该模式的总体思路可以描述为“政府、科研院所或高校扶持龙头企业，龙头企业带动农户发展”。

2002 年，南昌大学管理科学与工程专业博士点在江西省萍乡地区农业局、湘东区农业局的支持下，在泰华猪场建立了南昌大学生态能源系统工程科研教学基地，进行以生猪规模养殖为主导的泰华生猪规模养种生态农业系统管理模式研究，本章研究即为该系列研究方向之一。2005 年，泰华猪场申请江西省大中型沼气工程建设项目，省农业厅投资 60 万元，从政策、资金、管理技术等方面支持泰华猪场规模养殖生态农业系统工程建设，扶持龙头企业。目前大量研究成果已经获得成功实施，以泰华猪场生猪养殖为核心的泰华生态系统规模养殖、养殖废弃物再生利用、种养结合、环境健康的良性循环经济模式已初步形成。

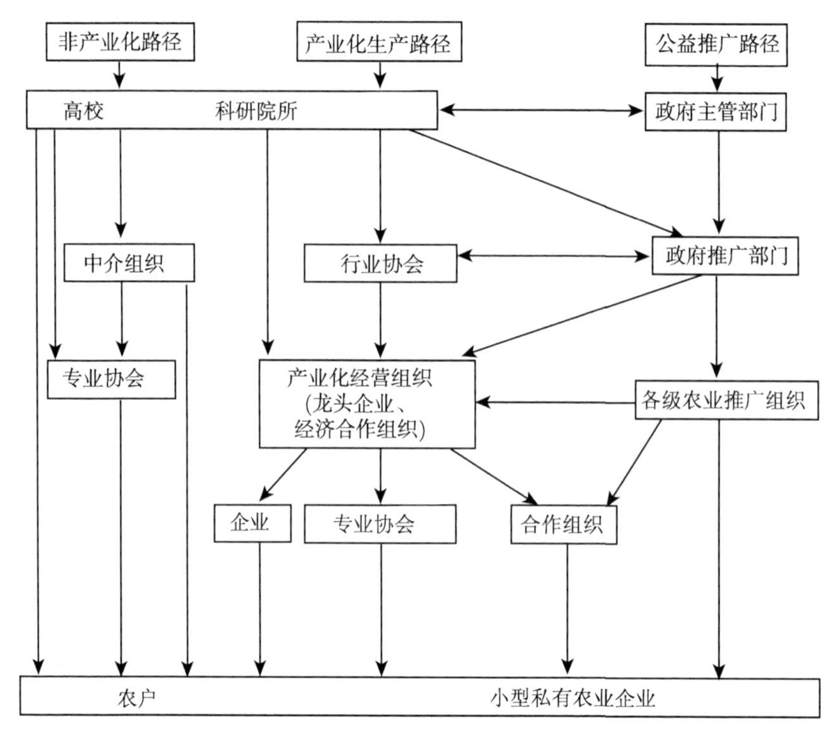

图 5-10 农业技术推广网络模式

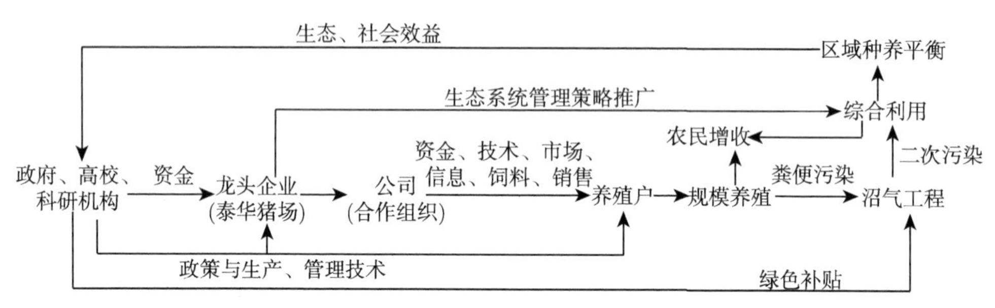

图 5-11 泰华生猪养殖生态系统管理策略的推广体系

为进一步带动区域内其他农户，彭玉权牵头于 2003 年 5 月成立萍乡市排上生猪养殖协会，协会成立之初有会员 109 户，2006 年增加到 168 户，辐射排上镇 16 个行政村，区域面积 97.3 平方公里 (图 5-12)。协会定期举办养殖、防疫技术讲座，会长彭玉权手机 24 小时开通，随时接听养猪户的技术咨询。为了保证生猪销售，协会在潮州、深圳、普宁、珠海和广州都建立了销售网络，保证养殖户的生猪销售渠道。

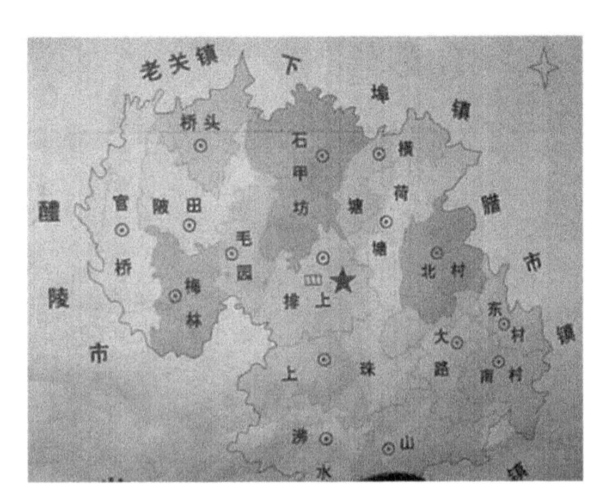

图 5-12　排上生猪养殖协会辐射区域平面图

在发展养殖业的同时，协会积极引导养殖户发展沼气生态工程和无公害蔬菜种植，形成养殖效益—种植效益—生态效益的综合效益模式。到 2005 年，协会内养殖户已全部按要求建立了沼气池，对沼气、沼液的综合利用正在推广。

2005 年，在生猪养殖协会基础上，注册成立了萍乡市泰华牧业科技有限公司，注册资金 50 万元，协会成员自动入股。公司以成本价格为农户提供防疫技术、药品，以市场价格提供高质量的安全饲料和仔猪，并将公司经营获得的部分利润无息提供给农户作为农户投资。公司为农户销售把握市场，在市场分析基础上引导农户生产，为农户提供养殖技术、防疫技术、管理技术和污染处理技术。2006 年夏秋生猪高热病、2007 年上半年高致病性猪蓝耳病流行期间，公司成立防控中心，全面推广落实防控措施，以电话和通告形式进行具体防疫治疗指导，在疫病流行期间禁止外购生猪，杜绝疫病入侵，养殖户之间禁止相互串门，全面实施紧急免疫接种措施、消毒制度，做好灭鼠杀蚊工作，一旦发现病例立即采取隔离观察、对症治疗、无害处理等措施，使排上地区养猪业免受疫病侵袭，保障了养殖户生猪生产与收入的安全稳定 (表 5-6)。

表 5-6　排上养猪协会近年生猪养殖及收入情况

年份	猪头数/万头	单价/(元/kg)	产值/万元	利润/万元
2002	4.7	6.5	3200	400
2003	5	7.5	4000	650
2004	6.5	9.4	6800	2080
2005	7	7.9	6200	1630
2006	8.5	7.6	6885	1275
2007	7.4	14.5	10463	3626

2007 年底，泰华牧业科技有限公司申请省级龙头企业，以争取政策、资金、税

收等方面的优惠，和更多生产、管理、养殖、养殖废弃物综合利用、污染治理方面的技术支持。公司计划逐步成立猪场设计、养殖技术咨询、生猪销售与人工授精服务四大中心，建立种猪繁育、猪苗生产、饲料生产供应、猪肉食品加工和无公害蔬菜五大基地。

养殖大户泰华猪场的养殖模式、生态管理模式对一般农户具有较强的辐射、带动作用。政府与科研机构根据公司的生态效益、社会效益决定对其扶持力度，政府与科研机构、公司、农户之间互相反馈，共同促进 "公司 + 农户" 模式的发展壮大，从而实现养殖区域农牧结合、农民增收、猪粪尿生物质资源再生利用、绿色种植业健康发展创收、农业生态环境改善的良性循环，促进农业可持续发展。

5.7 本 章 小 结

本章结合泰华猪场实行的养种循环生态农业试点项目工程，依据泰华规模养殖区域地理环境特点设计实施沼气沼液综合利用污染治理工程。详细地阐述了沼气综合利用、沼液、灌溉用水分流工程、沼液三次净化池净化工程、冬闲田蔬菜工程和山旱地 "猪–沼–菜" 工程的具体实施情况。对沼液综合利用污染治理工程效果进行了检测，检测结果表明工程生态效益显著。

对综合利用工程的基本建设投入所作预算结果显示，工程的基本建设所需投资大 (128 万余元)。如此高额的投资，没有政府资金的投入，养殖户显然难以筹措。2005 年南昌大学管理科学与工程专业博士点在投入科研力量帮助彭玉权设计工程的同时，投入资金 8 万元，用于分流工程建设，作为对生猪养殖龙头企业沼气工程项目建设投资项目之一，江西省农业厅 2006 年初对此工程投入 60 万元，用于启动沼气池和储气柜的建设。

"沉淀净化 + 综合利用" 的沼液综合利用模式简便易行，适合于有一定承载土地但不充分的农村小流域内适度规模猪场的沼液污染治理。同时因该模式在污染治理的同时，还能带来收入，因而农户乐意效仿实施；但是沼气综合利用因投资大，沼气能源市场化机制缺乏，投资回报率低，实施推广困难。

在全面分析研究了中小规模生猪养殖户养殖发展的上限制约及其需求的基础上，本章构建了泰华生猪规模养种生态农业系统管理策略的推广体系。通过政府、高校科研院所 → 生猪养殖大户 (泰华猪场)→ 公司 (农民专业合作经济组织)→ 中小规模养殖专业户或散户的推广途径，在养殖技术、防疫技术、管理技术的推广同时，推广养殖增收与生态环境健康和谐发展的理念，推广农牧结合，养殖废弃物综合利用的策略、技术，发挥其最大效益。从而促进养殖区域农牧结合、养殖规模发展、农民增收、猪粪尿生物质资源再生利用、绿色种植业健康发展创收、农业生态环境改善的良性循环、农业可持续发展模式的最终实现。

第三部分　生态农业区域规模化经营的系统管理策略研究

生态农业是我国现代农业的发展方向，党的十八大明确提出，坚持和完善农村基本经营制度，发展多种形式的规模经营。各地都在积极探索适宜的农业规模化经营模式及实现路径，农业由传统的小农分散经营方式加快向规模化集中经营方式转变。

养种循环生态农业模式，是当前我国尤其是南方农区畜禽养殖污染控制主要采取的方式。随着我国畜禽养殖业规模化的迅猛发展，传统的种养平衡模式被打破，养种循环需在一个更大的区域范围内进行。在当前以农户家庭经营为主体的经济格局中，研究养殖企业与区域内农户种植结合的农业区域规模化合作经营模式具有现实意义。

本部分研究是作者主持完成的国家自然科学基金项目《生态农业区域规模化经营模式反馈分析与动态仿真理论应用研究》(编号：71461010) 的研究成果。以江西养种循环生态农业为例，应用系统动力学反馈结构分析理论和动态仿真技术，研究农业的区域规模化经营问题。本书所述农业区域规模经营模式是指：在农村规模养殖区域内，以规模养殖企业 (或规模养殖户) 为核心主体，以综合开发利用沼气能源、沼肥和粪肥资源为主线，规模养殖主体通过开垦荒山地或通过土地流转，逐步扩大土地规模，同时通过与区域内众多种植农户合作，将大量分散的农地纳入养种循环的规模化生产范围，带动农户因地制宜地发展特色作物规模有机种植；通过区域化的养种循环生产，消除养殖废弃物污染和种植业化肥污染，生产绿色能源和绿色农产品；通过销售环节的规模化，促进养殖主体和区域内农户共同增收。

第6章 生态农业区域规模化经营存在的问题与研究现状

农业规模化经营是农业发展的一个历史趋势，一个地区的农业经营模式通常由其自然资源禀赋和经济社会基础决定。日本、美国和法国作为现代农业发展的典型代表，分别根据自身条件选择了最适合自己的发展模式。美国土地资源丰富、劳动力资源相对稀缺，家庭农场是美国农业生产的基本单位，土地大规模经营、生产向大农场集中、高性能机械的广泛使用，是美国农业现代化模式最显著的特征。可见，美国现代化农业发展的模式可以概括为规模化、机械化、高投入型模式；日本是个地少人多、资源贫乏的国家，国土以山地丘陵为主，而且分布零散，小农经营是日本农业经营方式的最主要特征。日本通过立法，培育农业规模经营主体，建立农协制度，为农业规模经营提供服务，发展共同经营和委托经营等方式，以各村为界，或集合多村资源，整合当地特色资源，深入挖掘地区特色产品，形成“一村一品”、“多村一品”或“一村多品”的规模农业发展模式；法国主要是以家庭经营的小规模农场为主，以机械技术为主要特征，以先进技术为基础，辅以集约化、专业化和一体化生产为特征的集约化生产方式来实现现代农业的规模化发展。

目前，我国农业正处于从分散小农经营向规模经营的重要转型时期。2012 年中央一号文件提出“加快修改完善相关法律，落实现有土地承包关系保持稳定并长久不变的政策。按照依法自愿有偿原则，引导土地承包经营权流转，发展多种形式的适度规模经营，促进农业生产经营模式创新”。由此可见，农业适度规模经营在我国已经形成共识，具体发展模式及实现路径等仍处于不断探索中。当前，我国农业主要是通过提高小农户的组织化程度和通过土地的市场化流转扩大土地经营规模两种途径实现规模化经营。农业规模化经营的主要模式有龙头企业带动型、政府推动型、种养大户或农场经营型、农业社会化服务组织带动型、龙头企业与农户合作型、农民专业合作社。

江西地处长江中下游南岸，是我国南方地区的重要农业省份。粮食种植、生猪养殖是江西农业的两大传统支柱产业。全省生猪规模化养殖比例达到 87%，产值超过粮食产值，成为农村经济的重要支柱产业和农民增收的重要来源，“猪–沼–作物 (水稻/果/蔬/棉/猪青饲料/)”的养种循环生态农业模式在江西各地广泛应用。

6.1 生态农业区域实现规模化经营的成长上限

当前的养种循环，通常是以规模养殖户为主体，在自有或租种的零散、有限的农地上进行的半封闭式简单的小规模养种循环，难以形成集约经营，取得规模效益，而且由于种植技术含量不高，废弃物资源化水平较低，养殖规模的扩大后，仍有大量剩余沼气、沼液，引起二次污染，严重危害农业生态环境，也制约着规模养殖自身的发展。因此，要保障规模养殖的健康持续发展，促进农民增收，需要在更大的范围内组织养种循环农业规模化生产。

6.1.1 土地流转缓慢，制约养种循环生态农业规模化生产

2008 ~ 2013 年，项目团队在研究基地银河杜仲养殖场自有 600 亩范围内，设计实施了如图 6-1 所示的以开发沼气能源、吸收消纳沼液为目标的养种循环生态农业模式。通过生猪沼液、有机肥的开发和利用，在养殖场区内有效地将养殖、种植有机结合起来，实现绿色养殖、绿色种植，取得了很好的效果。

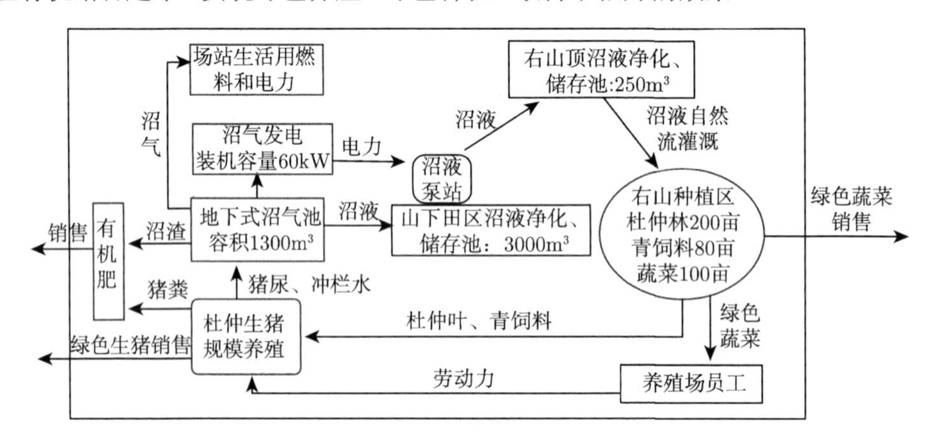

图 6-1 银河杜仲养殖场区内养种循环生态农业模式

但是，由于养殖场内可供开发荒山地有限，随着养殖规模的扩大，2015 年后污染再次出现，亟需增加消纳沼液农地面积。

目前当地农民非农收入不稳定，土地对于多数农户来说，既具生产功能，又有就业和社会保障功能，因此农户不愿转让土地经营权，土地流转缓慢，大范围的土地集中型农业规模化生产推广困难；另一方面，养种循环生态农业项目是一项投资回报期长、涉及项目较多的系统性工程，用于基础建设的一次性投入大、持续管护成本高，而规模企业由于养殖场区内种植面积有限，基础设施使用效率不高，小规模有机种植利薄甚至亏本，制约了规模养殖户开展养种循环生态农业项目的积极性。调研发现，这种情况在江西其他规模养殖区域普遍存在。

因此，如何在当前土地分散承包的经济格局下，推动养种循环生态农业在更大范围内和更高层次上规模化发展，是有待进一步研究解决的问题。

6.1.2 抗生素及工业饲料输入造成环境与食品双污染

防疫是规模养殖重要部分，饲料是该子系统主要的物质和能量投入，也是外界环境对整个系统的输入。防疫抗生素的使用和饲料输入对该子系统进而整个系统的作用具有如图 6-2 所示反馈结构，此反馈结构由左边的饲料时间效益增长正反馈环和右边的抗生素与重金属制约两条负反馈环构成。

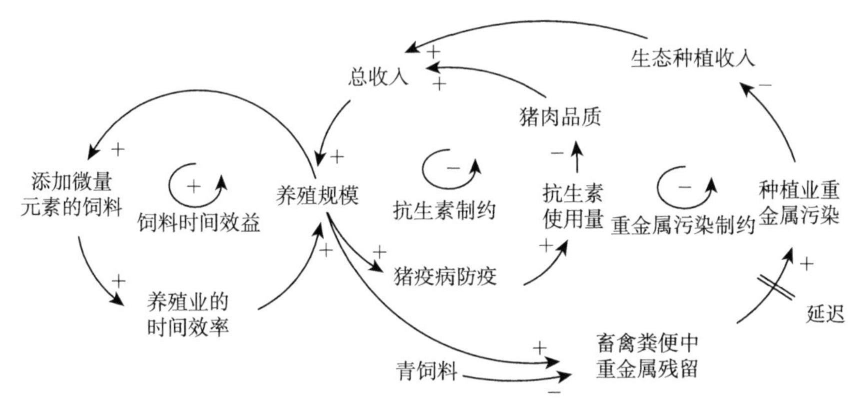

图 6-2 规模养种抗生素及工业饲料重金属污染增长上限基模

饲料时间效益增长正反馈环：工业配合饲料大量使用含重金属的添加剂，能促进畜禽生长、提高养殖业的时间效率。传统的青饲料喂猪，一头猪由 10kg 养至 90kg，一般要 150~185 天，而现在用工业配合饲料，只需要 120 天左右，时间效益比传统养殖高 20%~36.1%，本金周转快。养殖户普遍选择购买添加了微量元素的工业配合饲料，工业配合饲料与养殖规模之间构成正反馈。

抗生素制约负反馈环：为防疫需要，生猪通常需要注射抗生素，抗生素残留在猪体内，造成猪肉污染。

重金属污染制约负反馈环：添加剂中的重金属元素进入畜禽体内后不易被分解吸收，使得畜禽粪便中含有较高的重金属残留，造成综合利用中的重金属污染。据调查，曾被农业部作为发展生态经济的南方模式加以推广的赣南“猪–沼–果”沼液综合利用模式，在江西许多地区推广时，因重金属污染，一般果树种植三至四年以后，就会出现果树烂根的现象，种植户因此遭受很大损失。所以配合饲料的大量使用最终会影响到养殖规模的扩大，尽管由于重金属污染的形成有一个累积过程，即延迟，所以这个负反馈结构的作用初始阶段并不明显，具有隐蔽性，使污染现象复杂。重金属污染是规模养殖的一个重要的增长上限。

6.1.3 绿色农产品价值优势难以转变为价格优势

养种循环强调减少甚至不使用化肥、农药，产出符合无公害、绿色和有机标准的农产品，提高了农产品质量，能够满足现代市场需求。然而目前养种循环生态农业组织化程度较低，单个农户以分散方式进入市场，消费市场的产品信息不对称，导致市场认同度低，绿色农产品价值优势难以转变为价格优势，导致养殖场及周边农户参与积极性均不高。在江西许多地区，一度出现了沼液种植面积减少，与养殖场附近实现沼液种植难的状况。众多种植农户无组织、分散种植与销售引起的信息不对称，导致绿色农产品价值优势难以转变为价格优势，制约着养种循环生产的持续发展。

如何解决养种循环绿色农产品价值优势难以转变为价格优势的问题，提高有机种植的收益，减小农产品销售风险，调动区域农户参与沼液种植的积极性，存在很多关键管理问题有待研究和解决。

6.1.4 养种主体利益联结机制不完善

在当前农业家庭承包经营体制下，养种循环生态农业实现区域规模化运作，需要规模养殖企业联合周边种植户共同实施，循环链上的利益主体由单一化向多元化转变。然而利益主体之间的利益联结机制尚不健全，利益协调难度大。例如，在德邦牧业生态农业基地，众多农户从沼液、粪肥的使用中获得了收益 (生产绿色产品，提高作物附加值)，但却不愿意支付资源的使用成本，认为规模养殖户为他们提供沼液、粪肥应用条件是其应承担的责任，而政府对综合利用缺乏后续投入，养殖户承受巨大的沼液灌溉设施建设及维护成本，积极性受挫。养、种主体间缺乏责任利益协调，制约了养、种循环生态农业的区域规模化生产，导致养种循环面临不可持续发展的风险。

如何有效完善养种主体利益联结机制，有效实施养种循环生态农业的区域规模化经营，存在很多关键管理问题有待研究和解决。

6.2 农业规模化经营的理论研究现状

我国农业实行规模化经营的必要性已被大量的理论和实践所证明，农业适度规模经营在我国已经形成共识。有关农业规模化经营的相关研究，现多集中在规模经营的模式、实现的路径方面。

规模农业模式包含土地集中型规模农业和合作经营型适度规模农业。土地集中型规模农业，指通过连片土地的集中，扩大农业经营主体的耕地规模，其对于提升农业生产效率的优势明显；合作经营型规模农业是指分散经营的小规模农户，在不改变各自土地占用规模的条件下，实行一定的产前、产中和产后联合，从而实现经营规模的扩大。根据我国农业发展特征，建立在小规模农户经营基础上的农业格局在相当长的时期内不会改变，大规模推进土地集中型规模现代农业的条件并不具备。因此，有学者认为将农业规模化等同于土地的规模化是错误的，我国人多地少的基本国情，决定了土地只能适度规模，规模化经营可以从产业布局、产业链条、组织、服务以及适合工厂化生产的种养业五个方面的规模化入手。国内外现代农业的发展实践也表明，通过合作组织的制度设计和安排，可以走出一条生产小规模、经营规模化的现代农业发展道路。钟庆君以聚集经济理论作为主要理论基础，从理论和实践两个方面探索农业规模经营与农村基本经营制度得以协调的途径问题，分析论证了家庭积聚式规模农业同样能够推进现代农业的发展；朱启臻认为农户经营与实现规模农业和现代农业并不冲突，在农户经营基础上形成的“一村一品”乃至发展为“一县一品”，就可以成为典型的现代规模农业；对于我国现行耕地制度对农业规模化经营的影响，张冰认为发展现代农业与农业家庭承包经营之间是可以相容的，我国农业现代化的出路是发展基于家庭小规模土地的农业现代化；赵旭强提出在我国目前土地以家庭经营为主、农村人多地少的情况下，农地集中型规模经营面临着土地集中与农民不愿离开土地的矛盾。

6.3 养种循环生态农业实践及理论研究现状

养种循环主要是将畜禽废弃物转变为有机肥，使废弃物在养殖区域内循环综合利用，能解决畜禽粪便的消纳问题，实现养殖、种植和环境保护的统一。养种循环目前是我国乃至世界绝大部分国家畜禽养殖污染控制主要采取的方式。美国十分注重通过养种循环来化解养殖业的污染问题，从种植制度安排到生产、销售等各个方面都十分重视种植业与养殖业的紧密联系；欧盟的养殖业主要是养种循环型，通过执行每公顷载畜量标准、粪便还田标准和动物福利政策 (规定圈养畜禽的密度)，控制养殖规模，使养殖排放的污染物不超过土壤的吸纳能力，不形成污染物的排放；德国 80%农场种养循环，并尽量使用自己农场的废弃物，执行严格的土地载畜量标准。

以沼气为纽带的“养殖–沼–种植”种养结合模式是我国当前主要循环农业模式。经多年的探索，形成了一些适宜不同地域特征的典型种养循环生态农业模式，如北方的“四位一体”生态农业模式，西北的“五配套”生态农业模式，南方平原“猪–沼–作物”生态模式、生态庭院模式、丘陵山区“猪–沼–果 (茶)”生态模式、以沼气为纽带的生态养殖场模式、综合生态水产养殖场模式、加工农业废弃物综合利用模式等等。

目前我国养种循环的实施主体是规模养殖企业或养殖户，生产组织方式按其经营农地情况分三种形式：①具备养殖种植土地的规模养殖企业/养殖户，自身实现种养平衡; ②无种植消纳土地的规模养殖企业/养殖户, 需要与附近农民种植结合实现种养平衡; ③有消纳土地, 但养殖规模大, 无法完全实现平衡, 需要与农民种植结合。

有关养种循环生态农业的研究，多集中在具体模式及其经济、生态效益的分析论证方面。随着农业面源污染问题的凸显，养殖–种植的合理匹配问题受到理论界关注。大量学者开始从技术层面研究养种循环种植业农地有机肥的合理施用量问题，养殖–种植合理配置问题，施用沼液后土壤中有机质及氮、磷、钾营养元素含量变化问题，沼液的精准施用技术和有机肥的环境友好高效利用技术。近年来，在国家发展现代农业，推进农业规模化发展的政策背景下，有学者开始关注种养循环农业的规模化经营问题，如孙芳 (2013) 以北方农牧交错带为例，通过各种农牧业一体化经营模式的综合效益的比较分析，提出 “种养业农户 + 合作社 + 公司 + 专业市场 + 产业协会” 的现代农牧业 “纵横一体化” 创新型模式，是农户收入增加型、资源节约型和生态保护型的现代农牧业经营模式；李闽 (2010) 总结了种养结合家庭农场的基本模式发展趋势，分析了大力发展种养结合家庭农场的意义；杨志坚 (2008) 提出引导农民适应市场需求，发挥当地的比较优势，合理地调整种植业生产结构的种养循环农业发展策略。

6.4 实践及研究的发展动态分析及研究目标提炼

农业区域规模化经营是一个动态的复杂性过程，不同的自然资源禀赋、不同的经济社会条件决定了各国不同的农业规模化发展模式。目前对我国农业规模化经营的研究多集中在实现规模化经营的必要性和可行性的分析论证、规模化经营概念和政策的剖析、我国农业规模化经营存在的矛盾与问题、一些地区的农业规模化经营模式及取得的成效的经验介绍等等。对养种循环生态农业的研究多集中在养种循环生产领域，包括模式、经济生态效益、养殖–种植系统的匹配等问题，对于养循环农业的规模化经营方面的研究还不多，对种养循环农业的规模化经营研究多停留在经验的总结，不同模式的效益比较等等。随着农业规模化经营在我国的广泛实施，农业规模化经营中的组织管理协调问题逐渐凸显，非农就业不稳定、农村社会保障不完善导致的土地流转缓慢，农业收益比较低，现代农业经营者缺乏，以及政策环境不配套等制约着土地集中型规模农业的发展；而各经济主体间缺乏稳定的合作与利益分享机制、企业协会经济实力弱，带动作用不强、农民弱势地位为彻底改变等问题，是农业实现区域合作规模化经营的制约。然而对农业区域规模化经营组织管理协调的具体策略、农户的参与行为、动态复杂性机理的研究不多，从区域规模化经营角度研究养种循环生态农业的也不多。而从系统管理的角度看，农业区域规模化经营是一个动态的复杂性过程，反馈分析理论和动态仿真技术是分析动态复杂性行为的有效方法，在农业、生态、管理策略优化等方面的研究中得到了广泛的应用。

根据研究分析提炼出以下研究任务。

(1) 农业区域规模化经营模式实现路径的设计与管理策略研究。

此研究需在第一部分有关规模养殖生物质能开发利用研究的基础上，结合研究基地养种循环区域规模化经营典型模式的建设，研究设计农业区域规模化经营实现路径，以及通过动态复杂过程的反馈环结构分析，研究提出相应的农业区域规模化管理和协调策略，促进农业的规模化与持续性发展，实现农民增收。

(2) 农业区域规模化经营管理策略的动态仿真研究。

通过动态仿真研究模拟规模化经营管理和协调策略对农业区域规模化经营动态过程的影响，检验、修正管理和协调策略。

6.5 本 章 小 结

规模化经营是现代生态农业发展的趋势，我国农业正处于从分散小农经营向规模经营的重要转型时期。本章从土地流转缓慢、规模养殖抗生素及工业饲料重金属污染、绿色农产品价值优势难以转变为价格优势，以及养种主体利益联结机制不完善四个方面分析了我国土地分散承包经济格局下，生态农业区域实现规模化经营的成长上限；通过综述及分析已有农业规模化经营的理论研究，以及生态农业规模化发展实践现状，论证了以养殖企业为核心，带动区域内广大中小种植业农户的区域合作式生态农业规模化经营是一个动态的复杂性过程，进而提炼出这一动态复杂过程管理与协调有待研究的问题。

第 7 章　生态农业区域规模化经营策略的生成研究

生态农业生产系统是一个动态复杂系统，由绿色生猪规模养殖子系统、养殖废弃物生物质资源开发子系统、沼液粪肥有机种植子系统相互耦合而成，是有人参与的非线性复杂系统，各子系统以及系统各要素间围绕生物质能的循环利用形成物质流、能量流。该系统的输出 —— 绿色初级农产品是连接生态农业产业链的纽带，绿色沼气能源是系统的输出，同时又作为生产用能反馈生产子系统；绿色初级农产品通过销售环节实现养种主体增收，而增收的情况反过来又影响着生态农业生产的实施。此外，系统之外的饲料供给，燃煤、电力、化肥、农药等化石能源的供给情况，农村劳动力状况以及包括有机种植、绿色生猪养殖、疫病防疫、沼液资源/沼气能源开发及利用等所需的科学技术水平等环境因素又通过相关的子系统共同影响着系统物质和能量的流动，使之不断处于动态变化之中。

系统动力学基于信息反馈及系统稳定性的概念，认为物理系统中的动力学特性及反馈控制过程在社会经济生态系统中同样存在，其复杂行为通常产生于系统结构中众多的正、负反馈环的交互作用。因此，要了解动态系统行为的复杂性，找到政策作用的杠杆点，首先必须认清系统内部的反馈环结构。

本章在系统动力学反馈结构分析方法的基础上，提出动态复杂系统管理策略生成的子系统流位反馈环结构分析法，并将此方法应用于生态农业区域规模化生产系统的反馈环结构分析，生成生态农业区域规模化经营策略。

7.1　子系统流位反馈环结构分析法

反馈环结构是复杂系统的核心结构，目前对于反馈环的构建及其运行规律分析还缺乏规范的方法。系统动力学的创始人 Jay W. Forrester 教授在 2007 年系统动力学创建 50 周年年会上强调进行反馈结构的深入研究是系统动力学下一个 50 年研究的重要内容。

MIT 的彼得 · 圣吉博士开发的系统组织管理反馈基模，较好地刻画和解释了组织管理中复杂现象的结构原因，并为每个基模给出了相应的管理方针。但反馈基模分析技术未涉及其重要组件正/负反馈环的构建及结构问题，而这是系统管理具体对策确定的关键。

基于此，本章提出了动态性复杂系统管理策略生成的子系统流位反馈环结构分析法，并给出了利用子系统流位反馈环结构分析法对系统反馈环构建及结构分析的基本步骤。

步骤 1 根据所研究的问题，确定描述系统状态的流位变量及其变化速率，采用流率基本入树建模法构建系统整体结构流图模型。

步骤 2 用树枝向量行列式算法确定系统结构流图的全部反馈环。

步骤 3 根据系统目标实现的现实问题划分子系统，确定子系统流位变量，在算出的全部反馈环中获含且仅含这些流位变量的反馈环 (简称流位反馈环)，构成子系统流位反馈环结构。

步骤 4 逐一分析各子系统流位反馈环结构。分析确定决定各反馈环运行及强度的关键变量，且逆向溯源，确定影响关键变量的调控变量和传递调控信息的调控因果链。

步骤 5 根据调控变量及调控因果链的极性，形成促进现实问题解除的核心结论。

步骤 6 对全部调控变量进行分类分析，建立开发与应用，应用与效益，效益与创新，创新与开发相结合的系统整体对策确定原则的反馈环结构图。

步骤 7 依据核心结论和系统整体对策确定原则，确定管理对策并实施。

7.2 研究案例银河杜仲规模养殖区域生态农业系统概况

江西银河杜仲开发有限公司 (简称：银河杜仲) 主要从事杜仲资源利用和杜仲产品开发。2005 年以后，先后投资 5000 多万元在银河镇何家圳村新建了一个年产 10 万吨的杜仲饲料厂和一个占地 40hm^2、规划年出栏 5 万头绿色杜仲生猪的养殖基地。

2008 年银河杜仲生猪养殖基地建成投产，利用当地杜仲叶资源养殖特色杜仲猪。2013 年存栏母猪 1618 头，出栏仔猪 2.68 万头，杜仲肉猪 6700 头。2008～2014 年，项目团队在养殖场自有 40hm^2 范围内，设计并逐步实施如图 7-2 所示的以开发沼气能源、吸收消纳沼液为目标的养种循环生态农业模式，通过生猪沼液、有机肥的开发和利用，在养殖场区内有效地将养殖、种植有机结合起来，实现绿色养殖、绿色种植。

银河杜仲采取“公司 + 基地 + 农户”的模式带动农户发展杜仲种植、杜仲生猪养殖、沼液种植/养殖。

为提高杜仲生猪的市场认可度，促进杜仲生猪价值优势转变为价格优势，银河杜仲为其生产的杜仲生猪注册了“××”商标，销售渠道采取与专业连锁店和大型超市联合销售的模式，提高了杜仲猪肉的知名度和市场认可度。

但是，由于养殖场内可供开发荒山地有限，随着养殖规模的扩大，2015 年后污染再次出现，急需增加消纳沼液农地面积。

目前当地农民非农收入不稳定，对于多数农户来说，土地既有生产功能，又有就业和社会保障功能，因此农户不愿转让土地经营权，土地流转缓慢，大范围的土地集中型农业规模化生产推广困难；另一方面，养种循环生态农业项目是一项投资回报期长、涉及项目较多的系统性工程，用于基础建设的一次性投入大、持续管护成本高，而规模企业由于养殖场区内种植面积有限，基础设施使用效率不高，小规模有机种植利薄甚至亏本，制约了规模养殖户开展养种循环生态农业项目的积极性。

7.3　规模养殖区域生态农业系统反馈结构分析流图的建立

系统动力学以流图模型刻画系统结构，流图的核心变量是流位变量及其变化率 (称为流率变量)。一个流图的基本单元是流位变量直接或通过辅助变量控制流率的子图，这种基本单元子图就是流率基本入树。流图是由这些基本单元复合而成的，因此建立系统结构流图模型可首先建立系统流率基本入树模型。

本节详细介绍 “确定流位流率系流位 → 直接影响流率的二部图分析 → 逐树建立流率基本入树模型” 的建模过程。

7.3.1　系统流位流率系的确定

生态农业的生产模式，强调减少甚至不使用化肥、农药，产出符合无公害、绿色和有机标准的农产品，提高了农产品质量。在生猪规模养殖区 “猪–沼–作物” 养种循环生态农业生产系统中，绿色生猪规模养殖是系统的核心，养殖业利润增加是系统发展的动力，剩余粪肥、沼肥、沼气造成的污染制约绿色生猪养殖规模的发展，猪粪和沼肥需消纳的农地，沼气的能源化利用、猪青饲料的自给等能减少规模养殖对外部环境的依赖。基于此，以年 “生猪出栏数”“沼液种植面积” 两个变量刻画生态农业生产子系统规模；以 “剩余沼气排放量”、区域农地 “磷污染警报值” 两个变量刻画区域农业污染；以 “生态农产品收益” 一个变量刻画实施生态农业主体增收。根据生态农业规模化经营特点以及银河杜仲系统的实际，确定描述生态农业规模化经营系统由七组流位、流率对构成的流位流率系 (表 7-1)。

表 7-1　银河杜仲规模养殖区域生态农业系统流位流率系

流位变量	对应流率变量
绿色生猪出栏数 $L_1(t)$	绿色生猪出栏数变化量 $R_1(t)$
养殖利润 $L_2(t)$	养殖利润年变化量 $R_2(t)$
青饲料自给量 $L_3(t)$	规模养殖企业青饲料产量 $R_3(t)$
剩余沼气量 $L_4(t)$	年猪尿产沼气量 $R_{41}(t)$–年沼气利用量 $R_{42}(t)$
未利用猪粪及沼肥量 $L_5(t)$	年猪尿产沼肥量 $R_{511}(t)$ +年产猪粪肥量 $R_{512}(t)$–年种植有机肥量施用量 $R_{52}(t)$
消纳猪粪尿需农地面积 $L_6(t)$	需新增农地面积 $R_6(t)$

7.3.2 系统模型的二部图

根据系统动力学理论，各流位变量仅直接受其对应流率变量制约。因此，使系统结构发生动态变化的根本变量是六个流率变量，而这六个流率变量又以不同的结构，通过中间辅助变量受到六个流位变量及外生变量、常数参数的制约。如图 7-1 所示的系统模型的二部图表示每一个流率受到的流位变量及环境变量制约的结构关系。这是银河杜仲规模养殖区域生态农业系统结构的框架模型。

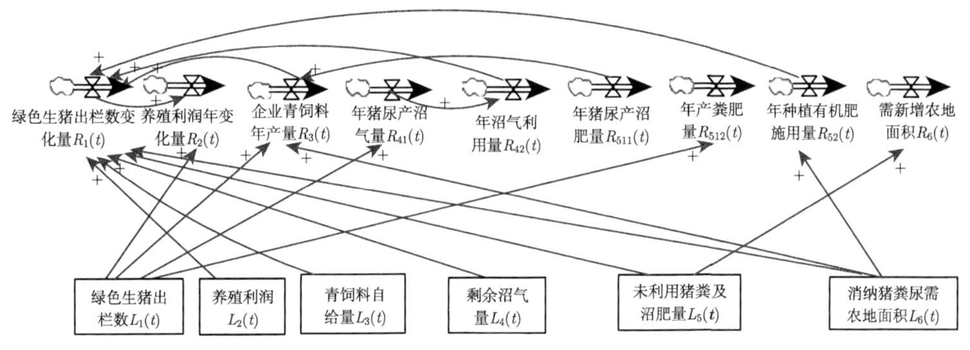

图 7-1 银河杜仲规模养殖区域生态农业系统二部图

二部图依据实际调研分析建立，以流率变量“绿色生猪出栏数变化量 $R_1(t)$”为例：当期绿色生猪养殖规模受上一期养殖利润 $L_2(t)$ 的影响，即 t 年养殖利润大则 t+DT 年出栏数增加，因此，二部分图中存在正因果链“$L_2(t) \xrightarrow{+} R_1(t)$”；青饲料供给量充沛有利于绿色生猪养殖规模的扩大，故二部图中存在正因果链“$L_3(t) \xrightarrow{+} R_1(t)$”；此外“规模养殖企业青饲料产量 $R_3(t)$”、“年综合利用沼气量 $R_{42}(t)$”及“年种植有机肥施用量 $R_{52}(t)$”的增加对绿色生猪养殖规模的扩大均具有促进作用，故存在正因果链“$R_3(t) \xrightarrow{+} R_1(t)$”、“$R_{42}(t) \xrightarrow{+} R_1(t)$”及“$R_{52}(t) \xrightarrow{+} R_1(t)$”；而另一方面，剩余沼气、未利用猪粪及沼肥的污染及消纳猪粪尿需农地面积的增加，将制约绿色生猪养殖规模的扩大，故存在负因果链“$L_4(t) \xrightarrow{-} R_1(t)$”、“$L_5(t) \xrightarrow{-} R_1(t)$”和“$L_6(t) \xrightarrow{-} R_1(t)$”。

7.3.3 系统结构流率基本入树模型

基于图 7-1 所示的系统二部分图，引入中间变量逐一建立表 7-1 所给的流率变量为树根的六棵流率基本入树：绿色生猪出栏数流率基本入树 $T_1(t)$ (图 7-2(a))、养殖利润流率基本入树 $T_2(t)$ (图 7-2(b))、青饲料自给量流率基本入树 $T_3(t)$ (图 7-2(c))、剩余沼气污染流率基本入树 $T_4(t)$ (图 7-2(d))、未利用猪粪及沼肥量流率基本入树 $T_5(t)$ (图 7-2(e))、消纳猪粪尿需农地面积流率基本入树 $T_6(t)$ (图 7-2(f))，可得系统流率基本入树模型 (图 7-2)。

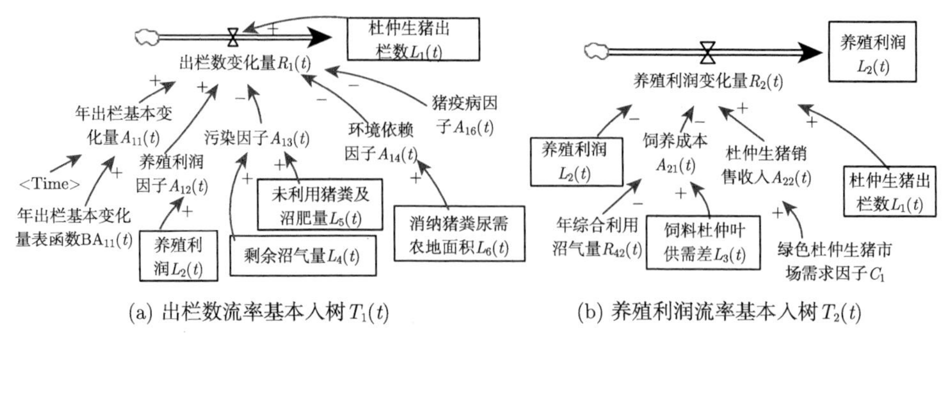

(a) 出栏数流率基本入树 $T_1(t)$　　(b) 养殖利润流率基本入树 $T_2(t)$

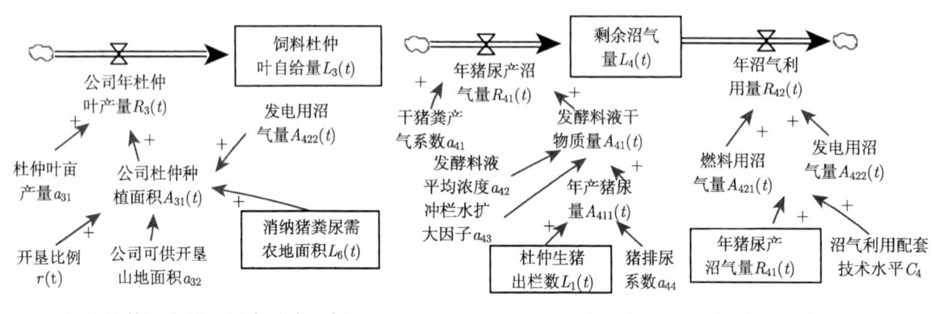

(c) 饲料杜仲叶自给量流率基本入树 $T_3(t)$　　(d) 剩余沼气量流率基本入树 $T_4(t)$

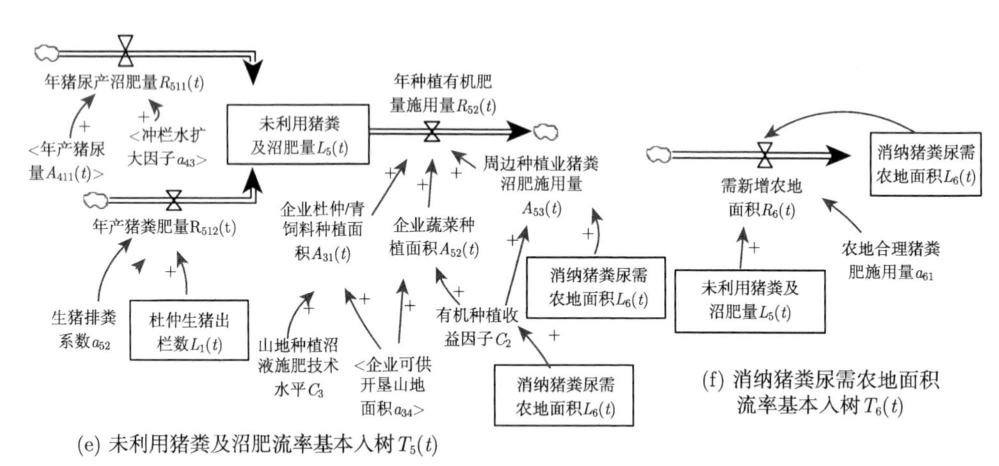

(e) 未利用猪粪及沼肥流率基本入树 $T_5(t)$　　(f) 消纳猪粪尿需农地面积流率基本入树 $T_6(t)$

图 7-2　银河杜仲规模养殖区域生态农业系统流率基本入树模型

7.3.4 生态农业产业链生产系统结构流图模型

贾仁安的研究证明，系统结构流图模型可通过系统流率基本入树模型通过复合 (嵌运算，数学符号：$\vec{\cup}$) 得到，而反过来，流图也可以分解成一些流位或流率变量直接或通过辅助变量控制流率变量的子图，即流率基本入树。系统的流图与其流率基本入树模型是当且仅当的关系，系统基于其流图模型和基于其流率基本入树模型的 Vensim 软件仿真结果相同。

将上一节建立的流率基本入树模型中的六棵流率基本入树，作嵌运算，可得到银河杜仲规模养殖区域生态农业系统流图模型 (图 7-3)。

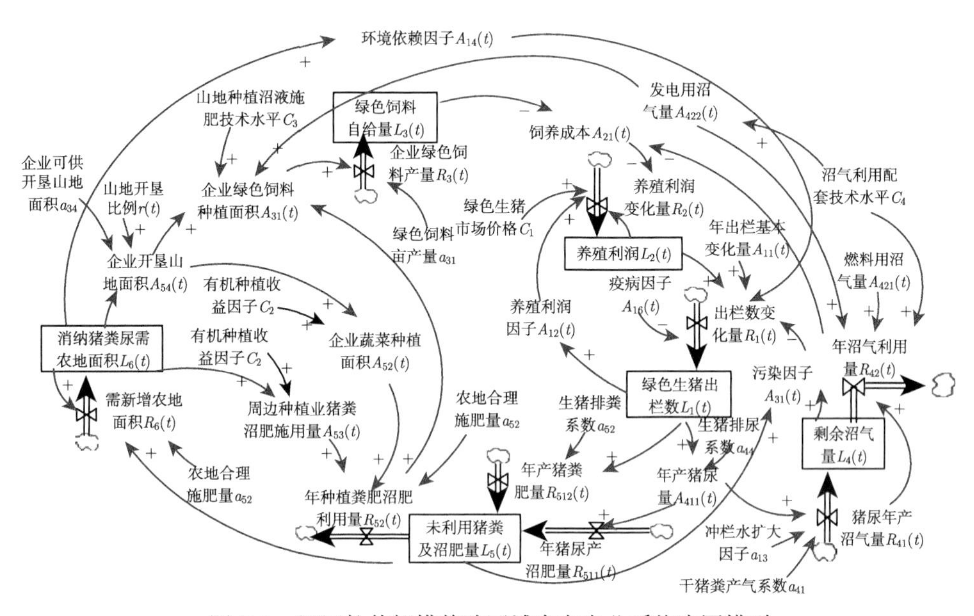

图 7-3 银河杜仲规模养殖区域生态农业系统流图模型

7.4 系统全部反馈环的树枝向量行列式计算

对复杂系统进行反馈环结构分析，以揭示系统现状及其发生与发展的原因，首先要解决的问题是该系统结构中共含多少条反馈环。本节应用 4.5 节介绍的枝向量行列式反馈环算法，计算系统结构所包含的全部反馈环。

银河杜仲规模养殖区域生态农业系统的强简化流入基本入树模型如图 7-4 所示。

系统的枝向量行列式为

$$
\left|\begin{array}{c}
1\\
(R_2,+,L_1)\\
0\\
(R_{41},+,A_{411},+,L_1)+(-R_{42},+,A_{422},+,R_{41})(R_{41},+,A_{411},+,L_1)\\
(R_{511},+,A_{411},+,L_1)+(R_{512},+,L_1)\\
0
\end{array}\right.
$$

$$
\begin{array}{ccc}
(R_1,+,L_2) & 0 & (R_1,-,L_4)\\
1 & (R_2,+,L_3) & (R_2,+,A_{422},+,R_{41})+(R_2,+,-R_{42})\\
0 & 1 & (R_3,+,A_{31},+,A_{422},+,R_{41})\\
0 & 0 & 1\\
0 & 0 & 0\\
0 & 0 & 0
\end{array}
$$

$$
\left.\begin{array}{cc}
(R_1,-,L_5) & (R_1,-,L_6)\\
0 & 0\\
0 & (R_3,+,A_{31},+,L_6)\\
0 & 0\\
1 & (-R_{52},+,A_{31},+,L_6)+2(-R_{52},+,L_6)\\
(R_6,+,L_5) & 1
\end{array}\right|
$$

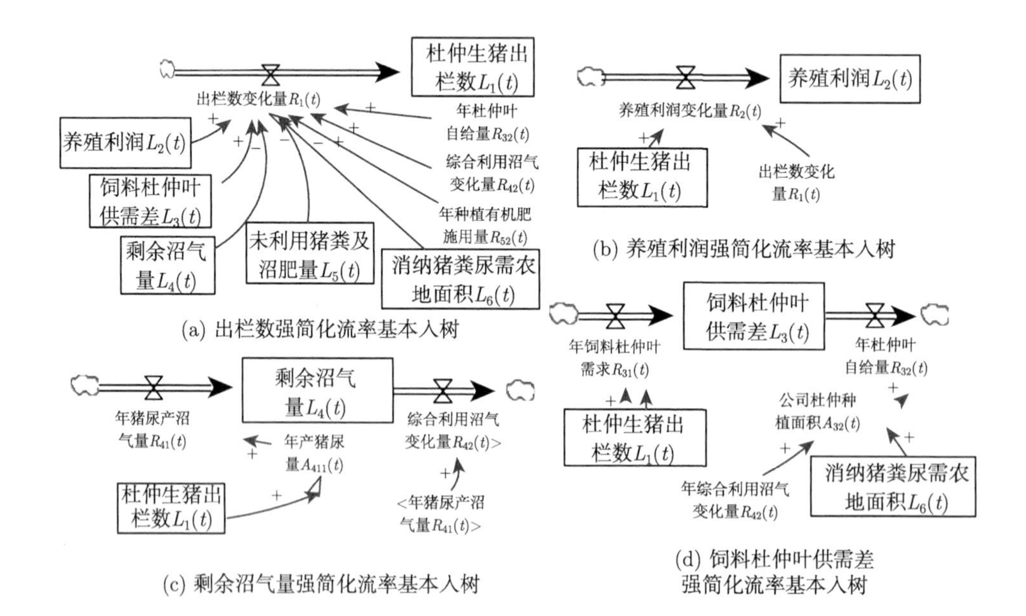

(a) 出栏数强简化流率基本入树

(b) 养殖利润强简化流率基本入树

(c) 剩余沼气量强简化流率基本入树

(d) 饲料杜仲叶供需差强简化流率基本入树

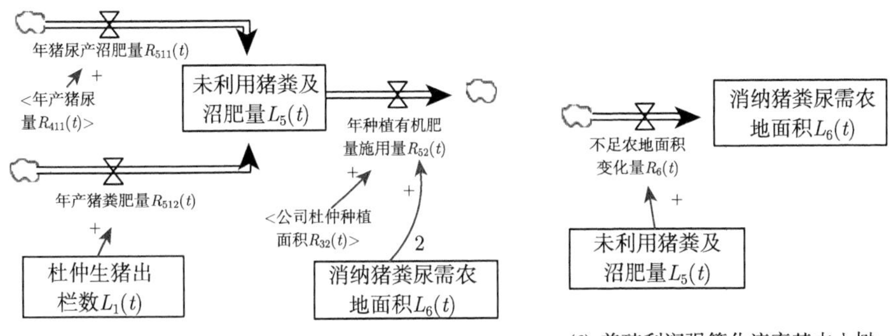

(e) 未利用猪粪及沼肥强简化流率基本入树　　(f) 养殖利润强简化流率基本入树

图 7-4 银河杜仲规模养殖区域生态农业系统强简化流率基本入树模型

计算此行列式，得到规模养种生态农业反馈结构中共包含二阶及以上反馈环共 14 条。按反馈环阶数分类整理如下：

二阶反馈环 8 条

其中正反馈环 2 条：$(R_{41},+,A_{411},+L_1)(R_1,-,L_3)(-R_{32},+,A_{32},+,R_{42})$，$(R_1,+,L_2)(R_2,+,L_1)$；

负反馈环 6 条：

$(R_1,-,L_3)(R_{31},+,L_1)$，$2(-R_{52},+,L_6)(R_6,+,L_5)$，$(R_1,-,L_5)(R_{512},+,L_1)$，$(R_1,-,L_5)(R_{511},+,A_{411},+,L_1)$，$(R_1,-,L_4)(R_{41},+,A_{411},+,L_1)$

三阶反馈环 4 条

其中三阶正反馈环 2 条：

$(R_{512},+,L_1)(R_1,+,-R_{32})(-R_{32},+,A_{32},+,L_6)(R_6,+L_5)$，

$(R_{511},+,A_{411},+,L_1)(R_1,+,-R_{32})(-R_{32},+,A_{32},+,L_6)(R_6,+,L_5)$，

三阶负反馈环 2 条：

$(R_1,-,L_6)(R_6,+,L_5)(R_{512},+,L_1)$，

$(R_1,-,L_6)(R_6,+,L_5)(R_{511},+,A_{411},+,L_1)$；

四阶正反馈环 2 条

$(R_1,-,L_3)(-R_{32},+,A_{32},+,L_6)(R_6,+,L_5)(R_{512},+,L_1)$，

$(R_1,-,L_3)(-R_{32},+,A_{32},+,L_6)(R_6,+,L_5)(R_{511},+,A_{411},+L_1)$

7.5 子系统流位反馈环结构分析

生态农业产业链系统发展“消除双污染，提供双产品”目标的实施主要对应着系统的三个子系统：① 绿色生猪养殖利润增长与污染制约子系统；② 猪粪沼肥生物质资源利用子系统；③ 沼气能源利用子系统。

7.5.1 绿色生猪养殖利润增长与污染制约子系统的反馈环结构分析

1. 子系统流位变量的确定

养殖利润促进养殖规模增长，未利用猪粪及沼肥、剩余沼气的污染抑制养殖规模增长。据此，确定该子系统包含流位流率系中的四个流位变量：绿色生猪出栏数 $L_1(t)$，养殖利润 $L_2(t)$，未利用猪粪及沼肥粪肥量 $L_5(t)$ 和剩余沼气量 $L_4(t)$。

2. 基于流位变量的子系统反馈环确定

在枝向量行列式计算所得的 14 条反馈环中，由这四个流位变量及其流率变量组成的反馈环有 4 条。

(1) 绿色生猪利润与养殖规模互促二阶正反馈环：

$$(R_1,+,L_2)(R_2,+,L_1)$$

(2) 未利用猪粪污染制约绿色生猪养殖二阶负反馈环：

$$(R_1,-,L_5)(R_{512},+,L_1)$$

(3) 未利用沼肥污染制约绿色生猪养殖二阶负反馈环：

$$(R_1,-,L_5)(R_{511},+,A_{411},+,L_1)$$

(4) 剩余沼气污染制约绿色生猪养殖二阶负反馈环：

$$(R_1,-,L_4)(R_{41},+,A_{411},+,L_1)$$

这 4 条反馈环组成的反馈环结构图 (图 7-5)，可由反馈环对应的四棵流率基本入树 $T_1(t)$、$T_2(t)$、$T_4(t)$ 和 $T_5(t)$，按图论中的嵌运算复合确定。

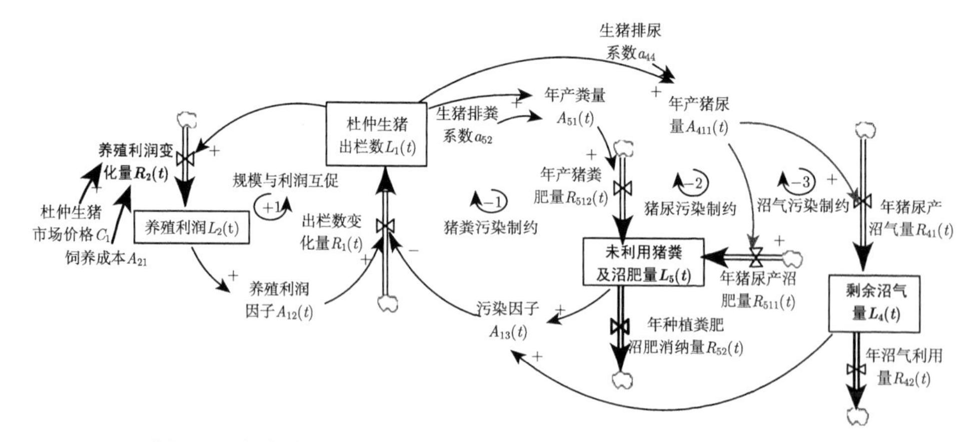

图 7-5 绿色生猪养殖利润增长与污染制约子系统流位反馈环结构

3. 子系统反馈环关键变量和调控因果链分析

反馈环的关键变量是指反馈环所包含的诸变量因素中导致反馈环运行且对运行强度起主要作用的变量，它是对策的杠杆作用点。反馈环结构的诸变量因素又往往受系统中其他反馈环或系统外的环境因素的影响与控制，这里称这些影响因素为调控变量，连接关键变量和调控变量的因果链为调控因果链，调控因果链及其极性常常代表着对策作用的切入方向。

如图 7-5 所示的子系统结构中，加粗文字为对应反馈环的关键变量，加粗箭线及其连接的关键变量和调控变量为调控因果链，四条反馈环的结构见表 7-2。

表 7-2 绿色生猪养殖利润增长与污染制约子系统流位反馈环结构

反馈环	反馈环名称	关键变量	调控变量	调控因果链
+1	规模利润互促	养殖利润变化量 $R_2(t)$	绿色生猪价格 C_1 饲养成本 $A_{21}(t)$	$C_1 \xrightarrow{+} R_2(t)$ $A_{21}(t) \xrightarrow{-} R_2(t)$
−1 −2	猪粪污染制约 猪尿污染制约	未利用猪粪及沼肥 $L_5(t)$	年种植有机肥消纳量 $R_{52}(t)$	$R_{52}(t) \xrightarrow{-} L_5(t)$
−3	沼气污染制约	剩余沼气量 $L_4(t)$	年沼气能源化利用量 $R_{42}(t)$	$R_{42}(t) \xrightarrow{-} L_4(t)$

具体的关键变量及调控因果链确定过程如下：

(1) 图 7-5 左侧反馈环 (+1) 为养殖“规模与利润互促”二阶正反馈环，刻画了绿色生猪出栏数与养殖利润 $L_2(t)$ 之间循环互促、不断增长的循环规律。养殖利润持续增长是企业的目标，因此引起正反馈环 (+1) 运行及其作用强度的关键变量为“养殖利润变化量 $R_2(t)$”。

逆向追踪，反馈环结构之外的调控变量“绿色生猪市场价格 C_1”和”饲养成本 A_{21}”分别通过正因果链“绿色生猪市场价格 $C_1 \xrightarrow{+}$ 养殖利润变化量 $R_2(t)$”和负因果链“饲养成本 $A_{21}(t) \xrightarrow{-}$ 养殖利润变化量 $R_2(t)$”影响着养殖利润的变化。

(2) 图 7-5 右侧三条二阶负反馈环 (−1) (−2) (−3)，刻画养殖粪尿污染对企业绿色生猪养殖规模扩大的制约。“未综合利用猪粪及沼肥量 $L_5(t)$”和“剩余沼气量 $L_4(t)$”的存在是这三条负反馈环运行的原因，且这两个变量值越大相应负反馈环制约作用越强，因而分别是三条污染制约负反馈环的关键变量。

流出率变量“年种植有机肥消纳量 $R_{52}(t)$”能减少未利用猪粪及沼肥量，“年沼气能源利用量 $R_{52}(t)$”能减少剩余沼气量，分别为两条反馈环的调控变量，它们分别通过负因果链“$R_{52}(t) \xrightarrow{-} L_5(t)$”和“$R_{42}(t) \xrightarrow{-} L_4(t)$”影响着各自的关键变量，减小乃至消除这两条负反馈环的作用强度。

子系统流位反馈环结构分析结论如下。

结论 1 “养殖利润”、“未利用猪粪沼肥”和”剩余沼气”是对养殖增收与环境污染问题实施对策干预的杠杆点。子系统流位反馈环结构图中分析表明，养殖利润、未综合利用猪粪沼肥污染和剩余沼气污染是该子系统关键变量，是管理对策对系统施加影响的杠杆点。

结论 2 提高“绿色生猪价格”和减少“饲养成本”是保持适度规模，增加养殖利润对策制定时应主要考虑的两个方面。调控变量“绿色生猪价格”和“饲养成本”影响着养殖利润。若绿色生猪的绿色价值得不到市场认可，利润的增长将受到制约；饲料、人工等养殖成本的逐年增加制约着养殖利润的增长。

结论 3 消除养殖污染的对策可从增加“年种植有机肥消纳量”及“沼气的能源化利用量”入手。子系统两条负调控因果链“$R_{52}(t) \xrightarrow{-} L_5(t)$”与“$R_{42}(t) \xrightarrow{-} L_4(t)$”揭示，增加调控变量“年种植有机肥消纳量 $R_{52}(t)$”及“沼气的能源化利用量 $R_{42}(t)$”，能通过减少关键变量“未利用猪粪及沼肥 $L_5(t)$”和“剩余沼气量 $L_4(t)$”的值，从而减小乃至消除养殖粪尿污染制约。

7.5.2 猪粪沼肥生物质资源化利用子系统流位反馈环结构分析

1. 子系统流位变量的确定

消纳绿色生猪养殖粪尿需一定面积的农地，企业开发自有山地利用粪肥沼肥种植蔬菜、杜仲树，以及周边农户选择施用粪肥沼肥种植均能提供消纳养殖粪尿的农地。企业种植的杜仲树为绿色生猪提供了饲料杜仲叶，减少其饲养成本，能增加养殖利润。基于此，确定猪粪沼肥生物质资源化利用子系统包含表 7-1 所示流位流率系中的五个流位变量：绿色生猪出栏数 $L_1(t)$，养殖利润 $L_2(t)$，饲料杜仲叶自给量 $L_3(t)$，未利用猪粪及沼肥粪肥量 $L_5(t)$，消纳猪粪尿需要农地面积 $L_6(t)$。

2. 基于流位变量的子系统反馈环确定

在枝向量行列式计算所得的 14 条反馈环中，由这五个流位变量及其流率变量组成的反馈环有 7 条。

(1) 消纳粪尿农地需求制约规模三阶负反馈环两条：

$$(R_1, -, L_6)(R_6, +, L_5)(R_{512}, +, L_1), (R_1, -, L_6)(R_6, +, L_5)(R_{511}, + A_{411}, +, L_1)$$

(2) 杜仲饲料种植减少饲养成本三阶正反馈环两条：

$$(R_1, +, L_2)(R_2, +, L_3)(R_3, +, A_{31}, +, L_6)(R_6, +, L_5)(R_{511}, +, A_{411}, +, L_1)$$

$$(R_1, +, L_2)(R_2, +, L_3)(R_3, +, A_{31}, +, L_6)(R_6, +, L_5)(R_{512}, +, L_1)$$

(3) 企业杜仲、青饲料种植消纳有机肥二阶负反馈环：

$$(-R_{52}, +, A_{31} +, L_6)(R_6, +, L_5)$$

(4) 企业蔬菜种植消纳有机肥二阶负反馈环：

$$(-R_{52},+,A_{53},+,L_6)(R_6,+,L_5)$$

(5) 农户蔬菜种植二阶负反馈环：

$$(-R_{52},+,A_{52},+,L_6)(R_6,+,L_5)$$

这 7 条反馈环组成的反馈环结构图 (图 7-6)，可由对应的五棵流率基本入树 $T_1(t)$，$T_2(t)$，$T_3(t)$，$T_5(t)$ 和 $T_6(t)$，按图论中的嵌运算复合而成。

3. 子系统反馈环关键变量和调控因果链分析

图 7-6 最外层两条负反馈环 $-3\sim2$ 为消纳猪粪尿农地需求制约三阶负反馈环；中间两条五阶正反馈环 $+3\sim2$，刻画了企业开垦养殖区域内自有荒山地，利用猪粪、沼肥种植青饲料，为绿色生猪养殖提供青饲料，减少饲养成本 $A_{21}(t)$，增加养殖利润；左下角三条二阶负反馈环 -3、-4、-5 分别揭示企业和周边种植业施用猪粪沼肥，能减少未利用猪粪沼肥量，缓解对新增农地需求的强度。

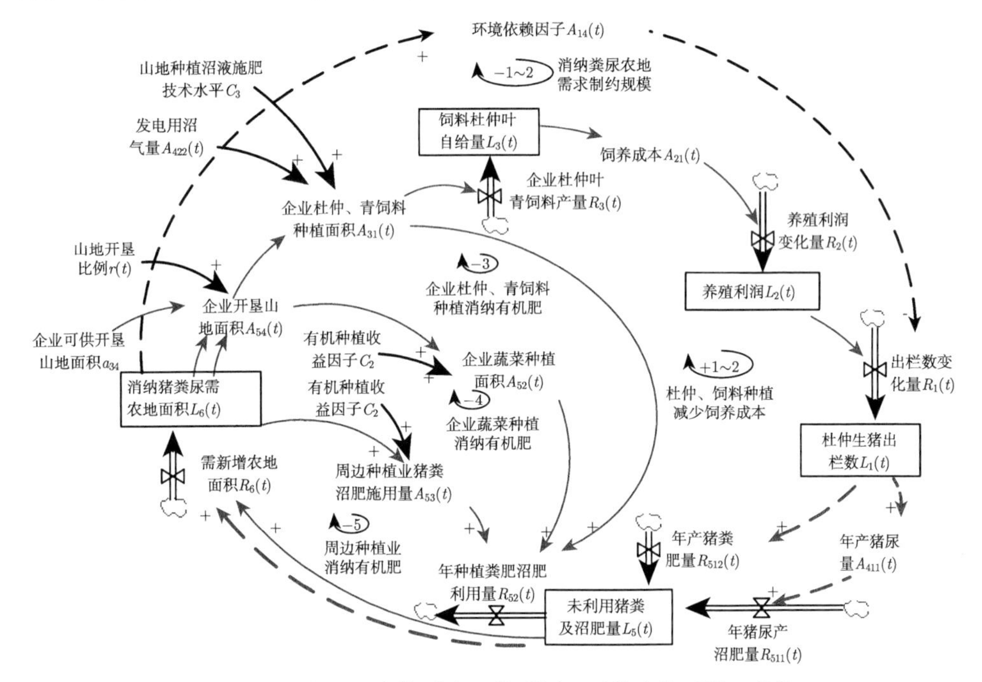

图 7-6　猪粪沼肥生物质资源化利用子系统流位反馈环结构

类似于 3.5.1 小节的反馈环结构分析，表 7-3 归纳了猪粪沼肥生物质资源化利用子系统 7 条反馈环结构情况。

表 7-3 显示，此子系统流位反馈环结构包括五个关键变量，五个调控变量通过四条调控因果链影响着关键变量。

4. 猪粪沼肥生物质资源化利用子系统流位反馈环结构分析结论

结论 1 “需新增农地面积”是猪粪沼肥生物质资源化利用对策作用的杠杆点。子系统结构的 7 条反馈环，其中有 2 条正反馈环 +1~2 刻画消纳粪尿农地不足对养殖规模和利润的制约，“需新增农地面积 $R_6(t)$”是关键变量；5 条负反馈环刻画了人参与的围绕“需新增农地面积”而进行的改良系统结构行为。

表 7-3 猪粪沼肥生物质资源化利用子系统流位反馈环结构

反馈环	反馈环名称	关键变量	调控变量	调控因果链
+1~2	消纳粪尿农地需求制约	需新增农地面积 $R_6(t)$	——	——
−1~2	企业杜仲青饲料种植减少养殖成本	企业杜仲青饲料种植面积 $A_{31}(t)$	山地开垦比例 $r(t)$	$r(t) \xrightarrow{+} A_{54}(t)$
−3	企业杜仲青饲料种植消纳有机肥		沼液杜仲种植施肥技术水平 C_3	$C_3 \xrightarrow{+} A_{31}(t)$
−4	企业蔬菜种植消纳有机肥	企业蔬菜种植面积 $A_{52}(t)$	山地开垦比例 $r(t)$ 有机种植收益因子 C_2	$r(t) \xrightarrow{+} A_{54}(t)$ $C_2 \xrightarrow{+} A_{52}(t)$
−5	周边种植业消纳有机肥	周边种植业猪粪沼肥施用量 $A_{53}(t)$	有机种植收益因子 C_2	$C_2 \xrightarrow{+} A_{53}(t)$

结论 2 制定资源化利用具体对策，可考虑扩大“山地的开垦比例”，提高“沼液施肥技术水平”和“有机种植收益因子”这些方面。

企业对自有山地的开垦比例通过调控因果链 $r(t) \xrightarrow{+} A_{54}(t)$ 影响着两条改良结构负反馈环的关键变量，从而影响着反馈环的作用强度。

“沼液施肥技术水平”和“有机种植收益因子”同过调控因果链影响着企业及周边种植业施用猪粪沼肥的决策，是确定粪肥沼肥资源化利用对策的切入点。

结论 3 消除养殖污染的对策可从增加”年种植有机肥消纳量”及”沼气的能源化利用量”入手。子系统两条负调控因果链“$R_{52}(t) \xrightarrow{-} L_5(t)$”与“$R_{42}(t) \xrightarrow{-} L_4(t)$”揭示，增加调控变量“年种植有机肥消纳量 $R_{52}(t)$”及“沼气的能源化利用量 $R_{42}(t)$”，能通过减少关键变量“未利用猪粪及沼肥 $L_5(t)$”和“剩余沼气量 $L_4(t)$”的值，从而减小乃至消除养殖粪尿污染制约。

7.5.3 沼气能源利用子系统流位反馈环结构分析

1. 子系统流位变量的确定

沼气用作燃料或发电是提供清洁能源，解决形成温室气体排放问题的有效途径。沼气发电用于猪场照明、取暖，能减少生猪饲养成本，提高养殖利润；用沼气发电为企业山地种植施用沼液提供动力，能减少有机种植施肥成本。

基于系统实际，确定沼气能源利用子系统包含表 7-1 系统流位流率系中的四个流位变量：绿色生猪出栏数 $L_1(t)$、养殖利润 $L_2(t)$、饲料杜仲叶自给量 $L_3(t)$、剩余沼气量 $L_4(t)$。

2. 子系统包含的反馈环

在枝向量行列式计算所得的 14 条反馈环中，由这四个流位变量及其流率变量组成的反馈环有 4 条。

(1) 剩余沼气污染制约绿色生猪生产二阶负反馈环：

$$(R_1, - , L_4)(R_{41}, + , A_{411}, + , L_1)$$

(2) 沼气能源利用减少污染二阶正反馈环：

$$(R_1, - , L_4)(-R_{42}, + , A_{422}, + , R_{41})(R_{41}, + , A_{411}, + , L_1)$$

(3) 沼气发电减少饲养成本二阶正反馈环：

$$(R_1, + , L_2)(R_2, + , -R_{42})(-R_{42}, + , A_{422}, + , R_{41})(R_{41}, + , A_{411}, + , L_1)$$

(4) 沼气发电减少种植灌溉成本三阶正反馈环：

$$(R_1, + , L_2)(R_2, + , L_3)(R_3, + , A_{31}, + , A_{422} + , R_{41})(R_{41}, + , A_{411}, + , L_1)。$$

这 4 条反馈环组成的反馈环结构流图 (图 7-7)，可由对应的四棵流率基本入树 $T_1(t)$，$T_2(t)$，$T_3(t)$ 和 $T_4(t)$，按图论中的嵌运算复合而成。

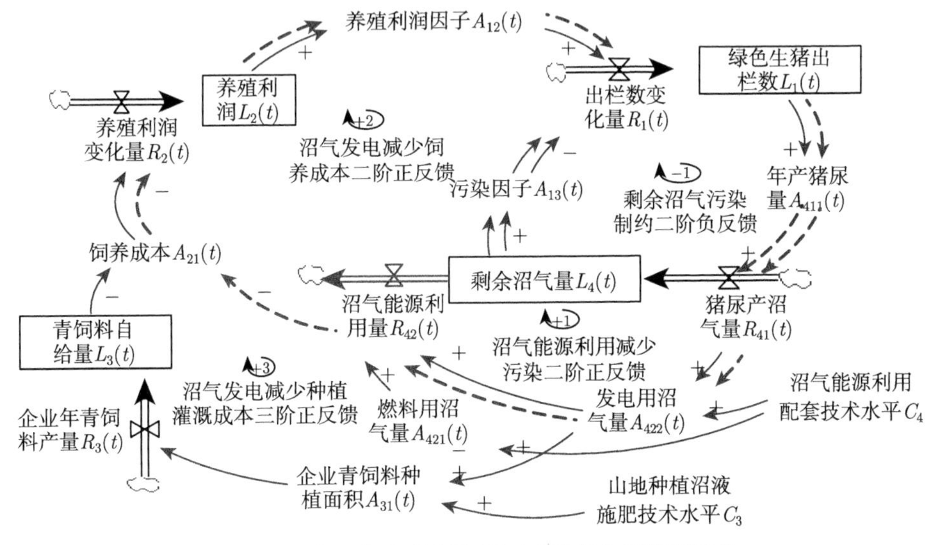

图 7-7 沼气污染与能源利用子系统流位反馈环结构

3. 子系统反馈环关键变量和调控因果链的确定

图 7-7 右侧二阶负反馈环 (−1) 刻画了剩余沼气对绿色生猪生产的制约；二阶正反馈 (+1) 揭示了沼气能源利用能减少剩余沼气污染，促进绿色生猪生产。左侧二阶正反馈环 (+2) 刻画了沼 (+3) 刻画了沼气发电为企业山地青饲料种植施用沼液提供动力，能减少有机种植的灌溉施肥成本，促进企业增加山地有机种植面积；所产青饲料又能减少绿色生猪饲养成本，增加养殖利润。

类似地，我们分析反馈环结构，得沼气能源利用子系统 4 条反馈环结构情况见表 7-4。

表 7-4 沼气能源利用子系统流位反馈环结构

反馈环	名称	关键变量	调控变量	调控因果链
(−1)	剩余沼气污染	沼气能源利用量 $R_{42}(t)$	沼气利用配套技术水平 C_4	$C_4 \xrightarrow{+} A_{421} \xrightarrow{+} R_{42}$
(+1)	沼气能源利用减少沼气污染			$C_4 \xrightarrow{+} A_{422} \xrightarrow{+} R_{42}$
(+2)	沼气能源利用减少饲养成本			
(+3)	沼气发电减少种植施肥成本	发电用沼气量 $A_{422}(t)$	沼气利用配套技术水平 C_4	$C_4 \xrightarrow{+} A_{422} \xrightarrow{+} R_{42}$

表 7-4 显示，该子系统流位反馈环结构包括两个关键变量，一个调控变量通过两条调控因果链影响着关键变量。

4. 沼气能源利用子系统流位反馈环结构分析结论

结论 沼气能源利用是减少乃至消除沼气污染的关键，沼气利用配套技术水平 C_4 影响沼气能源利用。

“沼气能源利用量 $R_{42}(t)$” 是减少沼气污染的关键变量，且沼气能源的利用还能减少生猪饲养成本，发电为种植施用沼液提供动力，减少施肥成本，增加企业扩大山地开发有机种植面积的积极性。

调控参数 “沼气利用配套技术水平 C_4”，指沼气池产气率，供气的稳定性以及沼气发电技术工艺完善程度等，通过影响用作燃料和发电两种能源利用方式的实施，而影响着企业开发利用沼气资源的积极性。

7.6 三个子系统流位反馈环结构调控变量的综合分析

子系统流位反馈环结构分析揭示，系统的对策总是与相对少量的几个主要变量 (关键变量) 联系着，调控变量通过调控因果链影响着反馈环关键变量，从而调整着系统的动态结构与相应的动态行为。

分析表 7-2～ 表 7-4 三个子系统调控变量，不难看出，系统的调控变量按其性质可分成三类：第一类，开发与应用调控变量：年沼气能源化利用量 $R_{42}(t)$，年种植业有机肥消纳量 $R_{52}(t)$，山地开垦比例 $r(t)$；第二类，效益调控变量：绿色生猪价格 C_1，饲养成本 $A_{21}(t)$，有机种植收益因子 C_2；第三类，技术创新调控变量：沼液青饲料种植施肥技术水平 C_3，沼气能源开发技术水平 C_4。

由上述调控变量的分类分析可知，生态农业建设应遵循以下四结合：开发与应用结合、应用与效益结合、效益实现与创新结合、创新与开发结合，而且四结合中每一个结合的两个变量互相构成正因果链，两正因果链构成正反馈环，四个正反馈环构成整体对策确定原则正反馈环结构图 (图 7-8)。

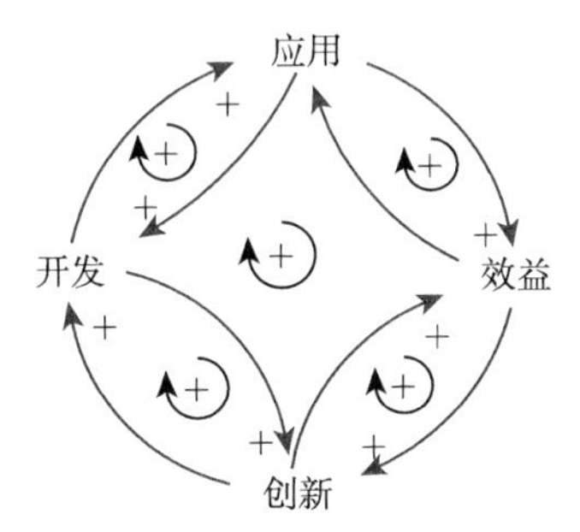

图 7-8 系统整体管理策略确定原则的反馈环结构

根据正反馈环的同增性，在进行生态农业的建设中，只有开发、应用、效益、创新同时实施对策，才能促进整个系统发展；根据正反馈环的同减性，在进行现代农业建设中，在开发、应用、效益、创新中由于某种对策实施未到位，其中有一个变量衰减，整个系统就不能有效发展。

此原则不仅适合于生态农业建设的策略确定分析，且对各类系统的发展对策确定具有普遍意义。

7.7 生态农业产业链管理策略的确定

7.6 节通过对三个子系统流位反馈环结构分析，确定了各反馈环的关键变量、影响关键变量的调控变量及传递调控信息的调控因果链，形成了促进系统问题解决的核心结论。根据核心结论中描述的政策作用的杠杆点，以及管理策略确定原则的反馈环结构，本节确定如下生态农业产业链管理策略。

策略一 建立覆盖养殖区域内可开垦山地的沼液分流多级存储灌溉网络。

根据猪粪沼肥生物质资源化利用子系统流位反馈环结构分析结论，本着开发与应用、应用与效益互促的原则，在养殖系统内建立沼液清水分流，多级存储过滤延迟净化池的有机种植灌溉网络，减少企业有机种植施肥的人工成本。企业种植产出的青饲料能减少青饲料购买成本，促使系统资源在养种产业间良性循环，促进绿色生猪养殖利润增长。

策略二　政府介入，养殖企业履行环境责任，与周边农户共同开发多种沼液种植工程。

猪粪沼肥生物质资源化利用子系统流位反馈环结构分析结论指出，需新增的消纳粪肥沼肥农地面积与养殖规模需同步增加，但企业养殖区域内自有农地有限，需利用养殖系统周边区域农地。

考虑到反馈环结构分析中的调控变量“有机种植收益因子 C_2” 的内涵，面对周边种植业决策的不同个体，本着应用与效益的原则，在现有技术、市场等外部环境条件下，通过激励机制或通过降低有机种植的成本，提高农户有机种植的收益，促使农户施用粪肥沼肥。政府可以通过资金扶持与行政监督并行的方式督促养殖户通过修建覆盖附近农田、果园的沼液专用管道以减小农户沼液施用人工成本。

策略三　加强养殖企业与科研机构的合作，提高沼气利用配套技术水平，促进沼气能源利用。

沼气能源利用子系统流位反馈环结构分析揭示，技术的进步是提高沼气能源利用的根本途径，调控变量“沼气利用配套技术水平 C_4” 通过正调控因果链影响着政策杠杆点“沼气能源利用量 $R_{42}(t)$”。

根据效益实现与创新结合、创新与开发结合原则，养殖企业与科研机构联合，通过项目立项的方式，申请政府补贴，研究开发提高沼气能源利用配套技术水平，促进沼气能源利用，

策略四　加大绿色生猪品牌宣传力度，带动绿色蔬菜销售，保障绿色生猪、区域内有机种植蔬菜的销售收入。

“绿色生猪市场价格 C_1” 影响着绿色生猪的生产利润，而“有机种植收益因子 C_2” 影响着企业和农户有机种植模式的选择决策。

根据应用与效益结合原则，加大绿色生猪品牌的宣传，提高绿色猪肉的辨识度，加强消费者对绿色生猪性价比的接受程度，以提高保障绿色生猪的养殖利润，同是实施品牌策略，促进区域内有机种植蔬菜的销售收入，促进“有机种植收益因子 C_3” 不断增长，推动企业蔬菜饲料种植面积的扩大、促使农户选择有机种植模式。

7.8　本 章 小 结

本章基于系统动力学反馈结构分析理论，提出了社会经济生态系统发展策略生成的子系统流位反馈环结构分析法，此方法从确定刻画系统的流位变量入手，借助流率基本入树建模法、树枝向量行列式反馈环计算法，构建系统反馈环结构流

图，计算出反馈结构中所包含的全部反馈环；根据系统目标实现的现实问题划分子系统，确定子系统流位变量，在算出的全部反馈环中获含且仅含这些流位变量的反馈环，构成子系统流位反馈环结构；通过子系统反馈环结构分析，确定反馈环的关键变量、调控变量和调控因果链，并根据调控因果变量及调控因果链的极性，确定政策作用的杠杆点和切入点，形成核心结论。本方法是生成促进社会经济系统发展的管理策略的一个规范化方法。

本章将流位反馈环结构分析法应用于生态农业产业链生产系统的管理策略生成研究，通过农业生态产业链系统生产系统的反馈环结构分析，结合社会经济系统整体策略生成原则，提出具有针对性的生态农业产业链系统管理策略。

第 8 章　生态农业区域规模化经营系统策略仿真模型

生态农业的规模化经营涉及规模化生产所需农地的获得、生态养种技术的采纳、生态农产品溢价收益的实现、环境的可持续性等诸多问题，是一个动态的复杂过程。本章以银河杜仲生猪规模养殖生态农业系统为例，构建生态农业规模化经营系统动力学模型；基于系统动力学仿真实验方法，对三项生态农业规模化经营政策："扩大生态农业系统种植业生产规模、提高生态农业技术水平、完善绿色生态农产品市场"，并设置相应的政策参数。

8.1　生态农业区域规模化经营系统仿真模型的建立

本节首先明确生态农业区域规模化经营目标，分析生态农业规模化经营系统构成及各子系统反馈关系，构建生态农业规模化经营子系统图；然后以银河杜仲生态农业规模化经营为例，采用流率基本入树法构建生态农业规模化经营动态系统的系统动力学流图模型；最后借助系统流率基本入树模型所描绘的各变量间的线段性复杂关系，根据系统动力学流位、流率变量方程特性，建立模型变量方程，构建系统仿真模型。

8.1.1　明确系统目标

我国的生态农业同时担负着缓解农村环境污染、能源短缺、促进农民增收的三重任务，是现代农业的可持续发展模式。然而，现行农村家庭联产承包责任制下土地的零散细碎化生产方式，以及生态农产品市场不健全导致的绿色农产品价值优势难以转化为价格优势，溢价收益难以实现，致使已有的生态农业典型示范工程推广困难。因此，拓宽传统生态农业小范围小规模自我循环的小型农业系统模式，促进生态农业规模化发展，是我国现代农业发展的需要。

对于生态农业的规模化经营问题，国内已有文献主要围绕生态农业规模化经营的意义论证及模式探索展开，围绕扩大土地经营规模、提高生态农业生产的组织化、开发特色生态农产品及品牌化推广、开发生态农业技术等方面提出对策建议。然而，生态农业的规模化经营，涉及规模化生产所需农地的获得、生态养种技术的采纳、绿色生态农产品的溢价实现、生态农业主体增收等诸多问题，是一个动态的复杂过程。动态系统中的决策是一系列决策，这一系列决策制定应遵循一定的规律和原则，系统动力学中称此规则为系统的政策。复杂系统中一项政策实施后，通常会出现反直观的后果。因此政策实施效应的预测评价问题，是生态农业规模化经营的重要问题之一。

系统动力学动态仿真技术是分析动态复杂性行为，模拟预测政策作用效果的有效方法。本章采用系统动力学仿真方法，对扩大生态农业系统种植业生产规模、提高生态农业技术水平、完善绿色生态农产品市场三项政策，设立相应的政策参数；通过调控政策参数，对三项生态农业规模化经营政策的经济、生态及社会效益目标实施仿真实验，提出针对性的具体政策措施。

8.1.2 构建生态农业规模化经营子系统图

建立生态农业规模化经营系统动力学模型的目的在于：运用模型，通过政策参数调控，进行"扩大生态农业系统种植业生产规模、提高生态农业技术水平、完善绿色生态农产品市场"三项政策实验，模拟分析各项政策对生态农业养殖规模、农地环境及主体收益的作用，并提出针对性的具体政策措施。

随着以规模养殖户为主体的农村养殖业规模化发展迅猛，生态农业的规模化经营需考虑有效组织与规模养殖相匹配的规模化种植。在现行家庭联产承包责任制下，规模养殖主体自有土地有限，养殖业和种植业之间关系断裂。扩大生态农业系统种植业生产规模，可以由规模养殖主体开垦荒山地或通过区域内土地流转，将大量分散的农地纳入养种循环的规模化生产范围，通过区域化的养种循环生产，消除养殖废弃物污染和种植业化肥污染，生产绿色能源和生态农产品；生态农业技术水平主要涉及沼液种植、沼气综合利用技术的提高；应对绿色生态农产品市场，可以通过销售环节的规模化、产品的品牌化建设等提高产品的市场认可度，促进养、种主体共同增收。

据此，确定生态农业规模化经营不仅要考虑由养殖、种植、废弃物资源化处理构成的生态农业规模化生产子系统，还需要考虑生态农产品和清洁能源组成的生态农业供给子系统，以及生态农产品需求与生态农业主体增收子系统。各子系统之间通过物质、能量的流动，形成一个动态反馈的复杂系统 (图 8-1)。

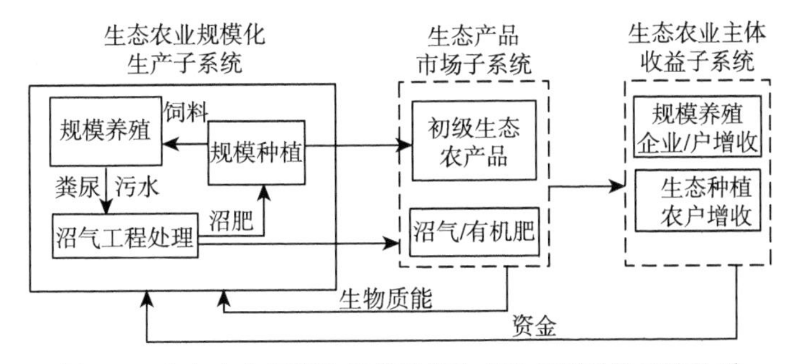

图 8-1 生态农业规模化经营系统构成及各子系统反馈关系

8.1.3 研究案例银河杜仲规模养殖区域生态农业系统边界的确定

银河杜仲生猪规模养殖区域生态农业产业基地，地处江西省萍乡市芦溪县银河镇，2008 年建成投产，占地 40hm^2，利用当地杜仲叶资源养殖特色杜仲猪。2013 年存栏母猪 1618 头，出栏仔猪 2.68 万头，杜仲肉猪 6700 头。2008~2014 年，项目团队在养殖场自有 40hm^2 范围内，设计并逐步实施如图 8-2 所示的以开发沼气能源、吸收消纳沼液为目标的养种循环生态农业模式，通过生猪沼液、有机肥的开发和利用，在养殖场区内有效地将养殖、种植有机结合起来，实现绿色养殖、绿色种植。

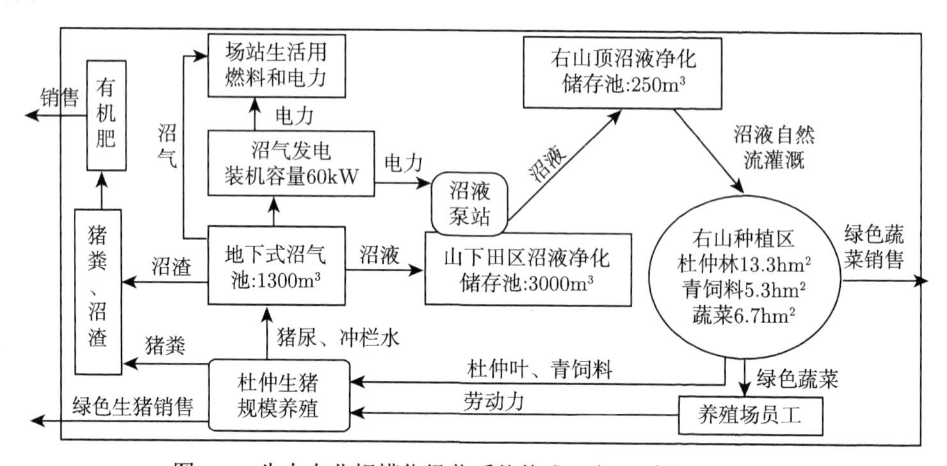

图 8-2 生态农业规模化经营系统构成及各子系统反馈关系

8.1.4 银河杜仲规模养殖区域生态农业系统流图模型

系统动力学模型是以流位变量为中心，以流率变量为驱动的模型结构，其基本单元是流位变量直接或通过辅助变量控制流率的子图，这种基本单元子图就是流率基本入树。流图是由这些基本单元复合而成，因此建立系统结构流图模型可首先建立系统流率基本入树模型。

这里以年“生猪出栏数”和“沼液种植面积”两个变量刻画生态农业生产子系统规模；以“剩余沼气排放量”、区域农地“磷污染警报值”两变量刻画区域农业污染；以“生态农产品收益”变量刻画实施生态农业主体增收。根据生态农业规模化经营特点以及银河杜仲系统的实际，在生态农业规模化经营系统反馈结构分析的基础上，确定描述生态农业规模化经营系统基本结构的七组流位、流率对(表 8-1)。

在此系统反馈结构框架基础上，根据实际，引入中间变量逐一建立以流率变量为树根的七棵流率基本入树 $T_1 \sim T_7$，得系统流率基本入树模型 (图 8-3(a)~(g))。

将上述 7 棵入树模型的相同顶点合并，可得到与之等价的系统结构流图模型(图 8-4)。

表 8-1 银河杜仲生态农业系统结构流位流率系

流位变量	对应流率变量
生猪出栏数 $L_1(t)$ (万头)	生猪出栏数变化量 $R_1(t)$ (万头/年)
沼液种植面积 $L_5(t)$ (hm^2)	新增沼液种植面积 $R_5(t)$ (hm^2/年)
饲料杜仲叶需求量 $L_2(t)$ (万 t)	饲料杜仲叶需求变化量 $R_2(t)$ (万 t/年)
猪尿产量 $L_3(t)$ (万 t)	猪尿变化量 $R_3(t)$ (万 t/年)
剩余沼气排放量 $L_4(t)$ (万 m^3)	猪尿产沼气量 $R_{41}(t)-$ 沼气综合利用量 $R_{42}(t)$ (万 m^3/年)
区域农地 P_2O_5 负荷 $L_6(t)$ (t/hm^2)	农地 P_2O_5 负荷变化 $R_6(t)$ (t/hm^2 · 年)
生态农产品收益 $L_7(t)$ (万元)	生态农产品收益变化量 $R_7(t)$ (万元/年)

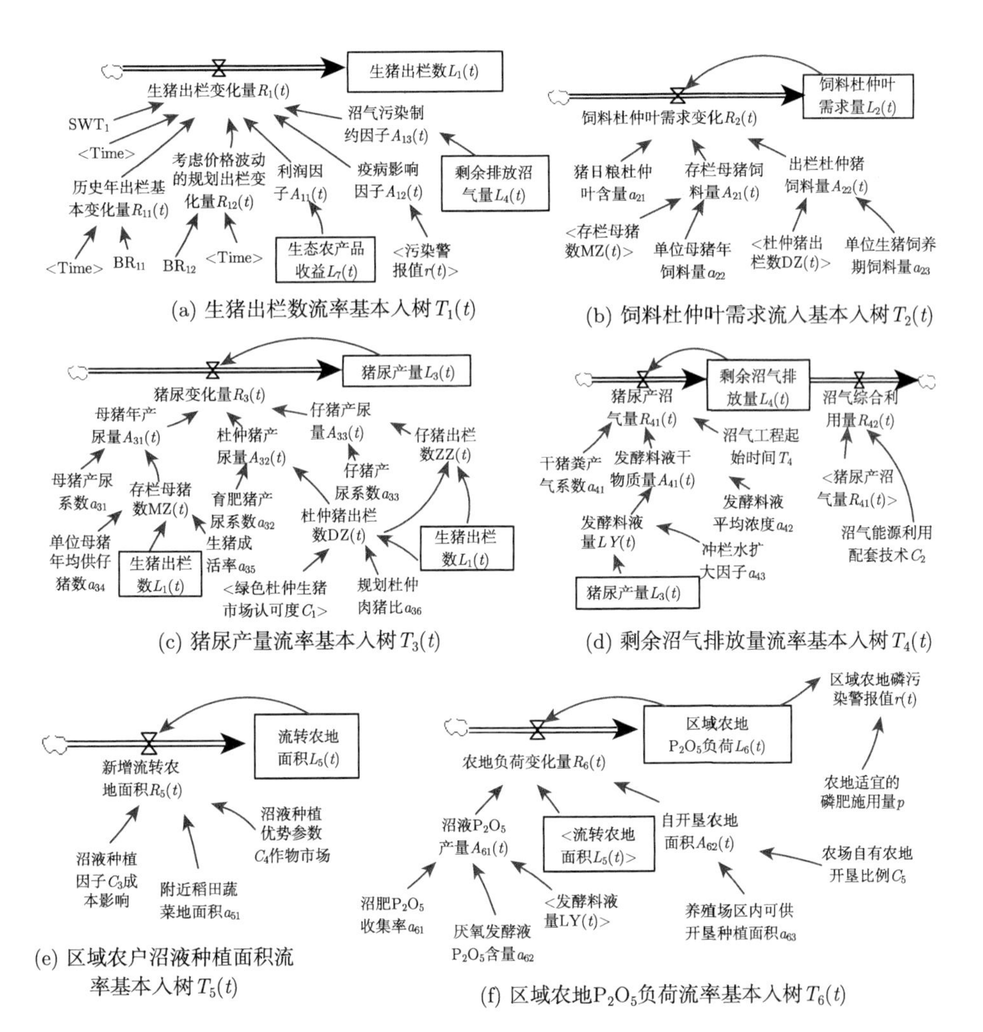

(a) 生猪出栏数流率基本入树 $T_1(t)$

(b) 饲料杜仲叶需求流入基本入树 $T_2(t)$

(c) 猪尿产量流率基本入树 $T_3(t)$

(d) 剩余沼气排放量流率基本入树 $T_4(t)$

(e) 区域农户沼液种植面积流率基本入树 $T_5(t)$

(f) 区域农地P_2O_5负荷流率基本入树 $T_6(t)$

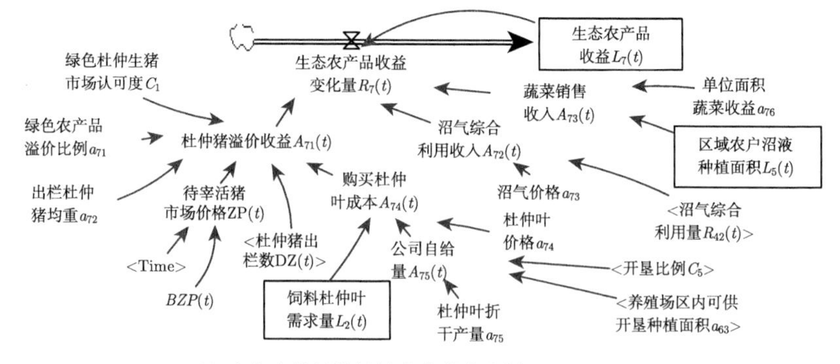

(g) 生态农业经济效益流率基本入树$T_7(t)$

图 8-3　生态农业规模化经营系统流率基本入树模型

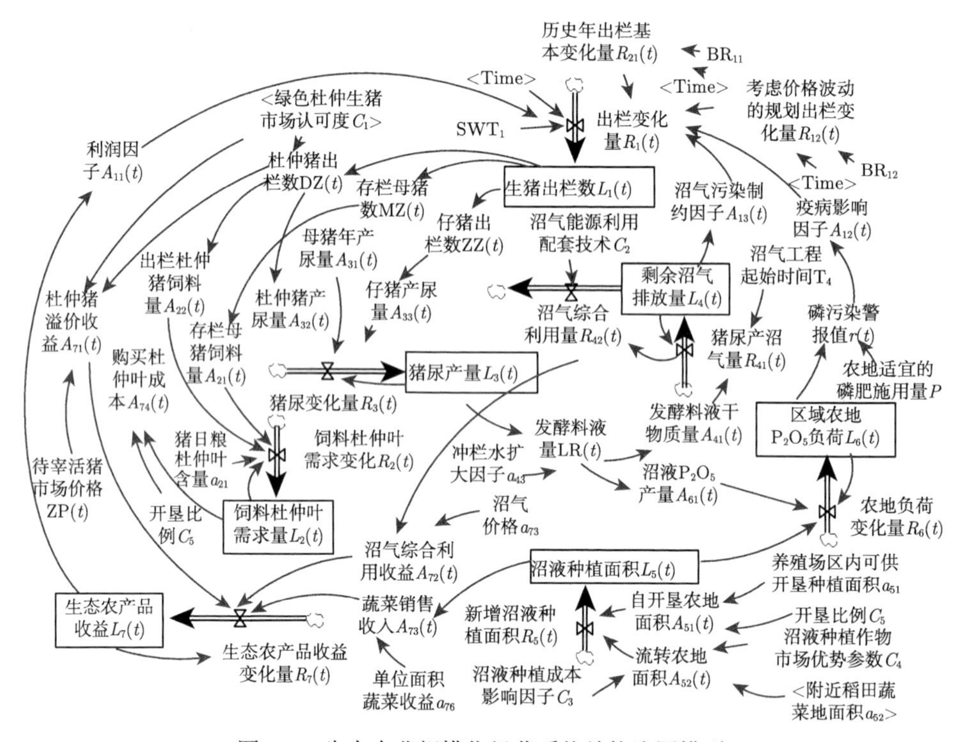

图 8-4　生态农业规模化经营系统结构流图模型

8.1.5　仿真方程的建立

仿真方程是模型中各直接相关变量间相互作用关系的函数表达，通常对于变量间的非线性复杂关系进行线段化处理。系统的流率基本入树模型直观地描绘了各变量间的直接影响关系，为建立仿真方程提供了清晰直观的思路。本节详细阐述七个流率变量及其相关的辅助变量仿真方程及其构建依据。

1) 生猪出栏变化量 $R_1(t)$ 方程

$$R_1(t) = \text{IF THEN ELSE}[\text{Time} < \text{SWT}_1, R_{11}(t), R_{12}(t) \times A_{11}(t) \times A_{12}(t) \times A_{13}(t)]$$

其中 $R_{11}(t)$ 为历史年出栏基本变化量，其方程为根据 2008~2014 年的年出栏数历史数据建立的表函数：$R_{11}(t) = \text{BR}_{11}(\text{Time})$。

Time	2008	2009	2010	2011	2012	2013	2014
BR_{11}/(万头/年)	1.2599	0.9353	0.1644	0.262	0.4425	0.3	0.7

$R_{12}(t)$ 为考虑价格波动的规划出栏变化量，是根据养殖规模发展的五年规划 (2015 年出栏 5 万头) 和十年规划 (2020 年 10 万头)，结合国内生猪市场的猪价波动规律建立的表函数：$R_{12}(t) = \text{BR}_{12}(\text{Time})$。

Time	2015	2016	2017	2018	2019
BR_{12}/(万头/年)	0.6	0.6	0.8	1.8	1.2

利润因子：

$$A_{11}(t) = \text{IF THEN ELSE}[L_7(t)/\text{DELAY1}(L_7(t)), 1, 0.35) > 1, 1.1, 0.8]$$

疫病影响因子：

$$A_{12}(t) = \text{IF THEN ELSE}[r(t) > 1, \text{EXP}(-\text{r}(t)), \text{EXP}(r(t))]$$

沼气污染制约因子：

$$A_{13}(t) = \text{IF THEN ELSE}(L_4(t) > 0, 0.9, 1)$$

2) 饲料杜仲叶需求变化 $R_2(t)$ 方程

$$R_2(t) = (A_{21}(t) + A_{22}(t)) \times a_{21} - L_2(t)$$

$A_{21}(t)$ 和 $A_{22}(t)$ 分别为存栏母猪、出栏杜仲猪饲料量，根据猪日粮指标及饲养规模计算：

$$A_{21}(t) = \text{MZ}(t) \times a_{22} \times 10000, \quad A_{22}(t) = \text{DZ}(t) \times a_{23} \times 10000$$

猪饲料中添加杜仲叶，增强生猪的防疫能力，减少饲养过程中抗生素的使用量，产出绿色猪肉是银河杜仲公司生猪养殖的特色。实测银河杜仲单位母猪年饲料量 a_{22}=1.1t/头，单位生猪饲养期饲料量 a_{23}=0.2749 t/头。

3) 年产猪尿变化 $R_3(t)$ 方程

由于母猪、育肥猪、仔猪产尿系数不同，故将年产猪尿量分为母猪年产尿量 $A_{31}(t)$、杜仲猪产尿量 $A_{32}(t)$ 及仔猪产尿量 $A_{33}(t)$ 三部分量。

$$R_3(t) = A_{31}(t) + A_{33}(t) + A_{32}(t) - L_3(t)$$

相关常量值：母猪产尿系数 a_{31}=2.555t/头，育肥猪产尿系数 a_{32}=0.6006t/头，仔猪产尿系数 a_{33}=0.0357t/头，单位母猪年均供仔猪数 a_{34} =20.7 头/年，生猪成活率 a_{35}=0.98，规划杜仲肉猪比 a_{36}=0.2。

4) 猪尿产沼气量 $R_{41}(t)$ 及综合利用沼气量 $R_{42}(t)$ 变量方程

猪尿产沼气量根据年产猪尿中发酵料液干物质总量 $A_{41}(t)$ 与干猪粪产气能量确定，而沼气综合利用水平取决于沼气能源利用配套技术 C_2。

$$R_{41}(t) = A_{41}(t) \times a_{41} - L_4(t), \quad R_{42}(t) = R_{41}(t) \times C_2$$

相关常数值：干猪粪产气系数 a_{41}= 257.3 m^3/t，发酵料液平均浓度 a_{42}=8%，冲栏水扩大因子 a_{43}=1.12。

5) 新增流转农地面积 $R_5(t)$ 方程

沼液种植成本及生态农产品市场优势共同影响着企业通过流转区域内农地，采用沼液种植的决策，在此采用加权平均的方式刻画这两个因素对流转农地面积 $A_{52}(t)$ 的影响。

$$R_5(t) = a_{51} \times (0.4 \times (1 - C_3) + 0.6 \times C_4)$$

C_3 为沼液种植成本影响因素，C_4 为沼液种植作物市场优势影响因素，分别刻画沼液种植成本、沼液种植生态作物的市场认可度对流转土地实施沼液种植积极性的影响，是这里设立的两个政策调控参数，其政策含义及取值范围在 4.2 节作详细描述。

相关常数值：附件稻田蔬菜地面积 a_{51}=80hm^2。

6) 区域农地 P_2O_5 负荷变化量 $R_6(t)$ 方程

规模化畜禽养殖粪便产生及排放集中，产出沼液含高浓度的氮、磷、氨氮及化学需氧量，后续好氧处理难度大且运行成本高昂。因此，目前沼液处理的主要出路是作为有机肥料还田，农地成为畜禽粪便沼液的负载场所。若与消纳沼液相匹配的农地不足，沼液中可溶解的有机物、氮、磷累积在区域环境中，年复一年的形成环境污染。这里采用单位面积农地 P_2O_5 负荷刻画农地污染情况。用于种植沼液的农地包括养殖企业自开垦农地 $A_{62}(t)$ 和流转农地 $L_5(t)$：

$$R_6(t) = A_{61}(t) / (L_5(t) + A_{62}(t)) - L_6(t)$$

其中，$A_{61}(t)$ 为沼液 P_2O_5 产量，根据厌氧发酵料液量 LY(t) 中的 P_2O_5 浓度 a_{62} 计算得到

$$A_{61}(t) = \mathrm{LY}(t) \times a_{61} \times a_{62} \times 10000$$

为养殖企业自开垦农地面积，取决于其自有的可供开垦的种植面积 a_{63} 及开垦比例 C_5：

$$A_{62}(t) = a_{63} \times C_5$$

开垦比例 C_5 是这里设立的政策调控参数之一，其政策含义及取值范围在 4.2 节作详细描述。

污染警报值 $r(t)$ 为农地 P_2O_5 实际负荷值 $L_6(t)$ 与其最大适宜的施用量 p 的比值，刻画了农地磷污染风险：$r(t) = L_6(t)/p$。相关研究认为：$r < 0.4$ 时，对环境不构成威胁，$0.4 < r < 0.7$ 时，对环境稍有威胁，$0.7 < r < 1$ 时，对环境构成威胁，$1 < r < 1.5$ 时，对环境构成较严重威胁，$r > 1.5$ 时，对环境构成严重威胁。

相关常数值：沼肥 P_2O_5 收集率 a_{61}=95%，厌氧发酵液 P_2O_5 含量 a_{62}=0.037%，养殖场区内可供开垦种植面积 a_{63}=30hm^2，农地适宜的磷肥施用量 p=0.08t/hm^2，表示农地 P_2O_5 施用上限。

7) 生态农产品收益变化量 $R_7(t)$ 方程

生态农产品收益指实施生态农业新增的收益，包括绿色杜仲猪的溢价收益 $A_{71}(t)$，沼气综合利用收益 $A_{72}(t)$，沼液种植蔬菜收益 $A_{73}(t)$：

$$R_7(t) = A_{71}(t) + A_{72}(t) + A_{73}(t) - L_7(t)$$

绿色杜仲猪的溢价收益：

$$A_{71}(t) = a_{72} \times \mathrm{ZP}(t) \times a_{71} \times C_1 \times \mathrm{DZ}(t) - A_{74}(t)$$

沼气综合利用收益：

$$A_{72}(t) = R_{42}(t) \times a_{73}$$

沼液种植蔬菜收益：

$$A_{73}(t) = L_5(t) \times a_{77}$$

购买杜仲叶成本：

$$A_{74}(t) = \mathrm{MAX}(0, (L_2(t) - A_{75}(t)) \times a_{75})$$

公司杜仲叶自给量：

$$A_{75}(t) = a_{63} \times a_{76} \times C_5$$

待宰活猪市场价格 ZP(t)：根据 2008~2014 年的历史价格，结合国内生猪市场价格波动规律建立表函数 (表 8-2)：$\mathrm{ZP}(t) = \mathrm{BZP}(\mathrm{Time})$。

表 8-2 待宰活猪市场价格表函数 BZP(Time)

Time	2008	2009	2010	2011	2012	2013	2014
历史价格	14.87	11.25	11.42	16.88	15.17	16.57	18.28
Time	2015	2016	2017	2018	2019	2020	/
预测价格	17.52	15.34	19.3	21.2	19.3	20	/

相关常数值：绿色农产品溢价比例 a_{71}=30%，出栏杜仲猪均重 a_{72}=105kg/头，沼气价格 a_{73}=1.58 元/m^3，杜仲叶价格 a_{74}=0.4 万元/t，杜仲叶折干产量 a_{75}=1.5 吨/hm^2，单位面积蔬菜收益 a_{76} = 0.9 万元/hm^2。

各状态变量初始值取仿真初年 t_0=2008 年实际值：$L_1(t_0)$ = 0.8902 万头，$L_2(t_0)$= 43.65 吨，$L_3(t_0)$=0.2346 万吨，$L_4(t_0)$=0 万 m^3，$L_5(t_0)$=0hm^2，$L_6(t_0)$= 0 t/hm^2，$L_7(t_0)$= 0.3525 万元。

8.2 生态农业规模化经营政策参数的设置与含义

系统动力学将实际系统中的数值范围在一定程度上受人控制的模型参数称为政策参数。通过调整某项政策参数可以进行相应的政策实验，分析该政策对系统输出结果的影响。针对“扩大生态农业系统种植业生产规模、提高生态农业技术水平、完善绿色生态农产品市场”三项生态农业规模化经营政策，根据银河杜仲生态农业规模化经营系统实际，在系统模型中设立相应的政策参数如下。

1. 扩大生态农业系统种植业生产规模政策参数

农场自有农地开垦比例 C_5，刻画规模养殖企业开发养殖场区内自有荒山坡地，实施沼液有机种植工程的程度。C_5 在 [0, 1] 上取值，其值越大表示开垦比例越大，$C_5 = 0$，表示企业未开垦荒山坡地实施沼液有机种植，$C_5 =1$ 表示养殖场区内 30hm^2 可供开垦荒山坡地完全实施了沼液有机种植工程。

沼液种植成本影响因子 C_3，沼液有机种植人工成本高于化肥农业种植，在当前农村劳动力大量外出务工的情况下，液种植成本尤其是人工成本对农户参与沼液农作物种植积极性影响很大。C_3 在 [0, 1] 上取值，其值越大表示沼液种植成本越高，企业沼液种植的积极性越低，为实施沼液种植而流转的农地面积越小。

2. 提高生态农业技术水平政策参数

沼气能源利用配套技术因子 C_2，指沼气池产气率、供气的稳定性以及沼气发电技术工艺完善程度等。C_2 在 [0, 1] 之间取值，其值越小表示沼气产气率、供气稳定性、沼气发电技术水平越低。沼气能源利用配套技术通过影响用作燃料和发电两种能源利用方式的实施，而影响着企业开发利用沼气资源的积极性。

3. 完善绿色生态农产品市场政策参数

消费者愿意为绿色农产品多支付一定的溢价，平均意愿溢价一般在 10%~20%，但消费意愿转化为实际消费行为的程度并不高

绿色杜仲生猪市场认可度 C_1，表示市场对杜仲猪肉较普通猪肉溢价 20% 时的接受程度。根据实际情况，设定 C_1 用正态分布函数刻画，其均值在 [0, 2] 内取值，平均值越小表示市场对杜仲生猪溢价的认可度越低。例：C_1= RANDOM NORMAL(0,2,0.5, 0.1, 0)，表示市场能接受的杜仲猪肉溢价平均值为 0.5×20% =10%，C_1= RANDOM NORMAL(0,2,1.5, 0.1, 0)，表示市场能接受的杜仲猪肉溢价平均值为 1.5×20% =30% 。

沼液种植作物市场优势参数 C_4，为实施沼液有机种植的收益调控参数。采用沼液种植有机农作物，减少甚至不使用化肥、农药，产出符合无公害、绿色和有机

标准的农产品。产品信息不对称导致市场认同度低，绿色农产品价值优势难以转变为价格优势。沼液种植作物的市场价格优势的实现程度，对实施沼液农作物种植积极性影响很大。C_4 在 [0, 1] 内取值，其值越大表示市场价格优势越明显，流转周边农地、开展沼液种植的积极性越高。$C_4=0$，表示绿色稻米、蔬菜销售价格优势难以实现，企业缺乏流转农地实施沼液种植积极性；$C_4=1$ 表示有机种植收益足够高，附近 80hm^2 稻田蔬菜地通过农地流转完全实施了沼液有机种植工程。

8.3 本 章 小 结

本章采用流率基本入树建模方法构建了生态农业规模化经营系统的包含 7 棵流率基本入树的模型，并将 7 棵流率基本入树的相同顶点合并，可得到与之等价的系统结构流图模型；详细阐述了 7 个流率变量及其相关的辅助变量仿真方程及其构建依据，最后针对“扩大生态农业系统种植业生产规模、提高生态农业技术水平、完善绿色生态农产品市场”三项生态农业规模化经营政策，根据银河杜仲生态农业规模化经营系统实际，在系统模型中设立了 4 个政策参数，并解释了它们的含义。

第 9 章　系统动力学仿真模型的有效性检验

基于系统动力学反馈结构与仿真实验生成复杂系统管理策略，是在所构建的系统动力学模型基础上进行的。模型建好后，建模者以及模型的应用者常常都很想知道：这个模型对不对？能不能相信模型对系统未来模拟的模拟结果？这就是模型的有效性检验问题。

9.1　系统动力学模型检验的含义

Forrester 强调系统动力学模型的目的不是对未来的预测，而是探索与揭示问题产生的潜在机制并寻求解决问题的关键策略。模型的模拟结果显示了在当前系统结构下系统行为的未来发展趋势。所谓系统结构，就是系统内部因果关系，那些不受控制的外因没有包括在模型里，所以，模型的模拟结果可能和实际结果有一定的差异。例如，研究农产品产量，我们会考虑耕种面积变化和亩产量变化，但是不会考虑每年气候不同，所以模型模拟结果与历史数据可能有所差异。但是模型模拟结果已经可以揭示系统存在的关键问题，并在此基础上给出政策建议，那么模型的作用就达到了。

Sterman(2000) 的《商务动态分析方法 —— 对复杂世界的系统思考与建模》中也指出，“all models are wrong”(所有模型都是错的)。他认为现实世界如此纷繁复杂，没有一个模型能够完全把现实的细节都模拟出来，每一个模型都是对现实世界的简化。在这样的前提下，模型检验的最基本问题不是模型是不是正确，而是这个模型是不是有用，能否帮助客户理解、分析和解决所面对的问题。模型是对现实的模拟，确切地说，是对我们感知的现实的模拟。为了验证模型的可用性，我们必须确定在现实中观察到的规律、法则在模型中仍然成立。因此，所谓模型检验，就是要考量模型的前提假设，看它们是否恰当，是否符合模型所研究的问题。因此，模型检验要有一定的程序和步骤，要带着问题去做，观察在模型的前提假设下的仿真结果是否符合关于问题的定性描述。通过检验尽可能多地发现模型漏洞并反复修改，直到满意为止，此时即可认为模型是有效的。

对于模型有效性，Barlas 主张区别两种不同的模型，一种是基于数据相关性的模型，另一种是基于因果关系的模型。

基于数据相关性的模型，例如统计模型、计量经济模型、规划模型等，没有提出系统结构的因果关系，仅仅关注于模型的输出值是否在一定程度上与真实数据相符，因此此类模型最常用的检验方法为统计学方法。

基于因果关系的系统动力学模型检验与基于数据相关性的统计检验不同，系统动力学中的模型仿真结果不仅要能够重现系统行为，而且要能够解释系统行为产生的过程，提出改变系统现有行为的方法的可能性。所以如果将模型产生行为与所观测的真实系统行为相比较，进行模型行为检验在系统动力学中是不足以说明模型的有效性的。

系统动力学模型的检验应该包括两个方面：模型结构检验和模型行为检验。

Barlas 长期致力于模型结构检验规范方法的研究。他提出两类模型检验方法：直接结构检验和间接结构检验 (即针对系统结构的行为检验，Structure-oriented behavior test)。直接结构检验通过直接与有关真实系统结构知识的比较检验模型结构的有效性，该检验不需要模拟计算，本质上属于定性的检验方法。正对系统结构的行为检验方法是检验模型产生行为模式是否合理。该类方法需要计算机模拟，属于定量的检验方法。面向结构的行为检验与直接结构检验相比，其主要优势在于更易于规范化和量化。下面概述这两类方法。

9.2 直接结构检验方法

直接结构检验包括对模型结构、参数、边界和量纲的评估。这里仅介绍常用的系统边界检验和量纲检验。

9.2.1 系统边界检验

系统边界检验主要是检查系统中重要的概念和变量是否为内生变量，同时检验系统的行为对系统边界假设的变动是否敏感。

系统边界的确定主要取决于所研究和关心的变量，以及时间的跨度。进行系统边界检验，一方面可以同专家会谈、向相关人员咨询和交谈，也可以实地考察。根据专家意见、相关人员意见和观点来进一步了解所要研究的系统，进而确定哪些要素应该包括在所研究的系统中。另一方面可以通过添加或去掉某个变量，观察系统是否能够形成闭合的回路。如果目前的变量不能形成回路，那么说明系统的边界应该扩大。在构成回路的前提下，可以通过逐个添加和去除某个变量，观察系统的行为是否会因之而发生较大变化，对于那些对系统行为影响很大的变量，其作用规律是内生的还是外生的，一定要与现场工作人员或相关人员沟通，征求实际管理者的意见。

通常确定系统边界可以根据研究目的，先确定系统重要的流位变量，并进一步确定同这些流位变量相关的流率变量，即首先确定系统的流位流率系结构；之后确定流率变量的变化规律及刻画变化规律涉及的辅助变量。这样，以状态变量为中心就可以比较容易地确定系统的边界。本书第 7 章和第 12 章系统流图模型边界的确定均采用此方法。

9.2.2 量纲一致性检查

要建立一个有效的模型，就必须注意计量单位。首先，建模者应该选择合适的单位，让模型的使用者能清楚地明白变量的含义。然后，检查方程，确保变量以内部协调一致的方式组合在一起，且方程两端量纲要组合结果一致。系统动力学强调量纲的重要性。Forrester(1961) 在其《工业动力学》一书中就注意到，量纲分析在指导工程和物理科学中的方程式书写方面发挥着重要作用。他认为，同样的标准应该应用于新兴的系统动力学领域，应该准确地注明所有变量和常数的单位并检查其一致性。他提醒我们 "在这点上的粗心会导致许多不必要的混乱"。他建议 "在较长的建模过程中，定期检查量纲为检验代数方程的准确性提供了快速的检查方法"。他还指出，量纲正确的方程不一定正确，但是，"量纲不正确的方程永远都是一无用处"!

因此，建模者一开始就要花时间把变量单位弄准确，在构建模型时，总是为每个变量确定量纲，并养成定期检查变量单位的习惯。例如每个流率变量的单位都是其流位变量的单位除以所选择的时间单位来度量。如果流位变量以 kg 为单位，时间以年计，那么所有的流入率和流出率都将以 kg/年来计。

Vensim 软件包括了自动的量纲分析功能，可以使用命令按钮测试模型中的量纲。然而。运行量纲一致性检查为生成错误信息的模型并不一定就通过了检验，每一个方程必须在没有调用无实际意义参数 (或比例因子) 的情况下，保持量纲前后的一致。找到杜撰的无实际意义的参数的唯一方法是直接检查方程，有着无意义的名称、奇怪的单位组合 (如千克 ^{2}/元/年 ^{3}) 的参数或者取值为 1 的带单位参数都是可疑的。

9.3 针对系统结构的行为检验方法

系统动力学模型的主要目的是研究系统的行为特征，分析系统的结构。一个模型通过了直接结构检验，还不能说明这个模型就有效地描述了这个特定的系统。需要检查各种情况下，模型的逻辑关系是否都能够正确反映现实世界的情况，这需要通过面向系统结构的行为检验来进行。与直接结构检验不同，面向结构的行为检验需要运行模型，所用的是定量检测的方法，结合结构检验和定量检验方法的优势，对模型结构和行为进行双向连接，因此成为模型检验的重要内容。

模型检验实质上是一个证伪的过程，但是想要从方方面面来证明模型中存在的漏洞是不可能的，因此全面的检验既不便于操作也没有必要。一般情况下做几种重要的检验就可以了。比较常用的结构行为检验包括：现实性检验 (又称行为重现检验)、极端情况检验、敏感性检验。

9.3.1 现实性检验

现实性检验是检验模型与实际一致性的方法，通常就是看系统模拟的行为是否能复制历史数据 (时间序列)，重现系统行为。模拟曲线与时间序列的吻合有两种情况：一是绝对数据的吻合，二是趋势 (即系统行为) 的吻合。后者往往更为重要，因为系统动力学模型就是以系统微观结构为基础的模型，结构决定系统的行为特征，而趋势是行为的重要标志。

这里有两个问题需要说明一下。第一个问题是历史数据拟合程度与模型的合理性。

John Sterman 同时用 Logistic 曲线 (S 型增长) 和 Gompertz 曲线 (指数增长) 估计美国有线电视用户的增长趋势，发现两个模型对 1969~1994 年的美国有线电视用户数量都能很好地拟合，但对未来的预测 Gompertz 曲线与 Logistic 曲线得到的结果相差很大：到 2020 年，使用 Gompertz 曲线得到预测数据是 Logistic 曲线预测数据的两倍多。据此，他认为，模型重复历史数据的能力并不意味着模型就很有效。同样，模型对个别历史数据的拟合效果差，也不意味着模型就没有用。同历史数据的契合程度仅仅是判断模型优劣的一个方面，更重要的判断标准是模型的结构和实际问题的结构是否相符。而实际问题的结构由模型的使用者或所研究问题涉及的相关人员根据业务经验来定义。因此，建模者在构建系统动力学模型前，需要通过访谈、调研等方式，进行相关领域的学习，最后做出正确的模型结构判断。

第二个问题是关于仿真结果与历史趋势 (行为) 的吻合问题。关于这个问题，A. Ford(1999) 在其著作 *Modeling the Environment: An Introduction to System Dynamics Modeling of Environmental System* 中指出对于采用大量的内生变量而只有有限的外生变量的模型来说，历史趋势的检验特别适用。本书中的模型都属于此类型，因为它们都是使用系统动力学方法构建的，这种方法鼓励我们模拟系统中的反馈回路。这些模型一般会自行生成动态模式。对这些模型来说，内部生成的模式与历史行为的匹配性都是一项非常重要的检验，这也是现实性检验的意义所在。

但是，并非所有模型都采用强调反馈的系统动力学方法。许多模型构建时很很少注意系统的反馈回路结构，并且，在某些情况下，模型可能一个反馈回路都没有，例如计量经济模型。这种极端情况下，每个变量都是外生变量。对这种模型，现实行为的检验是没有意义的。因为，如果使模型的所有输入都遵循历史趋势，显然“输出”也将与历史相匹配。

9.3.2 极端情况检验

模型极端情况检验主要用来检验模型中方程是否稳定可靠，是不是在任何极端的情况下都能反映系统的变化规律或决策者的意愿。虽然极端情况在现实中极少发生，但是它保证了模型的逻辑正确性，也确信了在各种情况下，模型都是完善的，即模型具有鲁棒性。

极端情况检验的方法通过模型对冲击所做出的反应来判断。所谓冲击，是指把模型中的某个或某几个变量 (包括参数) 至于极端情况，例如取 “0” 或取无穷大。

进行极限情况检验的步骤如下：① 先把模型的某个参数的取值改变到某种极端情况；② 根据实际经验来判断在这样极端的情况下，所观察的系统变量会发生什么样的行为；③ 运行模型，得到模型的模拟结果；④ 比较模型的模拟结果和预想的系统变量行为是否一致。如果一致，则模型通过了这个极端情况检验；如果不一致，那么模型可能存在问题，需要修改。

9.3.3 敏感性分析

模型的敏感性通常可以分为 3 类：第一类是数值敏感，第二类是行为模式敏感，第三类是政策敏感。

数值敏感就是参数 a 的变化仅仅导致了变量 $v(t)$ 在数值上的变化，而没有引起变量 $v(t)$ 行为模式的变化。变量 $v(t)$ 在参数 a 变化前呈现出来的行为模式 (如先增后减，S 型增加，等等) 没有发生变化。当一个参数的数值发生了变化，通常会引起其他变量数值上的变化；否则，如果参数 a 的变化没有引起其他变量数值上的变化，则需要研究是哪些反馈使参数 a 的变化没有在其他变量中表现出来，同时也应该考虑模型中是否需要 a 这个参数。如果无论 a 取何值，都不会影响其他变量，那么 a 存在的意义就不大了。

行为模式敏感就是参数 a 的变化导致变量 $v(t)$ 行为模式的变化。例如，从单调增加的变化行为变为振荡的行为模式。

政策敏感就是参数 a 的变化导致变量完全相反的行为模式。例如，从单调增加的变化行为变为单调递减行为模式。

对系统动力学模型来说，模型的目的不是精确预测未来，所以一般可以接受数值敏感。

通常，系统动力学敏感性分析是为了了解模型的一般行为模式是否会受到不确定参数改变的强烈影响。

敏感性测试具体有两种方法。

方法一：选择一个不确定参数，改变其估计值，例如可以取其最大可能值、最小可能值，运行模型，之后比较模拟结果，看参数值的改变是否导致模型的行为发生重要的变化。如果在许多不同的模拟中都能持续地看到同样的一般行为模式，就说这个模型通过了敏感性测试，是稳健的。

方法二：用 Vensim 软件中敏感性测试，在参数的一定取值范围内，软件随机运行多次 (系统默认值是 200 次，当然也可以根据需要重新设置次数)，然后看这些运行的分布情况。结果分析同方法一相仿，如果运行结构都只呈现出数值敏感性，而没有呈现出行为模式的敏感性或者政策的敏感性，就可以说，模型的运行结果通过了这个敏感性测试 (本书第 13 章中对模型的检验就采用了这种敏感性测试方法)。

在研究生态农业系统时，稳健的模型很有用，因为生态系统的模型中很可能充满高度不确定的参数。当模型中大量利用了局部信息以及建模者的直觉判断时，肯定会有许多不确定参数充斥其中，所以，了解模型突破极限的趋势是否稳健是非常重要的。

这里还要补充一点，模型的敏感性分析不仅可以检验模型的稳健性，同时会加深对模型的了解，哪些参数的变化会引起模型行为较大的变化，哪些参数的变化引起模型行为较小的变化，原因是什么。在敏感性检验后，经常能发现新的政策作用杠杆点，在现实中通过某些举措，改变了模型中的敏感参数，可以获得很大的收益。

本书第 10 章和第 13 章的模型检验分别采用了现实性检验、极端情况检验、敏感性分析的方法。

9.4 政策影响检验

通过改变分配给 “政策变量” 的值多次运行模型。这些模拟将揭示政策的变化是否能导致模拟的系统行为发生我们想要的变化。如果发现政策检验是有希望的，就可以应用敏感性分析来看赋予不确定参数在一个较大范围内变动时，政策是否能正常运行，还可以引入随机性来产生一个更符合现实的政策分析假定。如果政策分析的结果令人鼓舞，就可能期望用更详细的方式来定义政策变量。

例如 4.6 节中对泰华规模养殖循环生态农业区域沼气综合利用、沼液与灌溉用水分流、冬闲田与旱地蔬菜种植三项策略，通过设置 “政策变量” 分流工程实施参数、种植工程实施参数、沼气燃料开发参数和沼气发电工程实施参数，并为这些参数赋予不同的值，分别运行模型，进行比较分析，检验三项策略对系统的影响。

第 10 章也将通过政策参数调控，对政策影响效果进行检验。

这里要指出 “政策检验” 与” 敏感性检验” 之间的区别。就检验过程而言二者是一样的，即改变参数值，重新运行模型，比较模型运行结果。二者的不同之处在于参数的性质发生了变化。在政策检验中，在结构控制下改变参数值；而敏感性检验中，参数超出了建模者的控制。

9.5　本 章 小 结

本章介绍了系统动力学模型检验的含义与具体方法。系统动力学仿真流图模型是基于因果结构关系的模型，其检验与基于数据相关性的统计检验不同，系统动力学中的模型仿真结果不仅要能够重现系统行为，而且要能够解释系统行为产生的过程，提出改变系统现有行为的方法的可能性。

系统动力学模型的检验应该包括两个方面：模型结构检验和模型行为检验。

第 10 章我们将以银河杜仲规模养殖区域生态农业系统仿真模型为例，展示在系统管理策略仿真试验前，如何对模型进行有效性检验。

第10章　银河杜仲规模养殖区域生态农业系统经营策略仿真

本章利用所建生态农业规模化经营系统的系统动力学模型，通过调整政策参数进行相应的政策实验，分析三项政策对生态农业的经济、生态及社会效益目标的影响。在进行银河杜仲规模养殖区域生态农业系统经营策略仿真试验前，先对模型进行有效性验证。

10.1　银河杜仲生态农业系统仿真模型检验

模型只是现实系统的抽象和近似，构建的模型能否有效代表现实系统，直接决定了模型仿真和政策分析质量的高低。因此，本章在进行银河杜仲规模养殖区域生态农业系统经营策略仿真试验前，对模型进行有效性验证。

10.1.1　现实性检验

系统动力学模型的主要目的是研究系统的行为特征。因此，一个有效的模型需要能很好反映现实行为趋势。为此进行现实性模拟测试，根据模拟结果从定性的角度对比模拟结果与实际情况是否相吻合。

测试 1　沼液的工业化好氧净化处理成本高昂，养殖企业无法承受。随着养殖污染压力加大，为解决养殖污染问题, 银河杜仲自 2009 年开始开垦养殖场内荒山坡地实施沼液种植。至 2015 年初, 场区内 30hm^2 荒山坡地的开垦比例达 84%, 实施沼液种植, 其中包括 13.3hm^2 杜仲林地和 12hm^2 蔬菜地, 有效地缓解了沼液直接排放导致的农地污染, 生猪养殖规模在 2015 年前保持稳定增长。

为检测模型能否刻画这一现实, 采用 Vensim 测试函数 RAMP({slope}, {start}, finish}) 设开垦比例 $C_5 = 0.0044 + \text{RAMP}\,(0.119, 2008, 2015)$, 表示对场区内沼液种植面积由原先零星的 0.13hm^2 蔬菜地 ($C_5 = 0.0044$) 逐步增加至 2015 年初的 25.3hm^2。图 10-1 给出了农地磷污染警报值 $r(t)$ 与生猪出栏数 $L_1(t)$ 的仿真结果。

从图 10-1 仿真结果可以看出, 曲线 1 所示 “区域农地磷污染警报值 $r(t)$” 自 2009 年开始下降，说明企业逐步开垦养殖场内荒山坡地实施沼液种植后, 区域农地磷污染情况得到改善，环境污染风险降低；但随着曲线 2 所示生猪出栏数 $L_1(t)$ 的快速增长，2015 年后污染警报值超过了 1.5 且逐年升高，沼液对环境构成严重威胁, 同时生猪增速因受到污染导致的疫病威胁，增速放缓。这个仿真结果符合现实，此现实性测试通过。

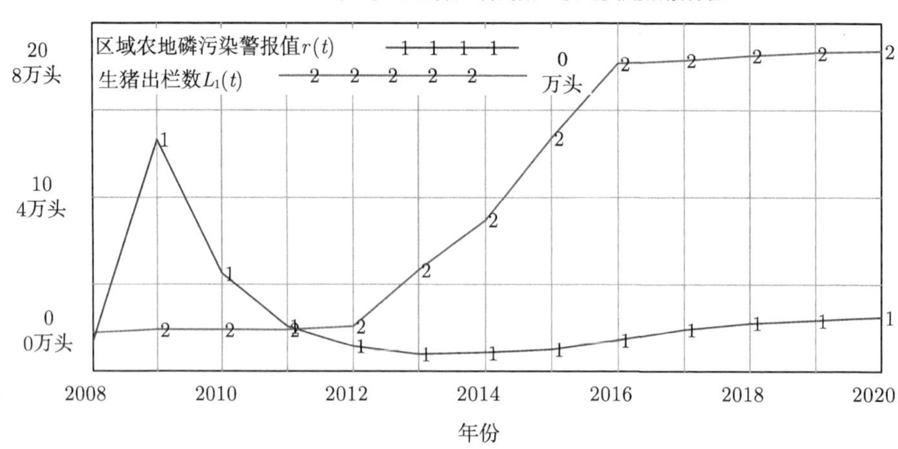

Time	2008	2009	2010	2011	2012	2013	2014	2015	2016	2017	2018	2019	2020
$r(t)$	1.63	13.28	5.59	2.57	1.38	0.95	0.99	1.23	1.7	2.32	2.73	2.93	3.04
$L_1(t)$/万头	0.89	0.96	0.96	0.96	1.01	2.29	3.43	5.33	7.04	7.13	7.23	7.32	7.36

图 10-1 开垦场区内荒山坡地实施沼液种植的现实性测试

测试 2 市场对杜仲猪肉溢价的接受和购买程度提高，将提高养殖收益，从而促进杜仲生猪的养殖规模扩大。

为检测模型能否刻画这一事实，设立测试方案：绿色杜仲生猪市场认可度 C_1 的均值由初始 0.5 变为目前的 1，即市场对杜仲猪肉能接受的由平均溢价 10%增加到 20%，杜仲生猪的溢价收益及其出栏数比较仿真结果如图 10-2 所示。

从如图 10-2 所示仿真结果可以看出，绿色杜仲生猪市场认可度 C_1 值提高 1 倍以后，杜仲溢价收益提高 (图 10-2 曲线 1→ 曲线 2)，杜仲猪出栏数也高于初始状态 (图 10-2 曲线 1→ 曲线 2)，符合现实，此现实性测试通过。

测试 3 沼液种植成本尤其是人工成本对农户选择实施沼液农作物种植积极性影响很大。沼液种植成本越高，实施沼液种植农地面积越少，农地 P_2O_5 负荷越高，污染越严重。

为检测模型能否刻画这一事实，设立测试方案：沼液种植成本影响因子 C_3 有 1 减小到 0.5，即种植成本下降 1 倍，流转农地面积和污染警报值的比较仿真结果如图 10-3 所示。

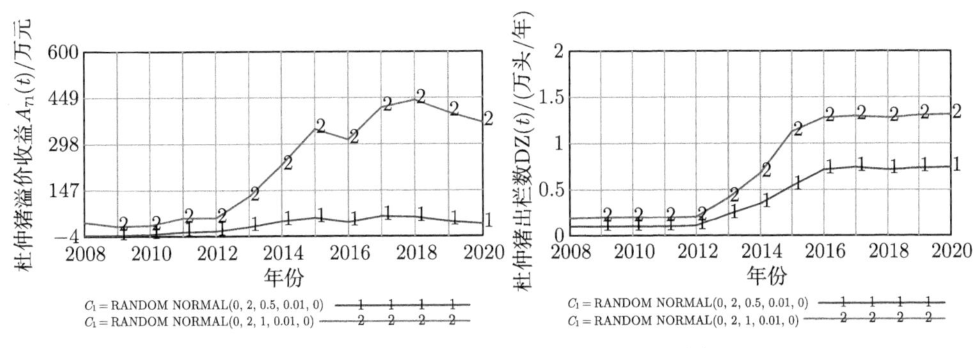

图 10-2　杜仲猪肉市场认可度提高 1 倍的现实性测试

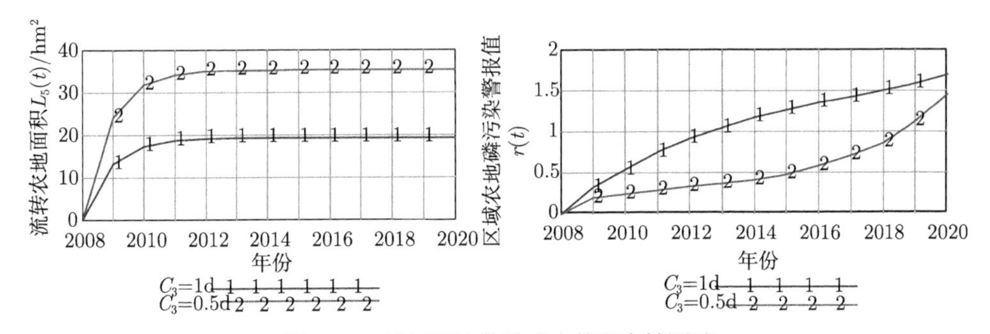

图 10-3　降低沼液种植成本的现实性测试

从仿真结果可以看出，沼液种植成本影响因子 C_3 减少 1 倍，流转农地面积 $L_5(t)$ 增加 (曲线 1→ 曲线 2)，区域农地 P_2O_5 负荷的污染警报值风险值 $r(t)$ 较初始状态下降 (曲线 1→ 曲线 2)。这符合现实，此现实性测试通过。

10.1.2　极端情况检验

极端情况测试主要用来检测模型中方程是否稳定可靠，是不是在任何极端的情况下都能反映现实系统的变化规律或决策者的意愿。通过将系统中某些变量取极限值，然后进行模拟、观察系统行为的反应、看其与现实是否相符。

考虑沼液有机种植面积降为 0 的极端情况。在建立的模型中，令农场自有农地开垦比例 $C_5 = 0$，沼液种植成本影响因子 $C_3 = 1$，沼液种植作物市场优势参数 $C_4 = 0$，得到如图 10-4 所示的仿真结果。

从仿真结果可以看出，若沼液有机种植面积降为 0，区域农地 P_2O_5 污染警报风险值无限增大 (曲线 1)，生猪养殖业规模变化量为 0，即在污染引发的疫病影响下，养殖规模最终不能增长 (曲线 2)。这个结果是现实的，模型能够刻画这一自然规律，极限测试通过。

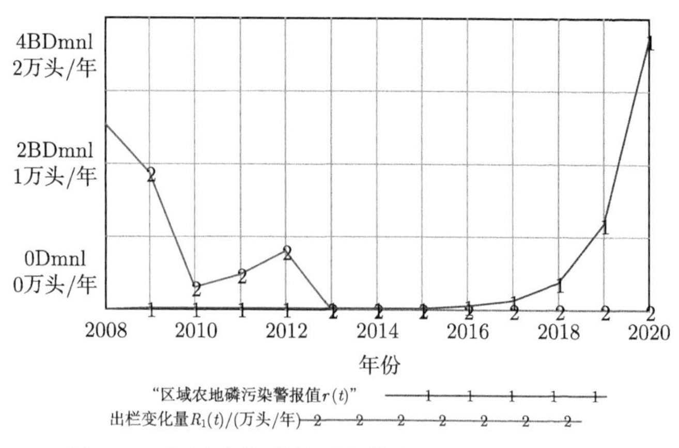

图 10-4 沼液有机种植面积降为 "0" 后的极限测试

10.2 生态农业规模化经营政策仿真与结果分析

本节利用所建生态农业规模化经营系统的系统动力学模型，通过调整政策参数进行相应的政策实验，分析三项政策对生态农业的经济、生态及社会效益目标的影响。

仿真步长 DT 设为 0.25，仿真时间区间设为 2008~2020 年，调控参数初始值按 2012 年实际现状取值：绿色杜仲生猪市场认可度 $C_1 = \text{RANDOM NORMAL}\ (0, 1, 0.3, 0.01, 0)$，表示对杜仲猪溢价 20%平均认可度为 30%，即可接受的杜仲猪溢价平均值为 $20\% \times 0.3 = 6\%$；沼气能源利用配套技术 $C_2 = 0.4$，沼液种植成本影响因子 $C_3 = 0.98$，沼液种植作物市场优势参数 $C_4 = 0$，养殖企业自有农地开垦比例 $C_5 = 0.84$。

10.2.1 扩大生态农业系统种植业生产规模政策效果的仿真分析

生态农业生产规模的扩大有赖于与养殖规模相对应的沼液种植规模的扩大。当前农地制度下，规模种植业发展所需的农地可通过开发养殖场区内自有荒山坡地，以及流转区域农地这两项具体措施实现。为此，选择 "农场自有农地开垦比例 C_5" 和 "沼液种植成本影响因子 C_3" 两个政策参数，进行政策实验。通过调控参数 C_5 与 C_3 的值，模拟 "扩大生态农业系统种植业生产规模" 这一政策对区域农地磷污染、养殖业规模化发展的影响。

仿真方案：将 C_5 由 0.4 逐步调高到 1，表示养殖企业逐步扩大场区内荒山坡地开垦比例，直至完全开发 ($C_5 = 1$)；将 C_3 由 1 逐步下调至 0.2，表示沼液种植成本逐步下降。图 10-5 为此项政策实验的结果。

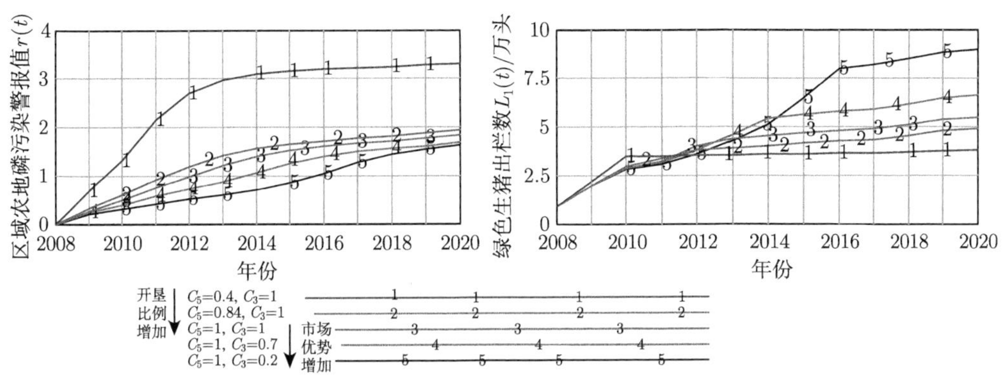

图 10-5 扩大生态农业系统种植业生产规模政策实验仿真结果

区域农地磷污染警报值 $r(t)$ 仿真结果显示：

(1) 养殖企业通过增加自有荒山坡地开垦，扩大养殖场区内沼液种植面积，可减轻沼液污染，降低农地 P_2O_5 污染风险等级 (曲线 $1 \rightarrow 3$)。

(2) 若企业开垦比例 C_5 保持目前开垦水平 0.84(曲线 2)，则在 2014 年前，污染警报值能控制在 1 以下，对环境威胁不大。

(3) 从长期来看，养殖场区内农地有限，随着养殖规模的扩大，农地承载力加大，污染警报值将持续上升，对环境构成严重威胁。

(4) 降低沼液种植成本，促进企业流转附近农地实施沼液种植，能有效减轻沼液污染，降低农地 P_2O_5 污染风险等级 (曲线 4 与 5)。

(5) 绿色生猪出栏数 $L_1(t)$ 仿真结果显示：扩大沼液种植规模，能有效地促进生猪养殖规模的扩大 (曲线 $1 \rightarrow 6$)。

10.2.2 完善绿色生态农产品市场政策效果的仿真分析

杜仲生猪和沼液种植作物为银河杜仲生态农业系统产出的绿色生态农产品。为此，选择“绿色杜仲生猪市场认可度 C_1”和“沼液种植作物市场优势参数 C_4”两个政策参数，进行政策实验。通过调控参数 C_1 与 C_4 的值，模拟“完善绿色生态农产品市场”这一政策对区域农地磷污染、养殖业规模化发展的影响。设立仿真方案：

方案 1 绿色杜仲生猪市场认可度低，沼液种植作物无市场优势：

$$C_1 = \text{RANDOM NORMAL}\ (0, 2, 0.5, 0.1, 0), \quad C_4 = 0$$

方案 2 绿色杜仲生猪市场认可度中等，沼液种植作物略有市场优势：

$$C_1 = \text{RANDOM NORMAL}\ (0, 2, 1, 0.1, 0), \quad C_4 = 0.4$$

方案 3 绿色杜仲生猪市场认可度高，沼液种植作物市场优势明显：

$$C_1 = \text{RANDOM NORMAL}\ (0, 2, 1.5, 0.1, 0), \quad C_4 = 1$$

(1) 图 10-6 的生态农产品收益 $L_7(t)$ 与杜仲猪出栏数 $\mathrm{DZ}(t)$ 的仿真结果显示：杜仲生猪市场认可度和绿色沼液种植作物市场优势的提高，增加了企业生态农产品收益，同时也提高绿色杜仲生猪的出栏数量，为消费者提供更多绿色猪肉产品。

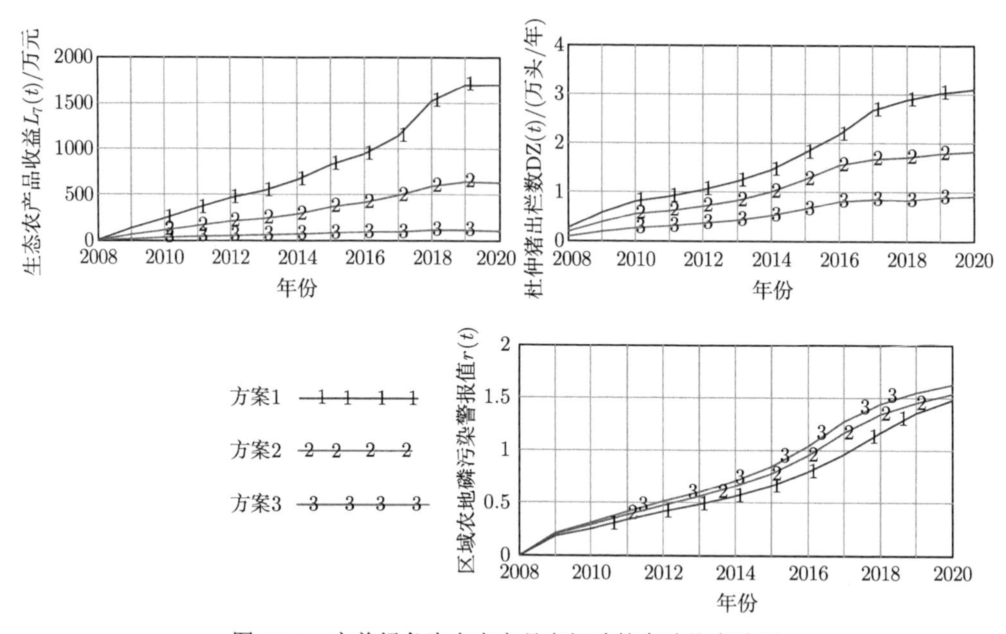

图 10-6 完善绿色生态农产品市场政策实验仿真结果

(2) 图 10-6 中区域农地磷污染警报值 $r(t)$ 的仿真结果显示：因生态农产品市场认可度的提高而提高了流转区域农地实施沼液种植的积极性，从而有效降低了农地污染。但若种植面积增长的速度不能与规模养殖增长的速度匹配，污染仍将加大 (曲线 2 与 3)。且从长期来看，由于区域内用于消纳沼液的农地不可能无限增加，因此养殖规模的扩大仍会使农地面临污染风险，如仿真曲线显示在 2017 年前后，区域农地磷污染警报值 $r(t)$ 超过 1，对区域农地构成严重污染。

10.2.3 提高生态农业技术水平政策效果的仿真分析

我们通过调控参数“沼气能源利用配套技术 C_2”，对此管理对策实施前后沼气污染及养殖规模发展情况进行仿真。设立仿真方案：

方案 1 沼气能源利用配套技术水平低：$C_2 = 0.4$；

方案 2 沼气能源利用配套技术水平高：$C_2 = 0.98$。

(1) 图 10-7 沼气排放量仿真结果显示：沼气利用配套技术水平提高，能有效促进沼气能源的综合利用，减少剩余沼气排放污染 (曲线 1→ 曲线 2)。

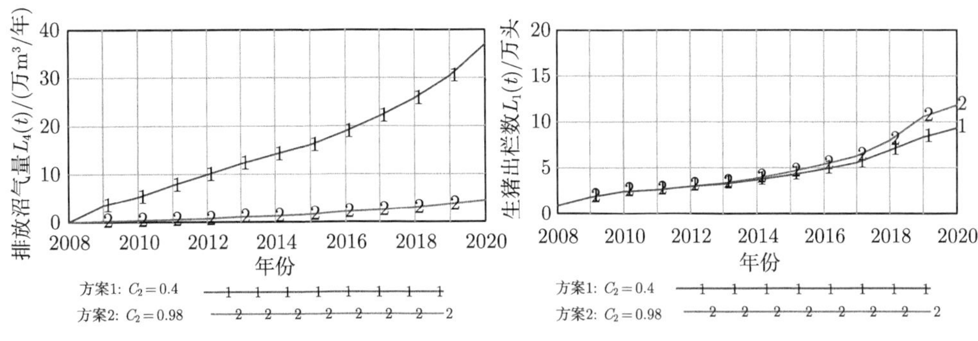

图 10-7 提高生态农业技术水平政策实验仿真结果

(2) 图 10-7 生猪出栏数仿真结果显示：沼气污染的减少对生猪养殖规模的发展有帮助 (曲线 1→ 曲线 2)，但作用不明显，主要是因为目前我国对农村污染缺乏监督机制，没有对养殖企业对二氧化碳进行减排规定，因此沼气排放污染大气，除给养殖企业带来防疫风险外，并不影响企业扩大养殖规模。

10.3 政策仿真结论与具体策略提出

这里以银河杜仲生猪规模养殖生态农业系统为例，采用系统动力学仿真实验方法，通过设置与调控相应的政策参数，对“扩大生态农业系统种植业生产规模、提高生态农业技术水平、完善绿色生态农产品市场”三项生态农业规模化经营政策的经济、生态及社会效益影响实施仿真分析。由实验结果可得以下结论。

(1) 通过开垦养殖场区自有荒山坡地和流转区域内农地，扩大沼液生态种植规模，能有效地消除规模养殖粪污引起的环境污染，同时也避免了污染引起的疫病对规模养殖的制约。然而，生态种植农作物溢价收益的实现，影响着养殖主体流转区域农地实施有机种植的决策，从而影响着生态农业系统生产子系统，尤其是种植子系统的规模化。

(2) 沼气池产气率、供气的稳定性以及沼气发电技术工艺完善程度等规模养殖粪污沼气能源利用配套技术，通过影响用作燃料和发电两种能源利用方式的实施，而影响着企业开发利用沼气资源的积极性。未被利用的沼气直接排放造成大气污染，同时带来生猪疫病而制约养殖规模的发展。

(3) 养殖场区内可供开垦的荒山坡地及周边区域农地均有限，用于消纳沼液的农地不可能无限增加，而沼液粪肥的特点决定了其远距离运输具有不经济性，因此生态农业规模养殖需要考虑环境的承载能力，合理控制适度规模化经营。

基于上述政策仿真实验结论，针对银河杜仲生猪规模养殖生态农业系统实际，提出以下具体生态农业规模化经营策略。

策略 1　政府通过资金扶持与行政监督并行的方式督促养殖企业修建覆盖区域沼液种植农田、果园的沼液输送存储灌溉网络，减少种植施用沼液人工成本。特别地，对于山坡地种植，可以沼气所发电力输送沼液入山上存储池，利用地势实施自然流灌溉，减少灌溉成本。

策略 2　充分利用当地杜仲资源进行杜仲生猪规模化生产的同时，加大杜仲生猪产品特色的宣传与普及，提高市场认同度。创建杜仲生猪品牌，建立销售网络，带动生态种植作物的销售，促进生态农产品价值优势转变为价格优势，实现溢价收益。

策略 3　加强养殖企业与科研机构的合作，通过项目立项，申请政府补贴等措施，研究开发提高沼气能源利用配套技术水平，提高沼气产气率、保证供气稳定性、提高沼气发电，促进沼气能源利用，减少沼气直接排放引起的大气污染。

10.4　本 章 小 结

生态农业是现代农业发展的方向，生态农业的规模化经营，涉及规模化生产所需农地的获得、生态养种技术的采纳、绿色生态农产品溢价的实现、环境的可持续性等诸多问题，是一个动态的复杂过程。本章采用系统动力学仿真方法，对“扩大生态农业系统种植业生产规模、提高生态农业技术水平、完善绿色生态农产品市场”三项政策，设置相应的政策参数，通过调控政策参数，对三项政策实施仿真实验。仿真表明，扩大种植业生产规模政策能有效消除规模养殖环境污染，但扩大种植规模所需农地开发与流转的积极性，需通过完善生态农产品市场以实现生态农产品溢价收益，提高生态种植技术水平以减少沼液种植成本两项政策的实施；提高沼气资源的开发利用配套技术对消除污染、开发利用沼气资源降低沼液种植成本具有很好的作用。

本章政策实验仿真所用系统动力学模型建立的背景是银河杜仲生猪规模养殖生态农业系统，但这并不影响仿真结果的可信度，所构建的系统动力学模型对于生态农业规模化经营系统具有普遍适用性，经适度修改即可应用于其他生态农业系统。

第 11 章　银河杜仲生态农业系统管理对策实施工程设计

前面两章研究依据生态农业产业链协调管理策略，针对银河杜仲生猪规模养殖区域生态农业发展中存在的问题，提出了银河杜仲生态农业产业链管理对策，并应用系统动力学动态反馈仿真理论和技术全面分析模拟论证了加大养殖场区自有荒山坡地开垦比例、减少区域农户沼液种植成本、提高沼气利用配套技术水平、加大杜仲猪肉品牌宣传力度，建立区域特色农产品 (杜仲生猪) 专业化销售渠道等生态农业产业链协调管理对策的必要性。本章将结合银河杜仲的养种循环生态农业系统工程，依据银河杜仲生猪规模养殖区域地理环境特点，设计以市场为导向的，以沼气沼液综合利用为主线的生态农业产业链系统管理对策工程。

11.1　管理对策实施工程的总体思路

养种循环农业区域规模化经营系统不仅包括由规模养殖、有机种植、废弃物处理沼气工程组成的养种循环生态农业生产子系统，还包括猪肉、沼液种植的果蔬、稻谷等初级农产品生产 (加工) 销售，以及养殖、种植主体增收等子系统，涉及生态农业生产、加工、销售整条产业链。绿色农产品的市场需求、生物质能综合利用科学技术、政府政策以及农村劳动力状况等环境因素又通过相关的子系统共同影响着产业链中物质和能量的流动，使之不断处于动态变化之中。因此在考虑实施生态农业区域规模化经营时，不能只单纯着眼于生态农业的生产环节，而忽略市场需求、绿色农产品价值实现、养殖种植主体利益协调等环节。

因此银河杜仲生态农业区域规模化经营系统工程设计的总体思路是：遵循现代农业“以市场为导向、以效益为中心、以产业化为纽带、实行产供销一体化”的规模化经营发展思路，以规模养殖企业为核心主体，以综合开发利用沼气能源、沼肥和粪肥资源为主线，规模养殖主体通过开垦荒山地或通过土地流转，逐步扩大土地规模；或在不改变家庭土地使用的前提下，通过与区域内众多种植户合作，将大量分散的农地纳入养种循环的规模化生产范围，带动农户因地制宜地发展特色作物规模有机种植。

基于此总体思路，本章设计了包括基于沼液多级输送存储灌溉网络的养殖场区内荒山坡地“猪–沼–杜仲/蔬菜/猪青饲料”、右山下农田“猪–沼–水稻”、左山下蔬菜基地“猪-沼-菜”的“沉淀净化 + 综合利用”养种循环生态农业工程；“沼气池＋储气柜＋养殖场”和“沼气池＋储气柜＋发电房”的沼气能源综合利用模式；杜仲生猪销售渠道拓展工程。

希望通过覆盖大范围的养种循环基础设施的建设，系列生态农业模式的实施，以及以杜仲生猪为代表的特色有机农产品销售渠道的建立，推动养种循环生态农业在更大的范围内实现规模化生产，消除农户分散经营对生态农业发展的制约，实现企业和区域 (村、乡、镇) 农户合作规模化经营，同时也从根本上解决猪场粪尿等有机废弃物的污染问题，有效地改善小流域的空气、农田、水域生态环境，确保农民增收、粮食安全、区域内自然生态环境安全。通过区域化的养种循环生产，实现消除养殖废弃物污染和种植业化肥污染，生产绿色能源和绿色农产品；通过销售环节的规模化，促进养殖主体和区域内农户共同增收。

11.2 银河杜仲生态农业养种循环规模化生产环节对策工程

11.2.1 规模化生产环节对策工程的设计与实施

根据银河杜仲的地理位置及其自身的经济条件，银河杜仲养种循环生态农业规模化生产整个养种循环生态农业规模化生产系统工程分为五个模块化的子系统：第一是规模养殖，粪尿分离，猪尿冲栏水地下式沼气池厌氧消化子系统；第二是沼气发电子系统；第三是养殖场区内左、右山地开发沼液种植子系统；第四是左右山脚下农户水稻、蔬菜沼液种植子系统；第五是猪粪干燥，向较远种植区域输送子系统。拟采用如图 11-1 所示的总体规划。

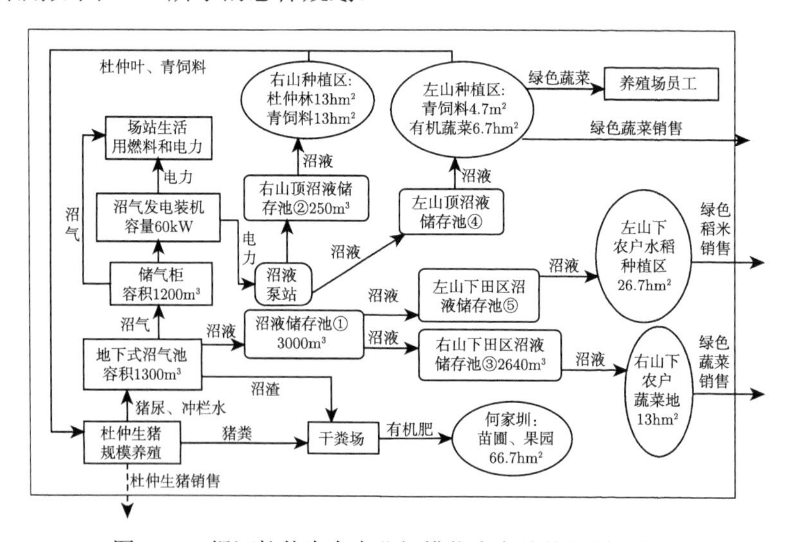

图 11-1 银河杜仲生态农业规模化生产总体规划示意图

11.2.2 规模化生产基础设施建设投资预算

预计“三沼”利用工程总投资 478.1 万元，其中沼气工程 315.6 万元，沼液利用工程 162.5 万元，基本建设投资估算不包括处理场的道路、围墙、绿化投资。

用于土建工程的资金投入量总计 414.7 万元，包括沼气工程土建费用和沼液综合利用工程土建费用。

沼气工程的土建费用总计 236.2 万元：包括厌氧发酵池 1300m^3、调节池 150m^3、沼气储气柜 200m^3、沼液沉淀池 150m^3、氧化塘 3800m^3、堆积发酵池 300m^3、格栅集水池 (酸化池)160m^3、沼液净化池 2450m^3、沼液储存池 150m^3、粪水引入管道 700m、室外道路 1500m^2、绿化工程 1000m^2、排污沟 200m、排水沟 600m、好氧沟 400m、管理室及锅炉房 80m^2、围墙 400m、沼气发电机房和沼液提升泵房共 100m^2。

沼液综合利用工程的土建费用总计 151.5 万元：包括兴建一、二、三沼液净化池 6000m^3，兴建沼液储存池 250m^3，开挖沼液输送渠道 4000m，铺设沼液输送管道、排污管道等。

用于购置设备的资金投入量预计 55.4 万，包括沼气工程设备购置费用和沼液综合利用工程的设备购置费用。

沼气工程设备购置费为总计 44.4 万元，包括污水提升泵 2 台，沼气流量计 1 台，运粪推车 10 辆，铲车 1 辆，厌氧进料泵 2 台，吸粪车 1 台，管道、阀门及配件与安装各 1 套，PPR50 管 1080m，PPR40 管 720m，60kW 沼气发电机 1 台，厌氧罐布水器 2 套，户用沼气燃具 5 套，脱硫塔 2 台，沼气凝水器 2 台，干式阻火器 2 台，消防栓及消防设备 1 套，固液分离机 1 台，浓浆泵 1 台，厌氧罐溢流槽 1 台，锅炉 1 台，锅炉脱硫塔 2 台，厌氧保温材料 46m^3，沼气热水器 10 台等。

沼液综合利用工程的设备购置费预计 11 万元，主要包括购置和铺设清污分流水泥预制管道 2000 米，PVC (聚氯乙烯) 沼液输送管道 2000 米，H50 沼液泵 2 台，PVC 阀门、弯头等配件。

其他资金投入预算共计 34 万元：包括编制费 3 万元，勘察设计费 4 万元，招标费 3 万元，监理费 2 万元，建设单位管理费 2 万元，土地征用费 20 万元。

11.2.3 沼液资源综合利用的沼液多级输送存储灌溉网络工程设计

随着农村劳动力的向城镇的大量转移，农业生产劳动力紧缺，用工成本大大提高。沼液农作物种植是劳动密集型生产，此项工程的实施，旨在降低沼液种植的运送及灌溉成本，促进养殖企业开垦自有荒山坡地，实施沼液种植。铺设覆盖种植区域的沼液输送存储灌溉网络系统，方便农户实施沼液种植，减少种植人工成本，提高农户参与沼液种植的积极性，促进养种循环在区域范围内实施规模化生产。

按照如图 11-2 所示的生态农业规模化生产总体规模，根据银河杜仲养殖场区及附近区域的地理、环境、经济等的具体实际，设计了覆盖整个养殖场内种植区内及左山脚下农户 26.7hm^2 水稻田和右山脚下 13hm^2 蔬菜地的沼液资源综合利用多级输送存储灌溉网络，统一规划，实施沼液有机种植。

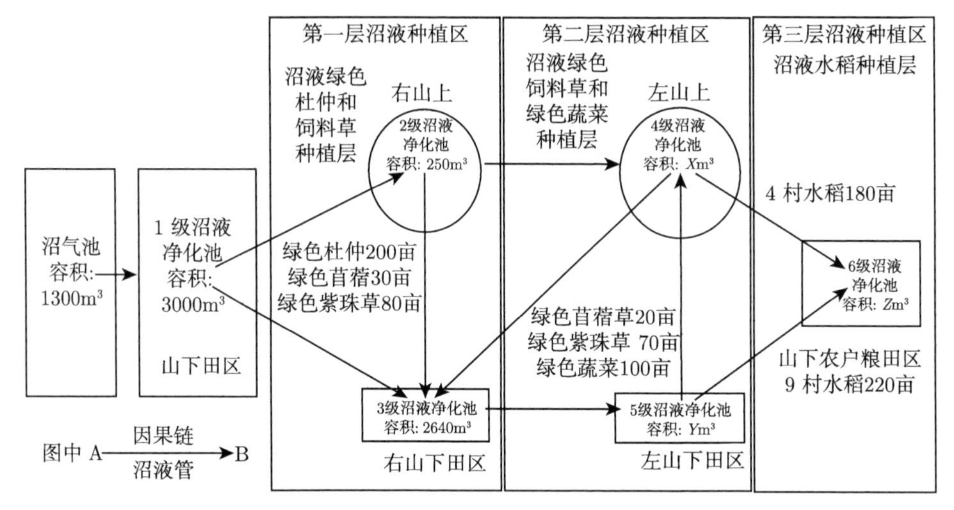

图 11-2 银河杜仲沼液种植多级输送存储灌溉网络技术路线图

图中 X, Y, Z 为待建工程，沼液净化池容积将根据地形及灌溉农地面积而定

根据此技术路线图，银河杜仲公司绘制了沼液综合利用的沼液多级输送存储灌溉网络工程示意图 (图 11-3)。

此沼液规模种植多级输送存储灌溉网络系统，由一个邻近猪场的容积 1300m^3 的沼气池，一个建于山脚下容积 3000m^3 的 1 级沼液净化池、一个建于场区内右山顶容积 250m^3 的 2 级沼液净化池，以及建于右山脚下田区容积 2640m^3 的 3 级沼液净化池构成，3 个净化池之间由建于地下的沼液输送管道连接，需铺设沼液输送灌溉管道总长约 10000m，管道设有阀门，利于灌溉。右山坡为第一层沼液种植区域，杜仲公司已在此区域种植杜仲林地 13hm^2(200 亩)、苜蓿草 2hm^2(30 亩) 和紫珠草 5.3hm^2(80 亩)，通过沼气发电带动污泥泵将沼液压送至右山顶存储池, 之后利用地势落差，实施自然流灌溉。第二层沼液种植区为右山下田区，杜仲公司通过租用农户田地，种植蔬菜 6.67hm^2(100 亩)、苜蓿草 1.3hm^2(20 亩) 和紫珠草 4.67hm^2(70 亩)，为利用 2640m^3 的 3 级沼液存储池实施沼液灌溉。覆盖第一、二的沼液种植多级输送存储灌溉网络已铺成，这两层沼液种植区主要是杜仲公司通过开垦养殖场区内自有荒山坡地和与农户签订租用合同，获得农地，利用沼液资源实施规模种植。

第三层沼液种植区为养殖场区内左边荒山坡地开垦沼液杜仲林种植层，覆盖这一种植层的沼液种植多级输送存储灌溉网络还处于规划阶段。计划仿照右山自然流灌溉模式，在左山顶建沼液存储池，通过沼气发电带动污泥泵将沼液压送至山顶存储池，之后利用地势落差，对杜仲林地实施自然流灌溉。

第四层沼液种植区为养殖场区外左边山下沼液水稻种植层，覆盖这一种植层的沼液种植多级输送存储灌溉网络还处于规划和在建阶段。此区域包括何家圳村第 4 自然村 $12hm^2$(180 亩) 水稻田和第 9 自然村 $14.67hm^2$(220 亩) 水稻田，杜仲公司拟设计基于右山脚下 $2640m^3$ 的 3 级沼液存储池的沼液种植输送存储灌溉网络。

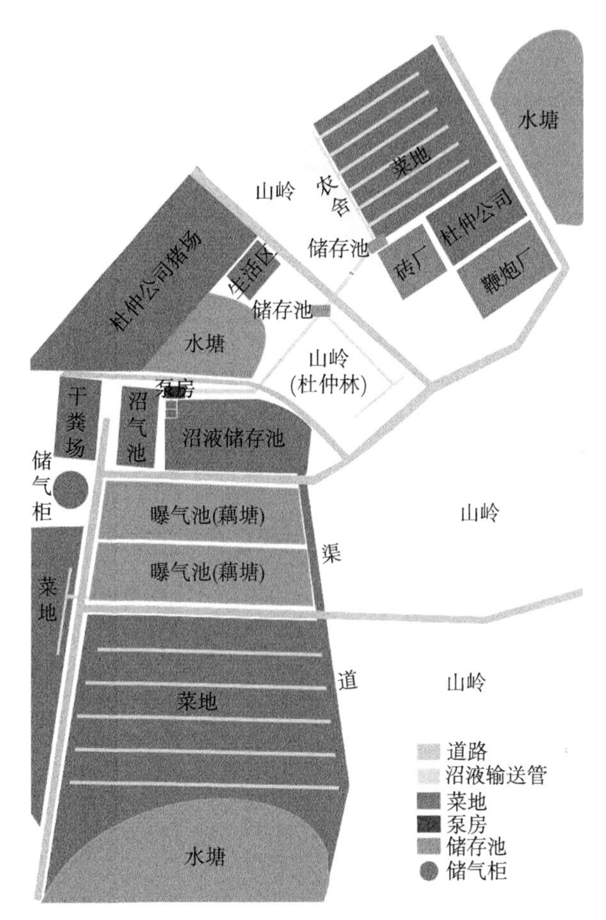

图 11-3 银河杜仲沼液种植多级输送存储灌溉网络工程实景示意图

11.2.4 沼液资源综合利用的沼液多级输送存储灌溉网络工程效益

以杜仲公司为主体的第一层沼液种植区 200 亩杜仲林地日消耗沼液量 4t，2012 年起，杜仲树长成，年产杜仲叶 20t，为公司杜仲生猪养殖提供杜仲叶，节约杜仲叶购买成本 4 万元。第一、二层沼液种植区，种植 $3.3hm^2$ 苜蓿草、$12hm^2$ 紫珠草和右山下 6.67hm^2 蔬菜地种植，日消耗沼液量 6t，节约化肥和青饲料购买成本 6 万元。通过这两层沼液种植区工程建设，2012 年减少沼液排放污染对附近 100 亩农户稻田污染赔偿金额 6~8 万元，公司出栏生猪品质得到提升。

11.3　沼气能源综合利用工程设计与实施效益

沼气是以甲烷为主要成分的一种可燃性混合气体，甲烷的热值很高，达 36840kJ/m^3。完全燃烧时火焰呈浅蓝色，温度可达 1400~2000℃，并放出大量的热。燃烧后的产物是二氧化碳和水蒸气，不会产生严重污染环境的气体，因此沼气是一种优质的清洁燃料。

沼气燃烧发电是随着沼气综合利用的不断发展而出现的一项沼气利用技术，是将沼气用于发动机上，并装有综合发电装置，以产生电能和热能，它是一种有效利用沼气的重要方式。沼气发电具有节能、安全、环保和高效等特点，与燃煤火电厂相比，可节约大量的煤炭等化石能源的使用，同时也减少了大量污染物的排放，如二氧化硫、二氧化碳、氮氧化合物等。

银河杜仲日均产沼气 840m^3，理论上每年可产沼气量为 292000m^3，可供利用的沼气有效能 160600GJ，相当于 1909.48t 原煤的能值。为充分利用这些优质的燃料，同时也为避免沼气中的甲烷 (50%~70%) 和二氧化碳 (30%~40%) 两种温室气体直接排放对大气产生污染。银河杜仲生态农业规模化经营系统工程设计沼气净化储存和综合利用系统工程，对沼气进行脱硫净化后，除为养殖场提供生产生活燃料外，开发沼气发电 (图 11-4)。

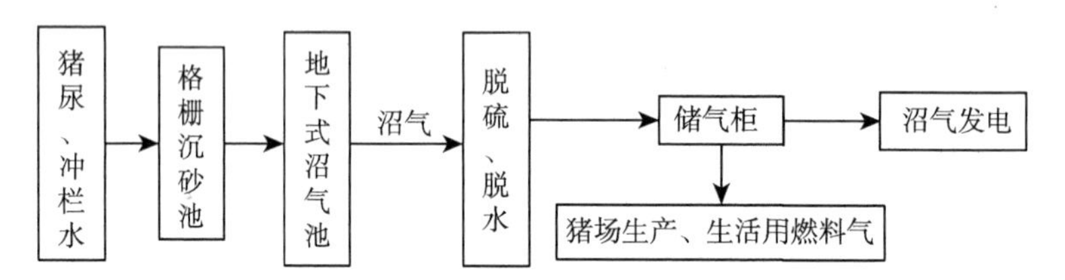

图 11-4　银河杜仲沼气能源综合利用技术路线图

沼气发电扩大了沼气的用途，把沼气直接转化为电能，既解决了养殖场的用电问题，也消耗了大量盈余的沼气，解决了部分沼气排空造成的二次污染问题。

一般情况下，沼气池达到 10 至 25℃的常温就能产气，而每 0.7m^3 沼气能发电 1kW·h，按沼气池设计产气量，该发电项目每天可发电 1200kW·h。其中，夏秋两季温度较高，每天能发电 10 至 12 个小时，日发电量 720kW·h。但是冬春季节，沼气池外部气温偏低，产气严重不足，按已有设计很难保证正常发电的要求。为了解决冬季气温低产气不足发不了电的技术难题，银河杜仲公司通过修建地下池，加厚土层保温，利用发电机热水和烟气回收加温，猪舍消毒水分流等手段，使沼气池的温度保持在 19℃ 以上，实现了冬天正常产气，一天可产沼气 840m^3。2012 年 1 月，首台沼气发电机组在银河杜仲公司的生猪养殖基地正式投入运行，已安装运行近一个月的 60kW 沼气发电机组，在最低温度 1 至 3℃ 的气候条件下，每天仍可发电 6 至 8 个小时，实现了冬季产气发电技术上的突破，填补了萍乡市生猪养殖基地沼气发电的空白。目前，银河杜仲公司的沼气发电工程已正式并网发电，全年发电量可达 43 万 kW·h，按每千瓦时电 0.6 元计算，发电年收入 20 多万元；利用沼气做饭、取暖、洗浴，年节约燃料费 10 万元，年发电效益 30 多万元。

银河杜仲公司沼气发电项目的成功实现了三个循环效益。第一个循环效益是沼气发电，电力可将沼液送至山顶存储池，进行杜仲等饲料种植，构成了养殖饲料种养循环技术一个重要环节。第二个循环效益是消除了粪尿的一次污染。第三个循环效益是开发了粪尿生物质能源沼气，沼气发电能为养殖基地和周边区域的民众提供照明、取暖和其他生活用电，能保持猪舍处于一个恒温环境，促进生猪的生长繁殖进度。

尽管当前沼气工程的“养殖–沼气–发电”模式的经济效益并不十分显著，但是在国家大力提倡节能减排、开发新能源的形势下，银河杜仲公司的沼气发电的社会效益和环保效益是不可估量的。

11.4 对策的初步实施

自 2008 年始，杜仲公司通过国家立项，与高校合作，逐步进行了上述管理对策的部分实施，开展现代农业区建设. 其工程建设情况如图 11-5 所示。

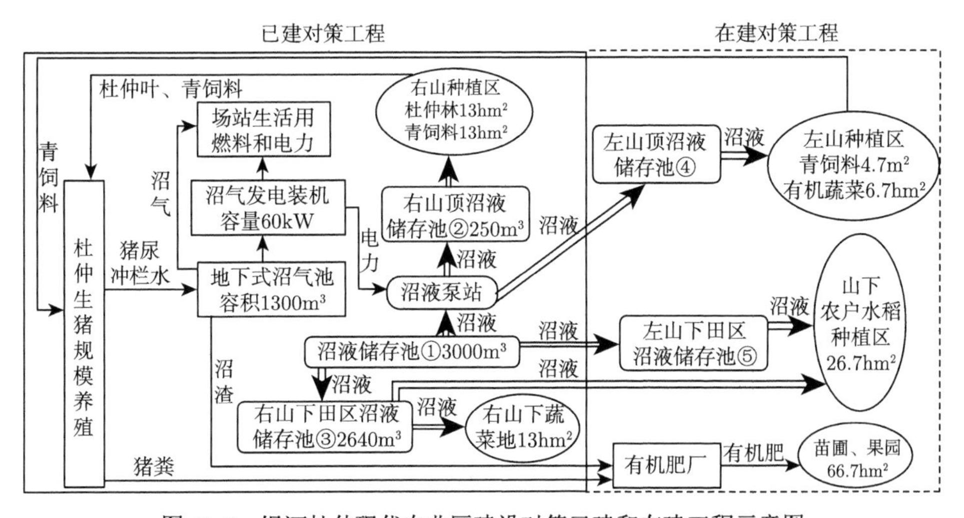

图 11-5 银河杜仲现代农业区建设对策已建和在建工程示意图

1. 已建成沼液分流，山上、山下三级存储过滤净化池的沼液种植排灌系统

图 11-6 左侧为已建且正在使用的对策工程. 根据对策 1，在猪场外建成 1300m^3 地下式沼气池，3000m^3 一级存储过滤净化池；在右山顶建 250m^3 二级沼液存储过滤净化池，利用地势落差，实施自然流灌溉 13hm^2 杜仲林地及 13hm^2 饲料地；右山下农田种植区域建 2640m^3 三级存储过滤净化池，目前仅用于附近 13hm^2 蔬菜地灌溉；铺设沼液输送灌溉管道总长 10000m。

右山种植区日消耗沼液量 10t, 2012 年起, 杜仲树长成, 年产杜仲叶 20t, 节约杜仲叶购买成本 4 万元；3hm^2 草苜蓿、10hm^2 紫珠草和右山下 13hm^2 蔬菜地种植节约化肥和青饲料购买成本 6 万元。

2. 开发了沼气利用一期工程

沼气池日均产气 800m^3, 用作炊事、洗浴、猪场取暖的燃料。2010 年建成装机容量 60kW 的发电系统, 日均发电 8 小时以上. 如图 11-5 所示左侧已建工程所示, 所发电力部分用作生活用电, 部分用来带动污泥泵将沼液压送至右山顶存储过滤池, 年节约燃料费 10 万元, 年发电收入 20 万元.

3. 在建对策工程

图 11-5 右侧为在建对策工程. 根据对策 2, 2013 年春，开始开垦养殖场左边荒山地, 在山顶和山下各修建一个沼液存储过滤净化池；将沼气发电时间延长 4 小时，为污泥泵压送沼液至左山顶存储过滤池提供动力；修建覆盖附近 26.7hm^2 水稻田的沼液专用管道，以减小农户沼液施用人工成本；计划修建有机肥加工厂，利用猪粪、沼渣生产有机肥，供银河镇 66.7hm^2 苗圃和果园，或外销。

11.5 本 章 小 结

本章结合江西省银河杜仲开发有限公司开发的生态农业系统工程，依据银河杜仲规模养殖区域地理环境特点，设计实施以沼气沼液综合利用为主线的生态农业区域规模化经营对策工程，详细地阐述了生态农业养种循环规模化生产环节对策工程: 沼液资源综合利用的沼液多级输送存储灌溉网络工程的设计与实施及其效益；以沼气发电为主的沼气能源综合利用工程设计与实施效益；以及特色农产品品牌创建、质量保证、渠道选择等生态农业规模化经营销售环节策略实施。

基于管理对策的综合实施工程获得了能源开发，污染治理和生产无公害生猪 (猪肉) 产品及农民增收多重效益的结果，充分证明了: 用系统动力学反馈动态复杂性反馈仿真理论和多种理论有效综合，是解决规模养殖复杂系统问题的重要途径。

此外，本章对综合利用工程的基本建设投入所作预算结果显示，工程的基本建设所需投资大 (仅沼气工程就 316 万元)。如此高额的投资，没有政府资金的投入，养殖户显然难以筹措。作为对生猪养殖龙头企业沼气工程项目建设投资项目之一，2009 年国家沼气工程建设资助 100 万元，江西省重大战略产品项目 “规模化猪场粪污污染控制及循环利用技术集成与示范” 科技专项经费 20 万元，萍乡市财政产业化配套资金 10 万元，企业自筹资金 186 万元。

“沉淀净化 + 综合利用” 的养种循环生态农业模式简便易行，适合于有一定承载土地但未充分利用的农村小流域内适度规模猪场的沼液污染治理，同时因该模式在污染治理的同时，还能带来收入，因而具有推广价值。然而，当前的养种循环，通常是以规模养殖户为主体，在自有或租种的零散、有限的农地上进行的半封闭式简单的小规模养种循环，难以形成集约经营，取得规模效益；而且由于种植技术含量不高，废弃物资源化水平较低，养殖规模的扩大后，仍有大量剩余沼气、沼液，重新引起二次污染，严重危害农业生态环境，也制约着规模养殖自身的发展。因此，要保障规模养殖的健康持续发展，促进农民增收，需要在更大的范围内组织养种循环农业规模化生产。

第四部分　农业废弃物第三方集中资源化管理策略研究

农业废弃物是指在农业生产过程中被丢弃的有机类物质，狭义的农业废弃物特指秸秆和畜禽粪便。储量巨大的农业废弃物若不能合理处置和有效利用，既造成资源的浪费，又使得本已脆弱的农业生态环境更加恶化。以厌氧发酵技术为核心的沼气工程是当前处理和利用农村有机废弃物最为有效的手段之一。为缓解农业废弃物污染及农村能源日益增长需求的压力，我国政府投入巨额补贴积极推动农村户用沼气发展，大中型养殖场废弃物排放得到了有效控制。然而，调查和研究表明，在实际运作中，"一家一户" 式的治理模式，对于中小规模养殖场 (户)，逐渐暴露出以下几方面问题: ① 由于养殖畜禽的数量波动较大，沼气发酵原料供应不稳定，产出沼气供气不稳定，除了用于满足养殖场自身需要外，很难加以利用；② 养殖场自有耕地缺乏、精力有限，且沼液运输不方便，因此能有效利用的沼液很少，尤其在养殖高峰时期，大部分直接排入环境，造成污染；③ 因规模偏小，沼气发电、沼液沼渣生产有机肥等综合利用工程因规模偏小，成本过高而难以实施。在政府强力支持下建设的废弃物处理综合利用设施，大部分处于运行不足、闲置甚至废弃状态。

对于目前农业废弃物资源化利用政府政策效率低下的原因，有学者认为当前对养殖粪污等农业废弃物资源化利用的政策扶持以沼气工程建设补贴为主，而对产品补贴力度小，导致了部分工程闲置，产品在市场上缺乏竞争力，商业化程度低；建议政府对农业废弃物资源化利用的补贴应当沼气工程前期工程建设补贴与后期产品补贴相结合，建立沼气工程自身盈利模式。也有学者指出，农业废弃物的循环利用应该避免 "一刀切"，需考虑不同地区种养业发展情况、经济发展水平与政府污染治理能力，因地制宜地选择管理模式。

环境污染第三方治理是排污者通过缴纳或按合同约定支付费用、委托环境服务公司进行污染治理的新模式。2016 年 10 月，环境保护部会同农业部、住房和城乡建设部印发了《培育发展农业面源污染治理、农村污水垃圾处理市场主体方案》，提出创新畜禽养殖等农业废弃物治理模式，采取养殖废弃物第三方治理、按量补贴的方式吸引市场主体参与。同年 12 月环境保护部会同农业部、住房和城乡建设部印发了《培育发展农业面源污染治理、农村污水垃圾处理市场主体方案》，提出创新畜禽养殖等农业废弃物治理模式，采取养殖废弃物第三方集中处理资源化利用、按量补贴的方式吸引市场主体参与，即通过 PPP 模式 (政府和社会资本合作，Public-Private Partnership，PPP) 吸引社会主体参与养种循环生态农业的建设与运营。

在系列文件的推动下，各地政府积极投入大量资金探索试行农业废弃物资源化利用沼气工程第三方运营模式。为保证项目的顺利运行，国家正在酝酿出台农业废弃物沼气工程终端产品补贴政策，如沼气集中供气特许价格、沼气发电入网特许电价、考虑生产、运输、使用各环节的全国性有机肥补贴政策等等。那么，政府的补贴政策如何实施才能有效地促进农业废弃物的第三方集中处理资源化利用模式完成产业化、市场化转换，保持运营的稳定与持续？即政府补贴的效率如何？这是政府和学者共同关注的问题。

江西省新余市罗坊镇农业废弃物集中治理大型沼气工程，是省农业厅规模化养殖粪污集中处理和资源化利用示范工程，项目采取“政府引导、企业主导、市场运作”的 PPP 运营投资模式，由江西正合环保工程公司 (以下简称“正合公司”) 投资、建设和运营罗坊沼气站，对周边 15km 半径内 53 家中小规模养猪场养殖粪污全量化收集，实现养殖粪污的资源化利用；省农业厅给予项目、资金和政策扶持，例如，2015 年，新余市政府将企业对罗坊镇的集中供气项目作为民生工程，制定了较高的集中供气价格 (2.2 元/m^3) 以补贴企业。2016 年，在省区市镇各级政府和相关部门的大力支持下，正合公司罗坊沼气工程以此为核心和枢纽，整合上游 N 家养殖企业和下游 N 家种植企业，以农业废弃物资源化利用和有机肥生产为核心建成农业废弃物资源化利用中心和有机肥处理中心，打造了罗坊镇 N2N 循环生态农业模式，带动养殖和种植各产业链的无缝衔接，解决当地一系列区域性的环保、民生、生态问题。该项目被列入新余市循环农业工程建设“十三五”规划，省农业厅项目投资 500 万元，带动正合公司投资 19000 万元。

那么，政府应该制定什么样的沼气集中供气特许价格、沼气发电入网特许电价等终端产品补贴政策，方能有效地促使以罗坊沼气站为核心的农业废弃物第三方集中资源化利用模式保持运营的稳定与持续，进而完成产业化、市场化转换？这是省农业厅等各级政府关注的问题，也是正合公司关注的问题。

与各地广泛开始的实践创新相比，关于农村污染或农业废弃物第三方治理的研究成果不多，主要围绕污染第三方治理实施的必要性、国外经验介绍、地方省市第三方治理机制的发展趋势推广路径的建议。从已有实践和研究看出，政府和学者们普遍认识到了农业废弃物治理持续化运营对沼气工程产品市场化的依赖性，政府补贴的目的是为了引导建立沼气工程自身盈利模式，吸引更多社会投资商主动进入农业废弃物资源化利用领域。

从已有实践和研究看出，农业废弃物资源化利用持续化运营对沼气工程产品市场化具有很强的依赖性，政府补贴的目的是为了引导企业建立沼气工程自身盈利模式，以吸引更多社会投资商主动进入农业废弃物资源化利用领域。然而，农业废弃物的第三方治理，涉及农业废弃物的收集、沼气工程的运行效率、终端产品的市场需求及价值实现、第三方治理企业的经济效益、资源化利用工程的生态效益等诸多问题，是一个动态的复杂过程。

复杂系统中一项政策实施后，通常会出现反直观的后果，这是建立在静态的还原论基础上的分析方法所不能解释的。

这一部分以江西省新余市罗坊镇的区域农业废弃物第三方资源化利用生态农业模式为例，构建以农业废弃物第三方集中处理资源利用企业为核心，考虑包含沼气发酵原料获取、沼气集中供气、沼气发电上网、有机肥生产销售各产业链环节，以及第三方企业经济收益、工程的生态效益的农业废弃物集中处理资源化利用模式的系统动力学模型。以罗坊沼气生态农业运行初始年 (2016 年) 的实际数据为初始值，对政府制定严格的污染物排放标准、政府沼气工程建设补贴、沼气工程产出 (沼气、沼气电、沼肥) 价格补贴三项政策的实施效应进行仿真实验，动态分析政府严格排放政策、补贴政策的实施效果，为制定促进农业废弃物第三方资源化利用模式可持续运营的政策设计提供理论依据。(这一部分研究成果发表在《管理评论》2017 年第 11 期)

第 12 章　农业废弃物第三方集中资源化模式的系统动力学模型

12.1　罗坊沼气站农业废弃物第三方集中资源化利用

罗坊镇位于江西省新余市东北部，是新余粮食和蔬菜的主产区之一。全镇水稻种植面积 8 万亩，苗木、油茶、水果种植面积 4.4 万亩，蔬菜种植面积 2.2 万亩，湖藕、白莲 1000 亩。养殖业以生猪养殖为主，年出栏生猪 30 万头以上。

在江西省农业厅的支持与项目引导下，江西正合环保工程有限公司 (以下简称“正合公司”) 在新余市渝水区罗坊镇投资、建设和运营罗坊沼气站，全量化收集处理沼气站周边 15km 半径内 53 家养猪殖场 (存栏量超过 500 头) 养殖粪污，以养殖场粪污、病死猪以及秸秆等农业有机废弃物为原料，通过厌氧发酵生产沼气，为罗坊镇 6000 户居民供气 (图 12-1)。

图 12-1　罗坊沼气站实景

一期工程已于 2014 年底完工，建成 CSTR 厌氧发酵罐 3 座，储液总容积 $4350m^3$，完成罗坊镇集中供气管网铺设 3000 户。2016 年，集中沼气供气约 2000 户，户均用气 $0.4m^3$/天，沼气站根据实际情况控制产能，平均每天产气 $850m^3$，产能利用率约 15.7%。

新余罗坊沼气工程采用“政府引导、企业主导、市场运作”的 PPP 运营投资模式。2015 年江西省农业厅农村能源工作办公室 (现更名为江西省农业生态与资源保护站) 在此设立农业废弃物资源利用示范基地；2016 年底，正合公司投资 5802.37 万元、申请中央政府投资 3750 万元、地方政府投资 750 万元，建设沼气发电入网工程，发酵总容积 $19020m^3$，计划建设期为 1 年。罗坊沼气站建设完成后所有权及运营权均属于江西正合环保工程有限公司。正合公司采用市场化运营模式，有偿处理养殖废物、农业秸秆所产生的沼气有偿供给城镇居民使用，沼渣、沼液分别制作成固态有机肥和液态有机肥有偿供应罗坊镇及其周边的传统种植业及设施农业。

2016 年，新余市政府设立罗坊镇 N2N 循环农业示范区项目，并将将该项目列入新余市循环农业工程建设“十三五”规划，利用政策性银行提供中长期低息贷款，并给予贷款贴息，引导江西正合公司以罗坊沼气工程为核心和枢纽，以“大型沼气工程——沼气供气——有机肥生产”为核心，整合罗坊镇 N 家养殖企业和下游 N 家种植企业，以农业废弃物资源化利用和有机肥生产为核心，建成农业废弃物资源化利用中心和有机肥处理中心，打造 N2N 循环生态农业模式，带动养殖和种植产业链的无缝衔接，期望应用该模式良好地解决当地一系列区域性的环保、民生、生态问题 (图 12-2、图 12-3)。

图 12-2 罗坊农业废弃物第三方集中资源化利用示范基地实景

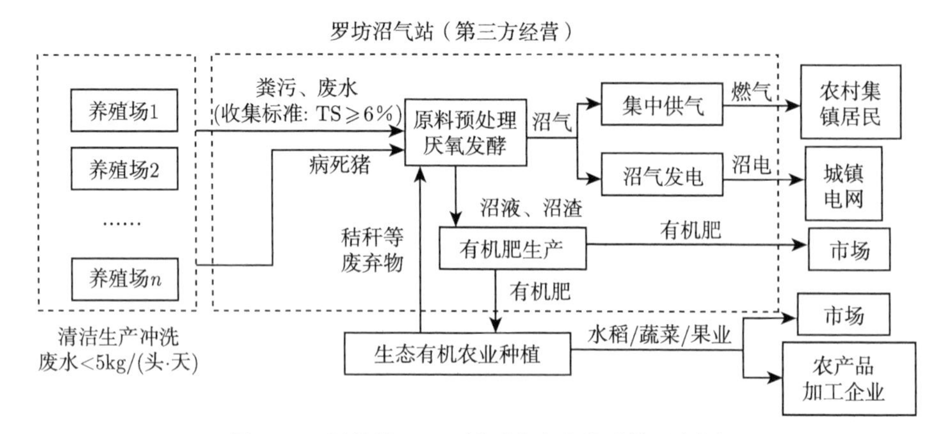

图 12-3 罗坊镇 N2N 循环生态农业系统示意图

2017 年，新余市罗坊镇区域 N2N 生态循环经济模式初显成效，该模式通过农业废弃物集中资源化利用中心和有机肥生产中心 2 个节点，成功地将上游 N 个种养殖废弃物产生端与下游 N 个资源再生产品应用端结合起来，半径 25km 区域内养殖场粪污和病死猪，以及农作物秸秆等农业废弃物无害化处理和资源化利用，变废为宝，结合先进的物联网技术，智慧农业平台实现了工程智能化管理，集镇生物质天然气集中供气、生态有机肥供应全覆盖，推动养殖和种植各产业链无缝衔接，形成区域大循环生态农业 (图 12-3)。

生态循环农业模式要实现可持续发展，就必须要有盈利空间，而盈利空间则在于其生产产品能否得到市场认可，发展初期能否获得政府支持很关键。正合公司积极争取国家资金、政策支持，先行在江西探索生物质能发电试点；江西省农业厅也在酝酿借鉴江苏、浙江等地经验，考虑制定合理的有机肥使用专项补贴政策，推进沼渣沼液深加工，生产适合种植的有机肥，制定有机肥生产标准；新余市政府将该项目列入新余市循环农业工程建设“十三五”规划，计划给予沼气发电上网补贴政策，对于直接利用沼气或生物天然气给予使用补贴；对沼气发电上网，可将补贴折价成发电并网电价补贴，给予生物天然气接入城市燃气管网给予准入许可和价格补贴，给予生物天然气车用加气站准入许可和价格补贴。

那么，政府的资金投入、对沼气集中供气特许价格、沼气发电入网特许电价等终端产品补贴政策能否有效地促使农业废弃物的第三方集中处理资源化利用模式保持运营的稳定与持续，进而完成产业化、市场化转换？这是江西省农业厅及新余市政府关注的问题，也是正合公司关注的问题。

12.2 相关研究回顾

与本章农业废弃物第三方集中处理资源化利用研究相关的文献涉及三个部分，现对其回顾如下。

1. 农业废弃物污染治理资源化利用主体的研究

以沼气工程为纽带的养种结合循环模式，是我国当前实现农业废弃物资源化利用、消除污染的主要手段。一直以来，我国农村沼气工程被视为政府主要出资的公益项目。李冉等 (2015) 通过分析畜禽养殖污染排放特征和经济属性，提出政府应完善经济激励型环境政策，积极探索并因地制宜地发展养殖污染第三方治理。亚洲开发银行对安徽省农村生态环境污染现状、危害、原因及对未来社会经济发展可能造成的不良影响进行了全面的分析研究，提出政府应当鼓励社会力量和企业参与建设沼气工程、秸秆能源化利用工程等，探索市场化运营模式。

2. 环境污染第三方治理的研究

环境污染第三方治理是排污者或政府以签订合同的方式将污染物交给环境服务市场主体 (即第三方环保公司) 治理的模式。任维彤和王一 (2014) 归纳了日本环境污染第三方治理的主要特征，介绍了日本的先进经验。叶敏和闫兰玲 (2016) 分析了环境污染第三方治理在杭州市城市生活污水、生活垃圾收集处理、农村生活污水设施运维等领域的实践现状，明确了其中存在的相关方责任划分不明确、第三方市场机制未建立等问题，提出相应的政策建议。董嘉明等 (2016) 分析了第三方治理工作中存在的主要问题，提出政府在推进环境污染第三方治理中应履行宏观调控、严格监管等职能。宋金波等 (2015) 以垃圾焚烧发电 BOT(建设–经营–转让，Build-Operate-Transfer) 项目为研究对象，通过对项目收益影响因素的因果关系分析，构建出垃圾焚烧发电 BOT 项目收益的系统动力学模型，对项目收益变化情况进行模拟分析。

3. 农业废弃物资源化利用沼气工程政府补贴政策效率的研究

沼气工程政府补贴政策的效率通常从两个维度来考虑，一是补贴对于废弃物资源化利用沼气工程建设的影响，二是补贴对已建成沼气工程使用效率的影响。潘孝珍 (2013) 采用 DEA 方法测算我国各省 (直辖市、自治区) 环境保护支出的效率，发现我国大部分省份地方财政的环境保护支出效率偏低。仇焕广等 (2013) 利用实地调查数据分析了我国沼气补贴政策对农村沼气发展和农村户用沼气使用效率的影响，指出目前我国沼气补贴没有促进沼气使用效率的提高；刘文昊等 (2012) 计算了不同比例的沼气工程前期建设投资与后续运营投资政策补贴方案下沼气工程的经济效益，提出加大工程后续运营环节投入比例可推动沼气工程稳定运行和发展；乔玮等 (2016) 指出我国的沼气工程尤其在发展初期，可借鉴德国的做法，通过终端产品的价格调整和补贴政策，培育终端市场和用户，使工程运营业主获利。何周蓉 (2015) 分析了沼气生产的产业链过程，建议农业废弃物资源化利用补贴政策体系要注重激励投资者提高对沼气产品综合利用效率，补贴应当贯穿整个产业链过程。

区别于已有文献，本书作者及其团队成员本着理论研究服务三农的理念，依托国家自然科学基金项目《生态农业区域规模化经营模式反馈分析与动态仿真理论应用研究》(编号：71461010)，采用高校、政府、企业合作的模式，以可持续运营作为政策补贴效率评价准则，运用系统动力学模型仿真技术，对农业废弃物第三方集中资源化利用沼气工程终端产品和发酵原料的政府补贴政策实施仿真实验，进行理论与实践互促研究，分析优化补贴方案，为制定高效率的农业废弃物第三方集中资源化利用生态农业政府补贴政策提供理论依据。

12.3　农业废弃物第三方集中资源化系统仿真模型的构建

本节系统动力学模型的构建与仿真基于 Vensim DSS 软件平台，仿真初始数据来源参照研究案例江西省新余市罗坊镇农业废弃物集中资源化项目 2016 年的运营实际。

12.3.1　系统边界的确定

农业废弃物第三方集中资源化利用模式涵盖了“农业废弃物收集 + 厌氧发酵 + 集中供气 + 沼气发电 + 有机肥料生产销售 + 种植业利用”全产业链。第三方企业是产业链的核心主体；区域农户对农业废弃资源化利用的意愿和模式选择决定着第三方企业发酵原料的获取成本；沼气厌氧发酵工程和综合利用工程的生产技术和使用效率影响着第三方集中资源化的产出。同时，沼气燃料、沼气电、有机肥作为产业链的输出，其价值的市场实现及利润获得反馈作用于第三方企业，影响其生产决策；而企业的沼气工程利用效率所形成的集中资源化规模对农业废弃物的治理能力又反馈作用于作为发酵原料供给者的区域内种、养农户，影响其农业废弃物的处理决策。此外，产业链之外的绿色能源市场需求、有机肥需求、政府政策等等环境因素又影响着产业链中物质和能量的流动，使之不断处于动态变化之中，形成一个动态反馈的复杂系统，图 12-4 刻画了农业废弃物第三方集中资源化模式系统边界。

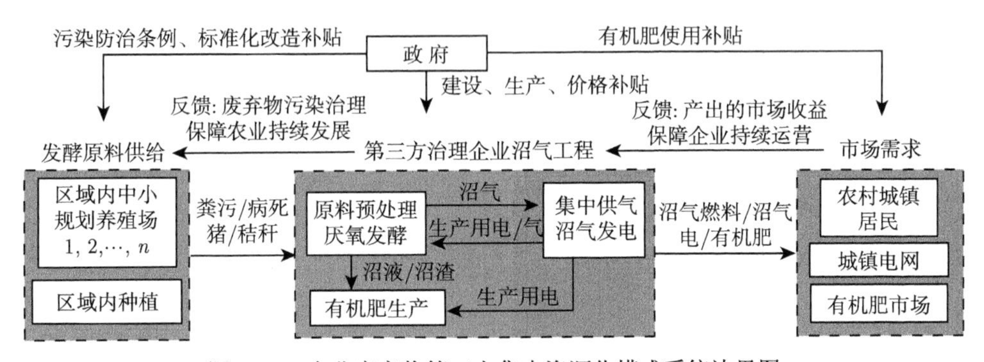

图 12-4　农业废弃物第三方集中资源化模式系统边界图

在农业废弃物第三方集中资源化利用模式中，独立于种植、养殖业的第三方企业是该模式的运营主体，作为经济人的企业，其决策的依据是成本收益分析；而政府作为引导者，其实施政策补贴的目的是保障该模式的持续运营，以取得环境效益和生态效益。

据此，以第三方企业废弃物集中资源化利用沼气工程的持续运营作为评价政策效率的标准，将该模式划分为第三方企业沼气生产利用、有机肥生产、预期利润三个子系统，逐个建立各子系统的流率基本入树流图，同时通过流率基本入树模型的线段复杂性分析，建立变量仿真方程，得到具备仿真方程的子系统流率基本入树模型。

12.3.2　第三方企业沼气生产利用子系统流率基本入树模型

第三方企业根据集中供气量、发电用气量确定发酵原料 (猪粪尿、稻秆) 需求量，通过集中供气和沼气发电入网取得收益。据此选取集中供气用户数 $L_1(t)$、集中供气量 $L_2(t)$、发酵料液量 $L_3(t)$、发电用沼气供给量 $L_4(t)$、沼气电入网量 $L_5(t)$ 五个刻画系统运营状态的变量作为流位变量，以它们相应的变化量作为流率变量。

本章流率基本入树模型按照沼气工程生产利用的产业链物理过程，采用逆向追踪思维，逐树建立。第三方沼气生产利用子系统包含 $T_1(t) \sim T_5(t)$ 五棵流率基本入树的子系统流图模型如图 12-5 所示。接下来详细阐述五棵入树流率变量、辅助变量、常量值的仿真方程及其构建依据。

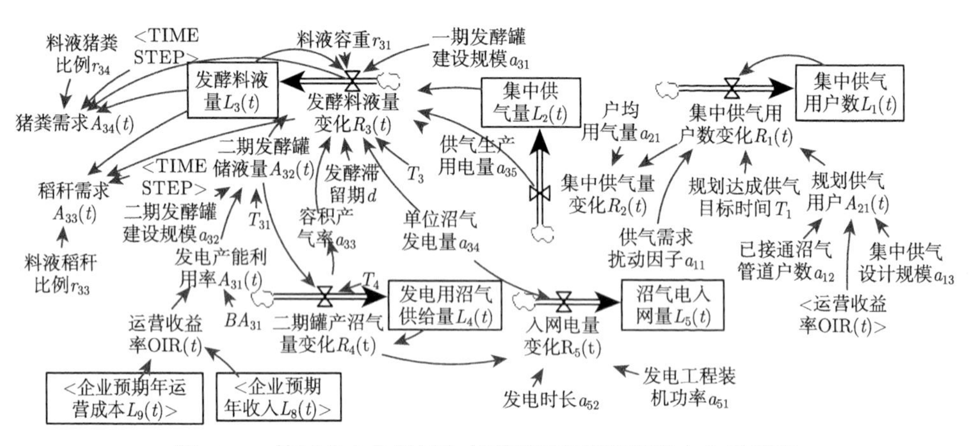

图 12-5　第三方企业沼气生产利用子系统流率基本入树模型

1) 集中供气用户数变化 $R_1(t)$ (万户/年) 方程

$$R_1(t) = a_{11} \times [A_{11}(t) - L_1(t)]/T_1$$

$A_{11}(t)$ 为规划供气用户数，企业根据其运营收益率 $\mathrm{OIR}(t)$ 来决定其供气规模：

$$A_{11}(t) = \mathrm{IF\,THEN\,ELSE}\,(\mathrm{OIR}(t) > 0.6, a_{12}, a_{13})$$

农户可能会因为外出务工、返乡或其他原因而启用或闲置已接通的集中供气装置，为此引入集中供气需求扰动因子

$$a_{11} = \mathrm{RANDOM\,NORMAL}(0.9, 1, 0.95, 0.001, 1)。$$

2) 集中供气量变化 $R_2(t)$ (万 m^3/年) 方程

$$R_2(t) = R_1(t) \times a_{21}$$

3) 发酵料液量变化 $R_3(t)$ (万 t/年) 方程

沼气工程发酵料液量刻画沼气工程年利用农业废弃物量的动态值，其变化量为一期发酵罐和二期发酵罐的实际发酵料液量之和：

$$R_3(t) = (\mathrm{MIN}(a_{31}, (L_2(t) + R_2(t) \times T_3 + a_{35}/a_{34})/a_{33} + A_{32}(t)/\mathrm{d}) \times r_{31} - L_3(t)$$

采用一阶指数平滑函数来表述二期发酵罐产能利用率调整时间延迟：

$$A_{32}(t) = \mathrm{STEP}(a_{32} \times \mathrm{SMOOTH}(A_{33}(t), T_{31}), 2017)$$

$A_{33}(t)$ 为企业沼气发电产能利用率，为运营收益率 OIR(t) 的表函数 (表 12-1)。考虑到工程运行初期，企业的收益率较低，甚至可能为负，故确定此表函数收益率取值范围为 $[-0.1, 1]$。正合公司的目标有效厌氧发酵池容率为 97%，所以假设目标产能利用率是一个 0~0.97 的递增函数。

表 12-1 企业沼气发电产能利用率 $A_{33}(t)$ 表函数

运营收益率 OIR(t)	−0.1	0	0.1	0.3	0.5	0.7	1
发电产能利用率 $BA_{31}(t)$	0.1	0.1	0.2	0.5	0.8	0.97	0.97

4) 二期发酵罐产沼气量变化 $R_4(t)$ (万 m^3/年) 变量方程

厌氧发酵的产气量由其储液容积和容积产气率决定：

$$R_4(t) = A_{32}(t) \times a_{33} - L_4(t)/T_4$$

5) 入网电量变化 $R_5(t)$ (万 kW·h/年) 方程

上网销售电量由二期罐沼气产量与单位沼气发电量决定，同时受到发电装机功率和发电时长的约束：

$$R_5(t) = \mathrm{MIN}(R_4(t) \times a_{34}, a_{51} \times a_{52})$$

12.3.3 有机肥生产子系统入树模型

沼气工程产出大量沼液和沼渣，可通过进一步加工生产固态和液态有机肥。选择 “固态有机肥年产量 $L_6(t)$” 和 “提纯沼液肥产量 $L_7(t)$” 两个流位变量刻画这一子系统状态，以它们对应的流率变量为根，按照有机肥生产工艺，建立由 $T_6(t)$ 和 $T_7(t)$ 两棵入树构成的沼肥生产子系统入树模型 (图 12-6)。

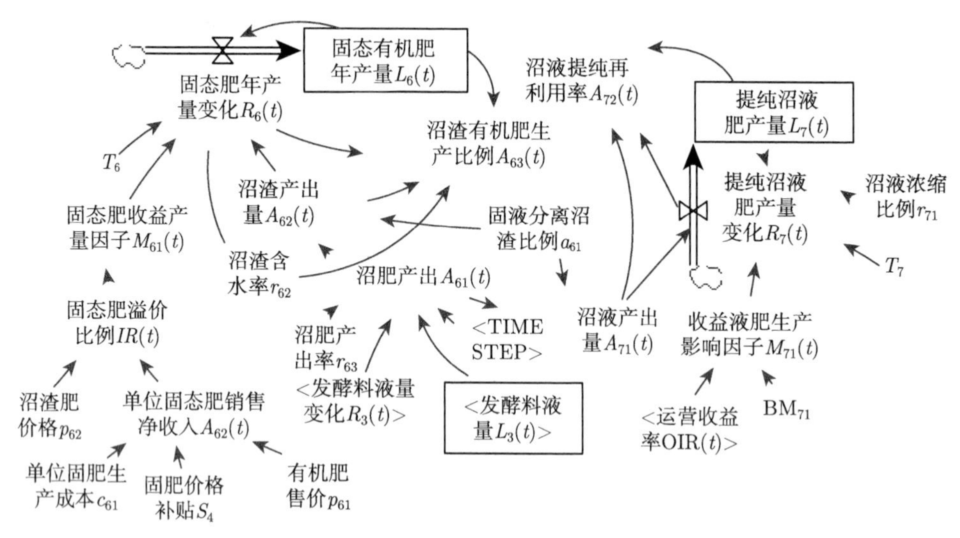

图 12-6 有机肥生产子系统入树模型

1) 固态有机肥产量变化量 $R_6(t)$ (万 t/年) 方程

$$R_6(t) = [A_{61}(t) \times (1 - r_{61}) \times M_{61}(t) - L_6(t)]/T_6$$

企业是否投资沼渣有机肥生产线，取决于所产固态有机肥相比较沼渣的溢价收益，当溢价比率上升时，厂商相信他们的运营可以盈利，产能利用率随之迅速上升，这种趋势会持续到产能利用率达到 100%的饱和状态。基于此，我们假设固态肥收益产量因子 $M_{61}(t) = \mathrm{Exp}(\mathrm{IR}(t) - 1)$。

2) 提纯沼液肥产量变化量 $R_7(t)$ (万 t/年) 方程

厌氧发酵产出沼肥经固液分离后 80%以上为沼液，沼液提纯项目生产浓缩沼液肥，淡液可以达到国家一级排放标准，直接排放或者回流作工艺水。

$$R_7(t) = A_{71}(t) \times r_{71} \times M_{71}(t) - L_7(t)/T_7$$

收益液肥生产影响因子 $M_{71}(t) = \mathrm{IF\,THEN\,ELSE}(\mathrm{OIR}(t) > 0, 1, 0)$。

12.3.4 第三方企业预期利润子系统入树模型

考虑到企业利益驱动和回收成本的特征，选择企业预期年收入 $L_8(t)$、企业预期年运营成本 $L_9(t)$、企业累计收益净现值 $L_{10}(t)$ 三个流位变量刻画第三方企业经济效益子系统，按照沼气工程市场化运行，政府严格排放政策、补贴政策扶持的模式，建立由 $T_8(t) \sim T_{10}(t)$ 三棵入树构成的第三方企业预期经济效益子系统流图模型 (图 12-7)。

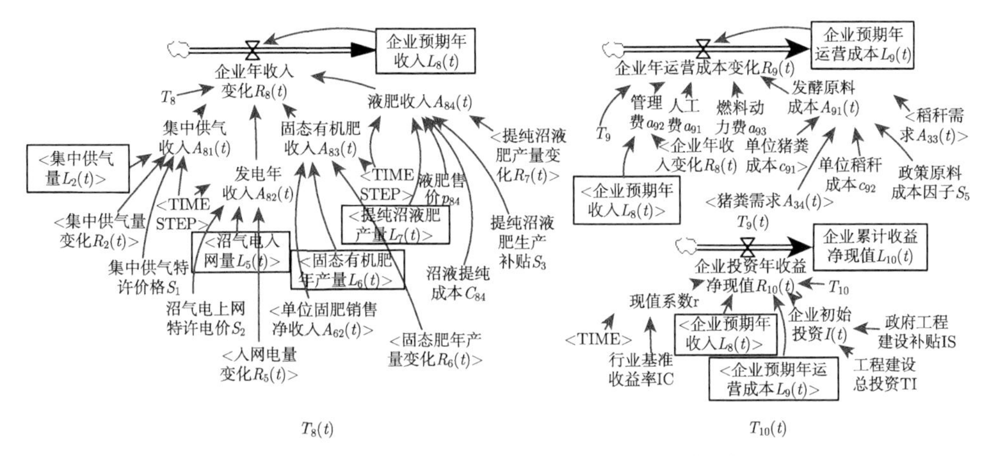

图 12-7　第三方企业预期经济效益子系统入树模型

1) 企业年收入变化量 $R_8(t)$ (万元/年) 方程

$$R_8(t) = A_{81}(t) + A_{82}(t) + A_{83}(t) + A_{84}(t) - L_8(t))/T_8$$

2) 企业年运营成本变化量 $R_9(t)$ (万元/年) 方程

沼气作为可再生能源，其收益免税。企业运营成本仅考虑原料、人工、管理和燃料动力费用：

$$R_9(t) = (A_{91}(t) + a_{91} + a_{92} + a_{93} - L_9(t))/T_9$$

3) 企业投资年收益净现值 $R_{10}(t)$ (万元/年) 方程

通过净现值动态评估企业投资的经济效益，可避免静态的一次性评估。企业投资年收益净现值 $L_{10}(t)$ 由成本和收入所决定，期望收益率参照行业平均收益率 10%的标准。

$$R_{10}(t) = [(L_8(t) - L_9(t) - I(t)) \times r]/T_{10}$$

现值系数 $r = 1/\mathrm{EXP}((\mathrm{Time} - 2016) \times \mathrm{LN}((1 + \mathrm{IRR})))$，行业基准收益率 $\mathrm{IRR} = 0.1$。

12.3.5　农业废弃物第三方集中资源化系统流图模型

以上我们分别构建了农业废弃物第三方集中资源化利用模式三个子系统入树模型，将上述三个子系统所含入树的相同顶点合并，可得到如图 12-8 所示的农业废弃物第三方集中资源化系统结构的系统动力学流图模型。

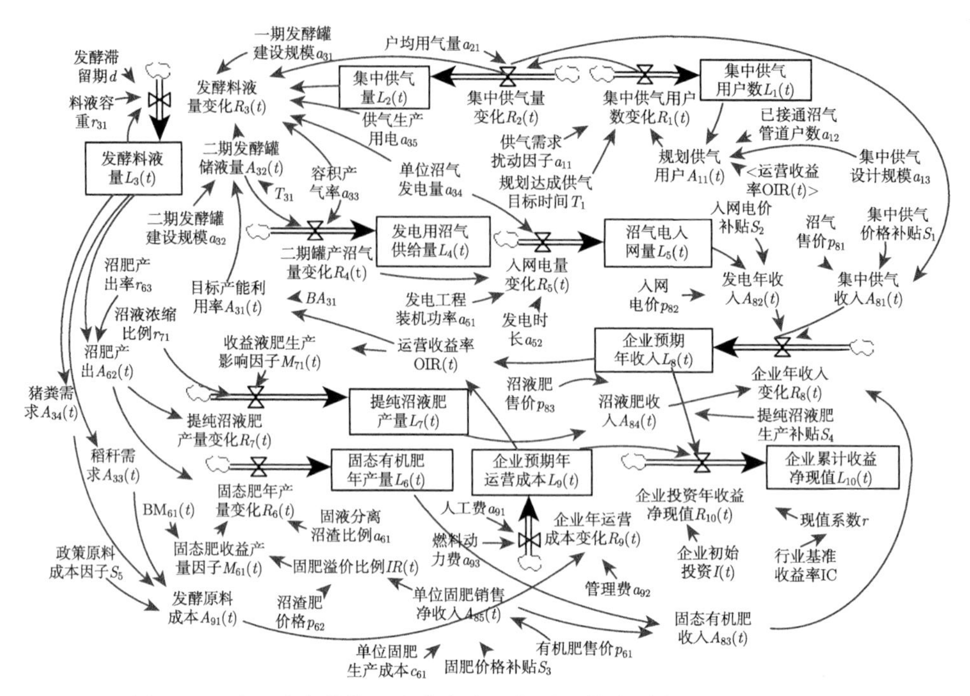

图 12-8 农业废弃物第三方集中资源化利用模式系统动力学流图模型

12.4 本章小结

农业废弃物的第三方集中资源化利用模式，通过 PPP 模式吸引社会主体参与养种循环生态农业的建设与运营，是以农业废弃物第三方企业大型沼气工程为核心和纽带，连接一定范围内 N 家养殖企业和 N 家种植企业，以农业废弃物资源化利用和有机肥生产为核心，建成农业废弃物资源化利用中心和有机肥处理中心，打造区域大循环生态农业模式，带动养殖和种植产业链的无缝衔接。

农业废弃物第三方资源化利用模式涵盖“农业废弃物收集 + 厌氧发酵 + 集中供气 + 沼气发电 + 有机肥料生产销售”全产业链，第三方企业是产业链的运营主体。作为经济人的企业，其决策的依据是成本收益分析，而政府补贴的目的是保障该模式的持续运营。

据此，本章将该模式划分为第三方企业沼气生产利用、有机肥生产、预期利润三个子系统，采用由子系统入树模型构建流图模型的方法，构建农业废弃物第三方集中资源化利用模式总体结构系统动力学模型的建立，依据的是整体论与还原论的结合，有助于提高模型的可靠性。

第13章 农业废弃物第三方集中资源化政府补贴策略仿真

系统动力学将实际系统中的数值范围在一定程度上受人控制的模型参数称为政策参数。政策参数调控仿真，是通过改变部分或全部系统政策参数的值，模拟策略干预前后系统行为的变化，对比分析仿真输出结果，确定政策参数的一个最优取值，使得此时的系统状态接近目标状态。由此可见，动态复杂系统在反馈结构确定的情况下，其策略调整和优化的过程即为政策参数的估计、选择与寻优的过程。但关于政策参数估计、选择和寻优，目前还缺乏普遍接受的规范化方法，基于系统行为模式检验的政策参数估计和选择方法还处于研究和改进中。

基于第 12 章所构建的农业废弃物第三方集中资源化利用模式系统动力学流图模型，以农业废弃物的第三方处理模式的持续运营作为评价政策效率的标准，根据系统实际，设置政策参数，通过调整政策参数进行相应的政策实验，模拟政府实施沼气工程终端产品 (供气、沼气电、有机肥) 补贴政策后农业废弃物第三方资源化利用系统变量的变化趋势，目的是分析补贴政策的效率，确定各项补贴额度的有效取值参考区间，为制定促进农业废弃物第三方资源化利用模式可持续运营的补贴政策提供理论参考。

本章提出并应用了基于策略效率的政策参数取值参考区间确定方法，对参数调控仿真的政策参数估计、调整及优化方法进行了有益的探索。

13.1 政策参数设置

德国、丹麦等欧洲国家对于沼气工程终端产品制定了非常详细的补贴标准，我国正在酝酿出台沼气工程终端产品补贴政策。根据我国当前现状，参考欧洲规模化生物质沼气产业补贴政策，设置如表 13-1 所示的政策参数。

表 13-1 政府沼气工程原料及终端产品补贴政策参数

政策参数	含义及设置依据
集中供气特许价格 S_1 单位：元/m^3	目前我国还没有国家层面的统一集中供应沼气价格标准，江西省政府为扶持沼气集中供气民生工程，制定较高的集中供气价格 (2.2 元/m^3)，以补贴供气企业

续表

政策参数	含义及设置依据
沼气电上网特许电价 S_2 单位：元/kW·h	《关于完善农林生物质发电价格政策的通知》(发改价格 [2010]1579 号) 规定，已核准的农林生物质发电项目，上网电价上调至 0.75 元/kW·h，许多省市地方财政还根据各地实际对此电价再做提高，例如浙江省已将沼气发电上网电价调至 1.1 元/kW·h，即地方政府补贴 0.35 元/kW·h
提纯沼液肥生产补贴 S_3 单位：元/t	政府按企业沼液提纯生产的产量给予的补贴
固肥价格补贴 S_4 单位：元/t	目前我国还没有国家层面针对有机肥的补贴。农业部正在酝酿从生产、税收、运输等环节对有机肥生产企业实施补贴的政策，在此统称价格补贴
政策原料成本因子 S_5 单位：无量纲	目前我国还没沼气发酵原料直接补贴政策。2014 年后相继出台一系列严控农业污染排放的法规，对养殖污染、作物秸秆焚烧实施严格监管，有效地促使农户与污染治理企业签订污染治理合同，按企业要求低价或免费供应养殖粪污与秸秆，大大降低了第三方污染治理企业沼气工程的原料获取成本。本章定义这种因农村环境政策和严格监管导致的发酵原料成本下降为发酵原料补贴政策

13.2 模型有效性检验

系统动力学模型有效的主要标准是结构的有效性，即与系统实际情况相比，模型所刻画的变量间关系的有效性。系统动力学模型结构的有效性检验包括直接的和间接的结构有效性检验。直接检验是逐个检查模型方程能否客观、真实地刻画系统因素间的关系，这是一个定性分析的过程；间接结构有效性检验则是通过定量仿真检测模型结构的有效性。目前最常用的间接结构有效性检验有现实性测试、极端条件测试和行为敏感性测试。

第 12 章所构建的农业废弃物第三方集中资源化系统动力学流图模型在模型的建立过程中通过反复思考、确认，并借助方程量纲一致性分析的方法完成了结构有效性的直接的检验。本节对模型结构有效性进行间接验证。

13.2.1 基本方案仿真与模型有效性的现实性测试

一个有效的系统动力学模型需要能很好地反映现实行为趋势。模型结构的现实性模拟测试，首先进行基本方案仿真，即分别为模型中各流位变量赋予刻画所研究系统现状的初始值，根据系统运营实际为各模型参数赋予真实值，对模型实施仿真，之后根据仿真结果从定性的角度对比模拟结果与实际情况是否吻合。

本节结合基本方案仿真与现实性测试，对所建农业废弃物第三方治理模式总体结构的系统动力学流图模型的有效性进行验证。基本方案仿真步长 DT 设为 1，仿真时间区间设为 2016~2030 年，政策参数的取值基于我国当前对农业废弃物沼气工程产品补贴现状，同时参照研究案例正合公司 2016 年运营实际值：集中供气

特许价格 $S_1 = 2.2$ 元/m^3; 上网沼气特许电价 $S_2 = 0.75$ 元/(kW·h); 有机肥价格补贴 $S_3 = 0$ 元/t，有机肥生产补贴 $S_4 = 0$ 元/t，表示没有有机肥价格补贴和生产补贴政策；政策原料成本因子 $S_5 = 0$，表示未实施严格的农业废弃物排放标准，沼气工程发酵原料收集未得到政策优惠。图 13-1 为仿真结果。

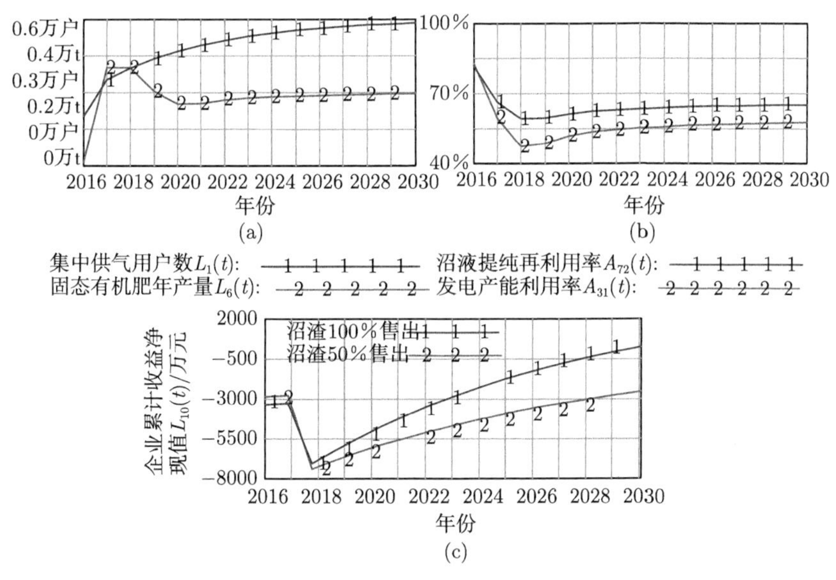

图 13-1 基本方案仿真

(1) 图 13-1(a) 仿真曲线 1 显示：集中供气用户稳步增长，按目前的沼气工程补贴政策，五年后的 2021 年供气用户基本能达到目标值 0.6 万户的 82%。这是因为当地政府将集中供气视为一项民生工程，为保证此项工程的顺利实施，设定了较高的集中供气特许价格 $S_1 = 2.2$ 元/m^3。仿真结果真实刻画了这种政府推动型集中供气项目的发展现状。

(2) 图 13-1(a) 仿真曲线 2 显示：固态有机肥年产量不足 0.2 万 t，这意味着企业不会开展有机肥的商业化生产。分析原因，目前政府未对有机肥实施补贴，企业扣除有机肥生产成本，400 元/t 的有机肥市场价格相比较 350 元/t 的沼渣肥价格的溢价收益率为负。这一仿真结果符合当前正合公司的实际。

(3) 图 13-1(b) 曲线显示：沼液提纯再利用比例不足 60%(曲线 1)，沼气发电产能利用率仅 50%左右 (曲线 2)，产能闲置情况严重。这与缺乏有效的产品补贴政策导致当前沼气工程只重建设而忽视运营管理及后续产品的综合利用的实际吻合。(4) 图 13-1(c) 曲线 1 仿真结果显示：基于行业平均收益率 10%，企业累计收益净现值在 2028 年至 2029 年时转为正值，即动态投资回收期约为 10.5 年。这与正合公司的规划吻合。然而此仿真结果是基于一种理想状态，即所产出沼渣 100%

能以目前 350 元/t 的市场价格销售。而事实上，目前沼气工程产出品市场化程度不高，实际中仅部分沼渣销售，沼液一般是免费使用。假设沼渣仅 50%售出，

(5) 图 13-1(c) 曲线 2 显示企业在仿真期内无法收回投资：

综上，基本方案仿真结果揭示：若沿用目前以建设为主的沼气工程补贴政策，对于农业废弃物第三方治理模式，资源化利用的商业化模式很难形成，已建工程产能利用率低下，大量剩余沼渣、沼液污染环境，企业实际上无法按其在规划年限内收回投资。这一方面解释了目前政府沼气工程投资效率低下的原因，同时也从现实性检验的角度证明了模型的有效性。

13.2.2　敏感性测试

灵敏度分析是指改变模型中参数、确定其影响程度。灵敏度分析有两种结构、运行模型，按模型输出的结果划分，一种是参数灵敏度分析，另一种是结构灵敏度分析。本系统模型中因果关系明确，因此结构灵敏度不存在争议。参数灵敏度分析，是检验模型对参数在合理范围内变化的灵敏度。本模型选取系统内部 4 个主要的参数：容积产气率 a_{33}、单位沼气发电量 a_{34}、单位猪粪成本 c_{91}、单位稻秆成本 c_{92}，以参数 $-3\%\sim3\%$ 的变化量，进行灵敏度分析。

图 13-2 所示灵敏度测试结果显示，对参数变化的变动，系统主要变量的动态模式不变，模型并没有因为参数的变动出现变化趋势的异常变动，灵敏度都在合理范围内，因此模型是有效的。

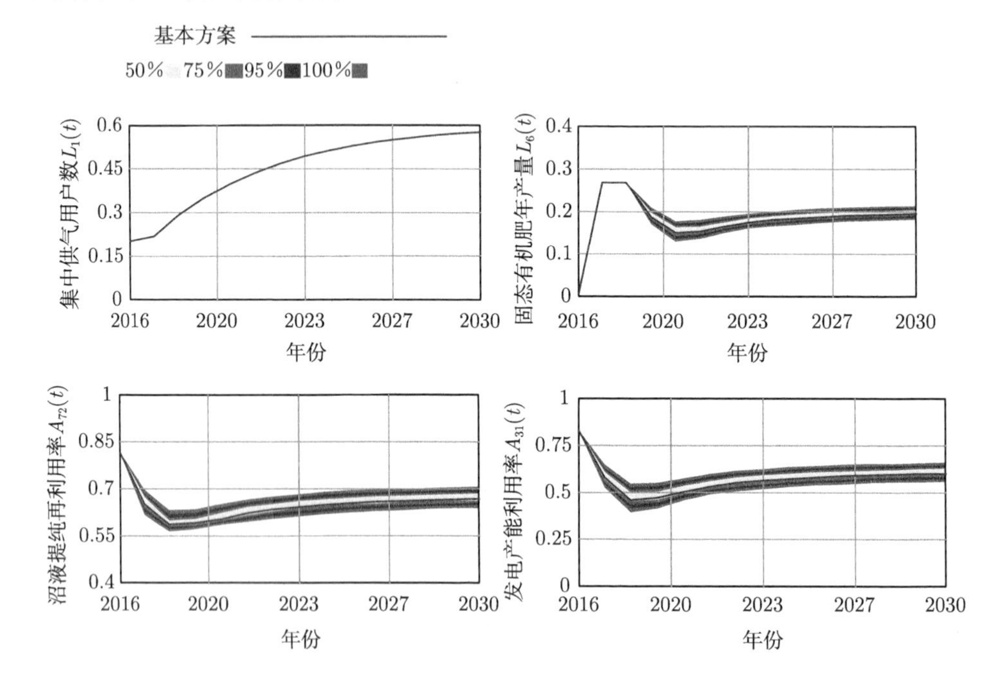

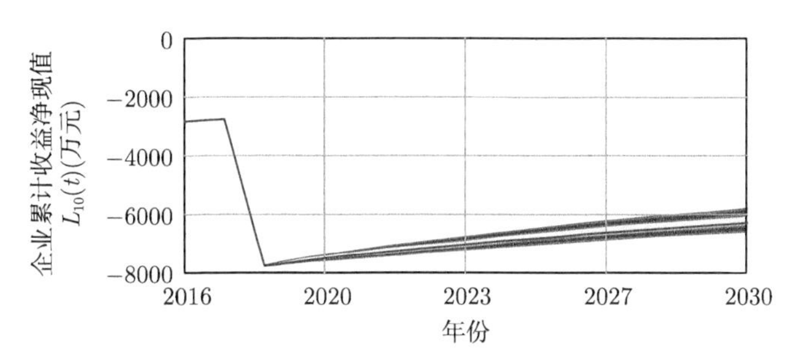

图 13-2 模型有效性灵敏度测试

13.3 政策效率仿真与政策参数取值参考区间的确定

本节利用农业废弃物第三方污染治理模式的系统动力学模型 (图 12-8) 实施仿真，通过调整政策参数进行相应的政策实验，模拟政府实施沼气工程终端产品 (供气、沼气电、有机肥) 补贴后，农业废弃物第三方治理模式系统变量的变化趋势，分析补贴政策的效率，确定各项补贴的额度参考区间。

13.3.1 集中供气/沼气电上网特许价格政策效率仿真

通过调控集中供气特许价格 S_1 和沼气电上网特许价格 S_2 两个政策参数，进行政策实验。模拟不同特许价格补贴水平下集中供气用户数、发电产能利用率、企业累计收益净现值、固态有机肥产量的变化趋势。

图 13-3 各仿真结果中曲线 1 为基本方案仿真结果。图 13-3(a)、图 13-3(b) 曲线 2~5 分别为在当前集中供气价格 $S_1 = 2.2$ 元/m^3 基础上，分别上调 30%，60%，100%，130% 四种方案下集中供气用户数和企业累计收益净现值的变化趋势仿真；图 13-3(c)、图 13-3(d) 中曲线 2-3 分别为沼气发电上网特许价格 S_2 分别调高至 1 元/kW·h、1.5 元/kW·h 时企业累计收益净现值的变化趋势仿真；图 13-3(e) 为同时调高 S_1 与 S_2 对企业固态有机肥产量的影响仿真。

结论 1 当前的沼气特许价格 $S_1 = 2.2$ 元/m^3 能保障企业五年内实现集中供气 6000 户的目标 (图 13-3(a) 曲线 1)；欲促使企业实现集中供气用户数达 1 万户的设计产能，沼气的特许价格需在当前 2.2 元/m^3 的基础上至少提高 60%。

结论 2 企业累计收益净现值对集中供气特许价格 S_1 不敏感。例如图 13-3(b) 曲线 5 显示：即使 S_1 在 2.2 元/m^3 的基础上上调 130%，企业在仿真期内都无法收回投资。

结论 3 沼气发电上网特许价格 S_2 增加，能显著提高企业发电产能利用率 (图 13-3(c) 曲线 3)，对企业收益增加促进作用也非常明显 (图 13-3(d) 曲线 3)。但是当 S_2 达到 1 元/kW·h 后，提高电价对产能利用率的促进作用呈现边际作用递减

的现象 (比较图 13-3(c) 曲线 1→ 曲线 3 与曲线 3→ 曲线 4)。因此对沼气发电上网电价补贴，并非越高越好，分析仿真结果，确定 S_2 取值的参考区间为 [0.75, 1]。

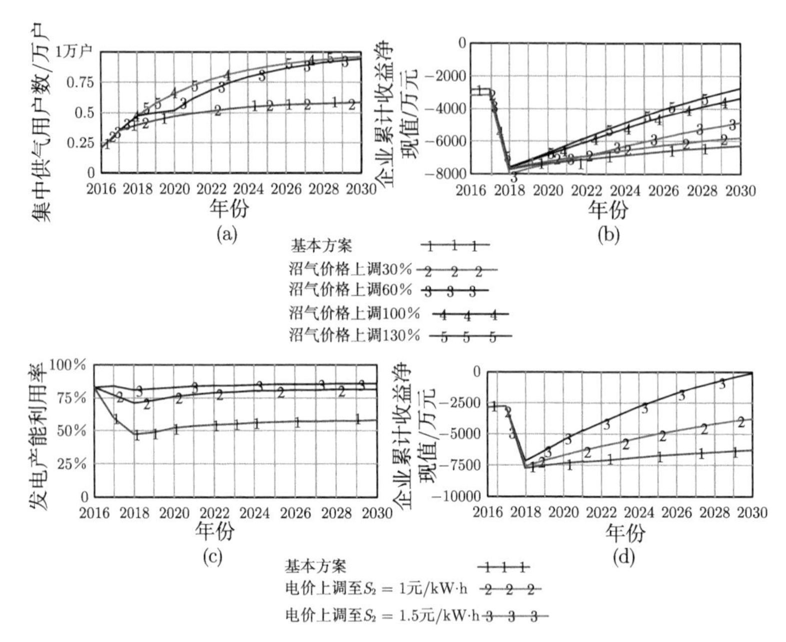

图 13-3 集中供气/沼气电上网特许价格政策影响仿真结果

13.3.2 有机肥补贴政策效率仿真

选择提纯沼液肥生产补贴 S_3、固态机肥价格补贴 S_4 两个政策参数，进行政策实验。

仿真方案：将 S_3 由 0 逐步调高到 250 元/t，表示逐步提高沼液提纯再利用生产补贴，直至完全超过提纯成本 $C_{84} = 200$ 元/t；将 S_4 由 0 逐步上调至 400 元/t，表示逐步提高固态有机肥价格补贴。

结论 1 当沼液提纯生产补贴 S_3 值增加到 200 元/t (等于沼液提纯生产成本) 后，S_3 增加的幅度对沼液提纯再利用率的边际促进作用呈现递减态势 (比较图 13-4(a) 曲线 3→4 与曲线 4→5)。固从政策效率的角度确定 S_3 取值的参考区间为 [50, 200]；

结论 2 若有机肥价格补贴 $S_4 < 100$ 元/t，企业有机肥产量 $L_6(t)$ 还不到产能 (1 万 t) 的一半 (图 13-4(b) 曲线 1 和 2)，即企业没有启动固态肥商业化生产；S_4 额度增加对 $L_6(t)$ 增加的边际促进作用呈现递减态势 (比较图 13-4(b) 曲线 3→4 与曲线 4→5)。因此，从政策的效率来看 S_4 取值的参考区间为 [100, 300]。

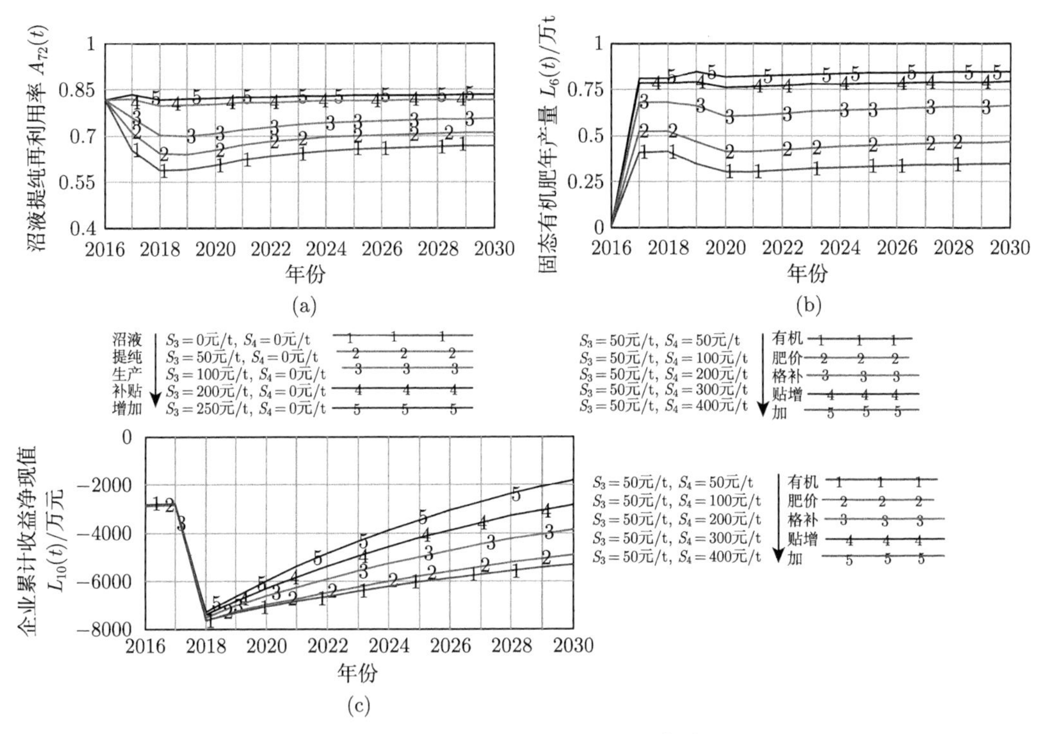

图 13-4　有机肥补贴政策影响仿真结果

13.3.3　发酵原料补贴政策效率仿真

沼气发酵猪粪水及作物秸秆的获取成本主要为购买成本和运输成本，在 15km 经济运输范围内，购买成本约占原料总成本的 60%。政策原料成本因子 S_5 刻画严格农村环境政策及监管对沼气工程发酵原料获取成本的影响，其值表示政策实施后原料成本下降的百分比，取值范围为 [0, 1]。

仿真方案：将 S_5 由 0 逐步调高到 0.4，表示第三方污染治理企业沼气发酵原料成本在政策作用下逐步下降，直至完全免费 ($S_5 = 0.4$)。图 13-5 为此项政策实验的结果。

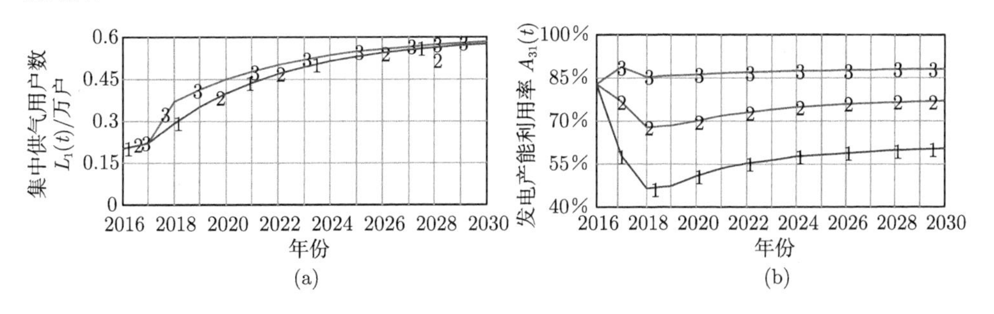

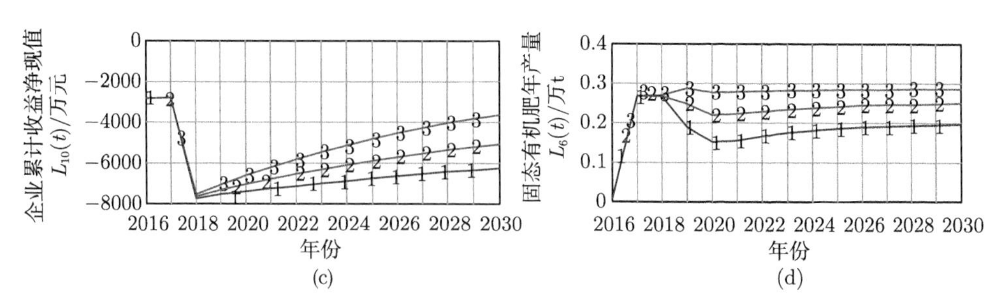

图 13-5　发酵原料补贴政策影响仿真

结论 1　发酵原料成本减少，集中供气用户数 $L_1(t)$、发电产能利用率 $A_{31}(t)$、企业累计收益净现值 $L_{10}(t)$ 较基本方案均有增长 (图 13-5(a)∼(c))。

结论 2　即使原料的获取成本仅为运输费用，企业在仿真期内仍无法收回投资，企业不启动固态有机肥规模化生产的情况仍然存在 (图 13-5(c) 与图 13-5(d) 曲线 3)。

13.3.4　各政策参数取值的参考区间

通过各项补贴政策实施的效率仿真可得表 13-2。

表 13-2　政策参数取值参考区间

政策参数	单位	取值参考区间
集中供气特许价格 S_1	元/m^3	[2.2, 3.5]
沼气电上网特许电价 S_2	元/kW·h	[0.75, 1]
提纯沼液肥生产补贴 S_3	元/吨	[50, 200]
提纯沼液肥生产补贴 S_4	元/吨	[100, 300]
政策原料成本因子 S_5	无量纲 (dmnl)	[0, 1]

13.4　补贴政策优化实验

本节利用各补贴政策效率仿真结论，根据表 13-2 政策参数取值参考区间，设置初始补贴方案，利用参数调控仿真实验技术，根据仿真结果逐步调整改进补贴参数，搜索优化补贴方案。

假设各方案均在严格的农业废弃物排放政策及监管下，半数农户免费提供沼气工程发酵原料，即发酵原料成本下降 30%。

13.4.1　补贴方案 1 的设计与效果仿真

根据表 13-2 政策参数取值参考区间，设计沼气工程终端产品补贴方案 1。

补贴方案 1 (旨在实现有机肥规模化生产的低额度补贴)　设当前集中供沼与

沼气发电上网特许价格 S_1, S_2 保持不变，对沼液提纯生产和固态有机肥价格分别给予 30 元/t 和 100 元/t 的补贴：$S_1 = 2.2$ 元/m^3, $S_2 = 0.75$ 元/(kW·h), $S_3 = 30$ 元/t, $S_4 = 100$ 元/t, $S_5 = 0.3$。

图 13-6 曲线 1 为补贴方案 1 实施后五个持续运营指标变量 2016~2030 年变化趋势仿真。结果显示：补贴方案 1 实施后，有机肥生产规模仍为 0.5t/年左右 (图 13-6(a))；沼气工程及其产出品资源化利用工程产能利用仍不足 (图 13-6(b)、(c))，企业无法在预期内收回其投资 (图 13-6(d))。

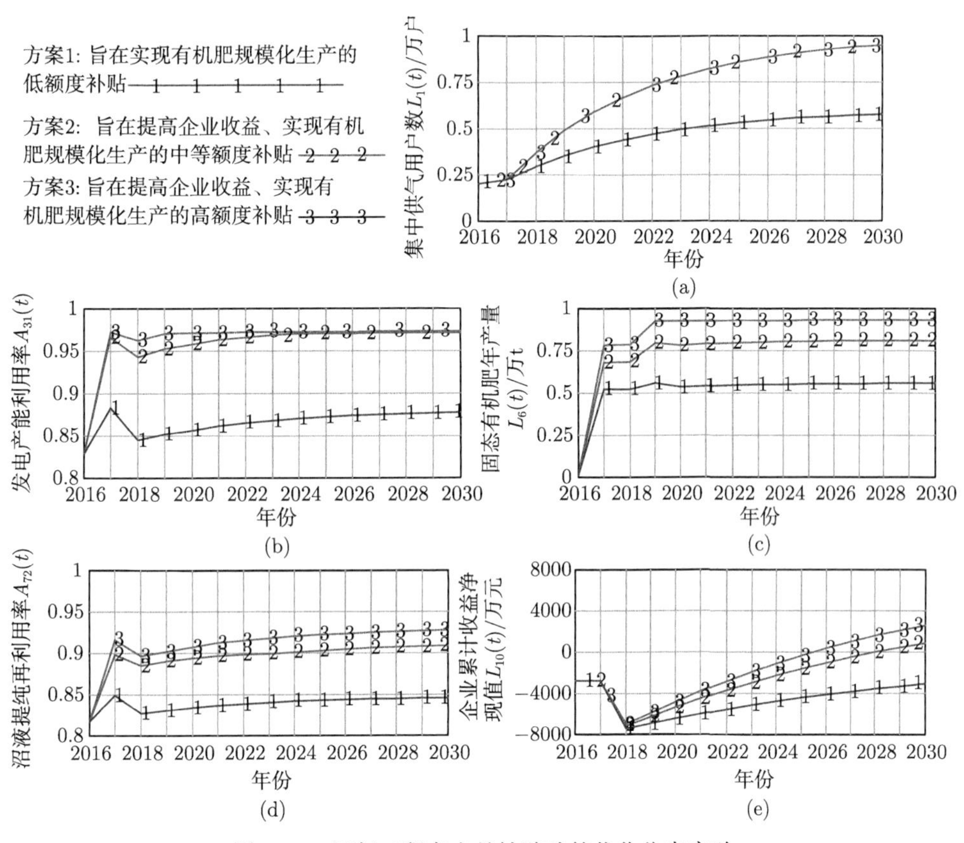

图 13-6　沼气工程产出品补贴政策优化仿真实验

13.4.2　补贴方案 2 的设计与效果仿真

根据集中供气/沼气电上网特许价格政策效率仿真结论 3，参照表 13-2，设置改进的补贴方案 2。

补贴方案 2 (旨在提高企业收益、实现有机肥规模化生产的中等额度补贴)　保持当前已实施的集中供沼特许价格 S_1，在方案 1 的基础上同时提高沼气发电上网

特许电价 S_2、沼液提纯液态肥生产补贴 S_3、固态有机肥价格补贴 S_4: $S_1 = 2.2$ 元/m^3, $S_2 = 1$ 元/kW·h, $S_3 = 50$ 元/t, $S_4 = 200$ 元/t, $S_5 = 0.3$dmnl。

图 13-6 曲线 2 为实施补贴方案 2 后五个持续发展指标变量 2016~2030 年变化趋势仿真。结果显示: 补贴方案 2 实施后，五个指标变量较方案 1 具有较大提高，发电产能利用率维持在较高的水平，接近饱和产能 (图 13-6(b))；固态有机肥生产、沼液提纯规模逐步扩大 (图 13-6(c)、(d))，但固态有机肥生产规模还可进一步扩大；企业投资回收期为 13 年 (图 13-6(e))，未达到企业目标。

13.4.3 补贴方案 3 的设计与效果仿真

由补贴方案 2 仿真结果可见，企业收益水平还需要提高。于是根据表 13-2 政策参数取值参考区间设置补贴方案 3。

补贴方案 3 (旨在提高企业收益、实现有机肥规模化生产的高额度补贴) 在方案 2 的基础上，再提高 0.1 元/kW·h 沼气发电入网特许电价，同时将固态有机肥价格补贴 S_3 由 200 元/t 增至 300 元/t，对有机肥价格实施高额度补贴: $S_1 = 2.2$ 元/m^3, $S_2 = 1.1$ 元/kW·h, $S_3 = 50$ 元/t, $S_4 = 300$ 元/t, $S_5 = 0.3$。

图 13-6 曲线 3 为实施补贴方案 3 后五个持续发展指标变量 2016~2030 年变化趋势仿真。结果表明: 固态有机肥年产量逐步增长，保持 0.93 万 t/年的规模，接近企业规划的 1 万 t/年的产能；沼气发电产能利用率增长，2023 年后基本稳定在饱和产能；沼液提纯生产比例亦增长稳定至 90%以上；企业累计收益净现值在 2025 年至 2026 年间转为正值，即 10 年内能收回企业投资，达到企业目标。

可见，方案 3 基本可以实现规模化生产及产能的高效利用，企业也能在期望年限内收回投资。按此方案实施补贴能较好地保障农业废弃物第三方治理模式的持续运营。

13.5 本 章 小 结

本章基于系统动力学模型仿真的农业废弃物第三方集中资源化政府补贴政策效率研究，其研究过程可总结形成三个规范的步骤: ① 分子系统构建入树模型，紧密结合实际设置政策参数，将子系统所有入树合并成总体结构系统动力学模型；② 通过政策参数调控，对政策的实施效率进行动态仿真分析，确定各政策参数取值的参考区间；③ 依据政策参数取值参考区间，设计补贴方案，并利用系统动力学仿真实验逐步调整优化补贴方案。这一研究方法可推广到其他政策效率评价及优化问题的研究。

第三方企业集中资源化模式是一种在其他行业内应用已见成效的治理模式，以政府引导、市场主导、企业经营的方式将其引入农业废弃物污染治理资源化利用领域已是共识，政府财政补贴对保障该模式持续运营的效率如何，是政府和学者共同关注的问题。本章对农业废弃物第三方集中资源化模式政府补贴政策效率的系统动力学动态仿真分析表明：当前的沼气特许价格能保障企业五年内实现集中供气目标规模；企业发电产能利用率与企业累计收益对沼气发电上网特许价格敏感；要实现有机肥商业化生产必须有合理的有机肥价格补贴。补贴方案的系统动力学优化实验进一步明确：保持当前 2.2 元/m^3 的集中供气特许价格，将沼气发电上网特许电价提高到 1.1 元/(kW·h)，同时对沼液提纯生产补贴 50 元/t，固态有机肥价格补贴 300 元/t 的补贴方案，能较好地保障农业废弃物第三方资源化模式的持续运营。

本章对农业废弃物第三方集中资源化模式政府补贴政策效率的动态仿真研究，未考虑沼气终端产品市场情况，是假设企业沼气所发电能全部顺利按特许电价上网销售，所产有机肥亦能按指定价格完全售出。而事实上，沼气及其电力无法依靠自身能力进入常规能源市场、发电入网困难、沼气发酵原料收运、有机肥市场需求、运输困难，没有可行的原料补贴、有机肥运输补贴以及税收减免等优惠政策等等，也是社会资本进入农业废弃物资源化利用领域、保持沼气产业持续稳定运营的主要障碍。第三方企业的沼气产业由原料、生产、产品用户等多个环节构成，为保障农业废弃物第三方治理模式的可持续发展，建议从整个产业链中各个环节考虑实施政策支持。

第五部分 “新零售”时代生态农业的增长上限及研究展望

近年来，在国家农业供给侧结构性改革政策和市场需求双重因素的驱动下，我国生态农业规模化发展取得了长足的进步，生态农产品供给与需求的总量矛盾不再明显。突出的矛盾转变为农产品生产的结构性过剩，以及销售与运输不畅等流通领域的问题。消费者对农产品品质需求的日益升级、购买方式的变化、注重体验的个性化消费偏好等等，使得传统农业销售模式的渠道弊端逐渐凸显。农产品流通不畅、销售困难、“卖难买难”已经成为制约生态农业发展的重要因素。

互联网、移动互联网时代的到来，生鲜电商、新零售等的迅猛发展，为生态农业带来了巨大的发展机遇。新零售是一种以消费者体验为中心的数据驱动的泛零售形态。2016 年 10 月，马云在阿里云栖大会上提出“线上 + 线下 + 物流”深度融合的“新零售”理念，受到社会各界的广泛关注。新零售商业模式的崛起，为生态农业带来了巨大的发展机遇。阿里、京东、苏宁等电商在农业领域的介入，使得生态农业发展进入全产业链融合发展时期。

本部分通过分析“新零售”时代，面对消费者日益升级的农产品消费需求，生态农业持续发展以及生态农产品产业链出现的增长上限，回顾农产品流通渠道演化实践及已有的理论研究，提炼出生态农业产业链在新零售趋势下持续发展涉及的动态管理问题，以及系统动力学理论有待进一步研究的问题。

该部分研究是作者主持在研的国家自然科学基金项目《新零售趋势下生态农产品产业链反馈结构优化与动态协同研究》(编号：71961009) 的部分研究内容。

第14章　绿色农产品"卖难买难"表象下的生态农业增长上限

长期以来，我国的生态农业同时担负着缓解农村环境污染、能源短缺、促进农民增收的三重任务。养种循环的主导养殖企业进行生态种植，通常是以减少养殖粪污或沼液的污染为主要目标，因而通常选择对沼液吸附力强的种植品种；而多数的种植农户，往往缺乏市场意识，而且他们在生产过程中也很难获得市场的供需信息，因此，他们在生产品种、规模及生产技术使用上往往依靠多年个人经验或盲目跟风。这种以消除污染为目标、脱离市场的生态种植，其产品常因市场上供给量充沛、价格低廉、销售困难而亏损；而另一方面，消费者越来越重视食品的安全、品质、消费体验，对生态农产品的需求不断增加，但目前农产品缺少国家标准，品质参差不齐，导致市场上绿色农产品鱼龙混杂，消费者难以鉴别，购买安全、健康的绿色农产品困难。这种绿色农产品"卖难买难"现象的存在，损害了消费者利益的同时，也挫伤了生态生产者的积极性，制约着生态农业的可持续发展。

农产品卖难买难对生态农业发展的制约，说明生态农业的持续发展并不仅仅是生产领域的技术及管理问题，而应覆盖农产品从田间到餐桌的全产业链过程。

当前的生态农产品产业链结构通常是如图 14-1 所示的结构。产业链的上游是由规模养殖、种植、废弃物资源开发利用构成的生产环节，提供绿色生态农产品和沼气沼肥等废弃物再生生物质资源，初级生态农产品销售环节、市场需求及养种主体增收环节构成。这种产业链结构一定程度上解决了规模养殖环境污染问题，但该产业链上产品信息、市场信息存在单向流动，且流动不畅，成为生态农业发展的新的上限。

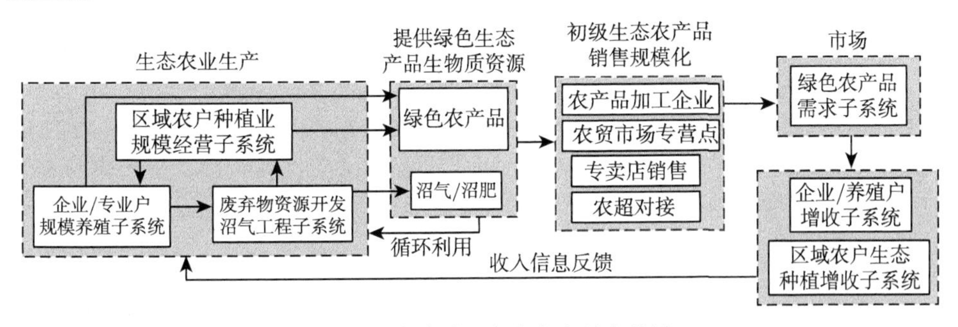

图 14-1　养种循环生态农产品产业链

本章首先从农产品产业链“产—消”信息传递的视角分析生态农业发展的上限，接着概述我国农产品流通渠道的演进，分析上限的原因，介绍新零售商业模式的变革及其为生态农业发展带来的机遇。

14.1 生态农业发展中新的增长上限

14.1.1 生产与市场需求脱节，制约生态农业发展

市场需求信息是农业生产者进行生产决策的依据，尤其是生态农产品的生产，需要投入更多的人力和技术，养种周期更长，因此需要在投入生产时获取充分的市场需求信息和全国范围内的生产情况，以做出最好的计划。然而当前生态农产品尤其是种植品，其生产者以分散经营的小农户为主 (虽然有些加入了合作社，但合作社一般规模小、松散、组织化程度低)，绝大多数以初级产品的形式通过批发市场、农贸市场或农产品经纪人及收购商售出，产品层次不高，且获取市场供需信息的途径比较单一，对终端消费者不了解，往往依据上一季销售情况和个人经验决定本季种植品种、规模，有的还是随意跟风。这种脱离消费需求的生产具有盲目性和同质性，导致农产品面临低价、销售困难甚至滞销的困境，严重挫伤了农户生态种植的积极性。例如，2016 年研究基地银河杜仲带领所在地村民用沼液肥种植了 300 亩莲藕，因当年莲子市场价格高盈利情况很好；2017 年便有更多农户加入，种植面积增至 400 亩，却遇上市场上莲子供大于求，价格大跌，农户亏损。调研发现，这种情况在江西其他生态农产品生产区域普遍存在。

生态农产品产业链上游生产者不能及时准确地获取下游市场信息，生产与市场需求脱节，导致生态种植的初级农产品销售困难，挫伤了生态种植者的积极性，制约着生态农业的持续发展。

14.1.2 农产品生态特性识别困难，消费者逆向选择制约生态农业发展

目前，国内的生态农产品的销售一般有两类，一类是包装精良，在品牌专卖店或大型超市的有机农产品专柜售卖，价格昂贵，消费人群为高端消费者；另一类生态农产品，无品牌、无明显生态标识，产品质量参差不齐，价格略高于普通农产品，中小生态种养农户生产的多属此类。由于生态农产品的生态特性不直接表现在农产品的外观上，在交易时不能为消费者所识别，在消费时对消费者身体健康的影响不能很快显示。这种生态特性的不易识别性和消费效果的滞后性，导致了市场上消费者的“逆向选择”，损害了消费者利益的同时，也挫伤了生态生产者的积极性，进而制约了生态农业的持续发展。

14.1.3 农产品采摘、流通过程品质耗损严重，物流成本高

对于生态农产品，消费者注重的是其安全性和品质，其中新鲜度、完好率是蔬菜水果、肉禽奶蛋等初级农产品品质的外部表现。目前生态农产品的采摘、打包、装运等大多没有统一的标准，粗放的方式使产品耗损严重。一些较大规模的生态生产企业，为保证产品新鲜和不受损，购置运输设备自行配送。例如项目实践研究基地江西银河杜仲特色农产品生产基地，自购了五辆小型货车，配备冷冻保鲜设备，每周三次向其所在上海、广州、南昌的杜仲猪专卖运送猪肉，但常常出现单趟载量不足、回程空载的现象，物流成本高。我国还是发展中国家，而江西又是欠发达地区，价格仍然是影响生态农产品市场销量的主要因素，物流成本占比过高提升了农产品价格，增加了生态农产品销售困难。

上述来自生态农产品流通、销售环节的问题对生态农业发展的制约，在近年来普遍存在。这些制约反映出当前生态农产品产业链各环节融合程度低，交易信息、物流信息无法共享，农产品生产标准化程度及配送效率低的问题。

为深入剖析这些制约问题出现的原因，以寻找研究的切入点，有必要对我国的农产品流通渠道及其演化进行一个梳理。

14.2 我国农产品流通渠道的演化及理论研究

14.2.1 农产品流通渠道演化概述

我国农产品流通渠道经历了三个阶段的发展和演化。一是 20 世纪 80 年代后逐步形成的以批发市场为核心的流通渠道。在这种传统的流通渠道下，农户生产的农产品大部分由合作社、中间商等统一收购后，经由产地、销地批发市场、零售商、集贸市场或超市，最后流向消费者。这种流通形式能够将适合不同层次购买力的初级农产品输送给消费者，但存在着小农户与大市场矛盾突出、农产品定价机制不合理、流通环节冗长、供需信息不衔接、交易方式落后、农产品品质特性很难得到保障等缺点。二是 2008 年出现的以超市为核心的“农超对接”流通渠道体系。超市作为零售终端与合作社之间通过“直供”或“直采”的形式完成农产品流通。该模式去除了生产地和消费地批发市场的介入，在某种程度上提高了流通的效率和收益，降低了流通的成本。三是 2012 年以来的农产品网络零售渠道。包括淘宝村之类的综合类电商平台，专注于某个高端品类农产品的垂直类电商平台，以沃尔玛、家乐福、永辉等为代表 O2O 零售商等等。现阶段我国农产品流通主要为以上三种渠道并存的情况，并呈现出线上线下渠道及物流交叉融合发展的新零售趋势，如盒马鲜生、超级物种、7Fresh、京东农村体验店等等。

14.2.2　农产品流通渠道理论研究综述

理论研究随着农产品流通渠道的演化而发展。我国当前农产品流通为传统批发零售、农超对接、生鲜电商等多渠道并存。相关的理论研究聚焦各种农产品流通渠道的效率、选择、定价、主体利益分配等问题。例如，浦徐进和金德龙 (2017) 比较了生鲜农产品单一“农超对接”模式和“超市 + 社区直销店”双渠道模式的运作效率，研究表明双渠道模式能提高生鲜农产品供应链效率；徐志刚等 (2017) 基于农户是否组成合作社的博弈分析，研究了合作社统一销售服务形成的条件和机理，其实证研究结果表明现实中进行统一销售的合作社比例低；侯振兴 (2018) 通过深度访谈，分析了甘肃农户农企采纳农产品电子商务的影响因素；金亮 (2018) 采用最优化理论，分析计算了农产品质量信息不对称情况下，避免农产品滞销的“农超对接”供应链中超市的最优定价策略和最优合同设计问题；周业付 (2018) 基于网络服务平台，建立了由包含农产品生产者横向联盟、农产品供应链各环节主体构成的纵向联盟构成的虚拟农产品供应链合作联盟，对联盟主体间利益分配进行博弈分析。

近年来，理论研究开始更多地关注农产品质量、新鲜度等品质的保障、消费者体验、各种新出现的农产品流通模式等。例如，曹裕等 (2018) 通过建立政府与家庭农场间的博弈模型, 探讨在不同农药残留标准下政府对生态种植行为的激励策略；唐润等 (2018) 研究了考虑生鲜农产品质量随时间损失情况下，农超对接和电商渠道双渠道并存模式的最优市场出清定价问题；邵腾伟和吕秀梅 (2018) 针对生鲜农产品基于电商平台的众筹预售模式，研究了社区化消费者与组织化生产者产—消对接过程中的众筹预售定价、协同效应等问题；徐广姝和张海芳 (2017) 在考虑生鲜农产品需求受价格、新鲜度、配送时间和服务态度等影响情况下，对生鲜电商宅配模式中电商、物流服务商之间的激励与协调问题进行了博弈分析；冯颖等 (2018) 研究了第三方物流服务商介入生鲜农产品供应链后，各主体间契约对供应链系统整体利润的影响；汪旭晖等 (2018) 分析得出零售企业从多渠道向全渠道转型升级的一般路径为“新渠道布局——全渠道基础上的 O2O 运营——以消费者为中心的全渠道数字化融合”。

14.3　新零售商业模式变革及其对生态农产品产业链的影响

随着互联网、移动互联网的普及以及消费者结构、消费习惯和消费需求的改变，虽然欧美和日本还在走传统电商的模式，但零售业的线上线下融合发展已是大趋势。2014 年，以“线上展示、传播、交易 + 线下体验、服务、交易”为特征的 O2O 零售模式在我国迅速发展，在外卖、打车和共享单车等生活服务类领域体现出强大的优势；2016 年 9 月，京东与沃尔玛开始了一系列资本合作，实现线上、线下的相互渗透，为消费者提供全渠道无缝连接的购物体验，开启其“无界零售”的创新布局；2016 年 10 月，马云在阿里云栖大会上第一次提出“线上 + 线下 + 物流”深度融合的“新零售”概念，并于 2017 年 1 月推出“生鲜食品超市 + 餐饮 + 电商 + 物流”的新零售样板“盒马鲜生”，此后在全国一二线城市迅速复制推广其盒马实体门店；2017 年 12 月开始，腾讯先后入股家乐福中国、永辉超市、步步高和海澜之家，融合腾讯流量、数据、技术与生态优势，帮助线下零售企业打造全渠道融合的“智慧零售”；2018 年初，美国电商亚马逊向公众开放其使用计算机视觉、深度学习以及传感器融合等技术的线下无人便利店 Amazon Go；经过两年的战略布局，腾讯、阿里、苏宁分别正式推出了融合自身社交、零售以及大数据优势的“腾讯零售超级大脑”(2018 年 6 月)、“阿里商业操作系统”(2019 年 1 月) 和苏宁“智慧零售大脑”(2019 年 1 月)，将新零售带入了以“商业操作系统”为代表的体系化、全流程化的 2.0 时代。

零售业的各种消费品中有一半以上的商品跟农业相关，例如盒马鲜生的在售产品中，约 30%生鲜食材，60%为食品类，也就是说 90%都跟农业相关。因此，新零售在改变传统零售业态的同时，也不断影响着供应链上游的农业。

农业应该如何利用新零售的机遇？有学者开始了探索研究：例如曲劲亮 (2017) 对宁夏特色农产品产业现有弊端进行了分析，构建了“线上交易 + 线下体验及配送”的特色农产品物流供应链体系；方颉和杨磊 (2017) 研究了线下渠道为线上提供配送的 O2O 模式中，共享契约对生鲜供应链渠道价格竞争的协调；陈明和邱俊钦 (2017) 结合现有特色种植产品的物流供应链模式，分析赣南脐橙这一地标产品演化为区域公共品牌的“新零售”模式；张伟 (2018) 阐述了物联网、大数据与农业融合助力我国农业供给侧改革的实现路径。

14.4 本章小结

近年来，生态农业规模化发展取得了长足的进步，生态农业持续发展的增长上限向产业链上游转移，农产品产业链信息不畅，导致产品生产与消费需求脱节、流通困难、产品生态特性难以识别，产业链终端消费者对生态农产品安全健康、新鲜可口、及时便捷的需求无法得到满足等等，制约着上游生态农业的发展。

本章分析了近年来生态农业发展出现的新的增长上限，概述了我国农产品流通渠道演化的实践，结合已有研究，作者认为，生态农业的持续发展并不仅仅是生产领域的技术及管理问题，而是覆盖农产品从田间到餐桌的全产业链过程。生态农产品产业链信息不畅，产消 (生产/消费) 脱节、流通困难、产品生态特性难以识别等制约着产业链上游生态农业的发展；产业链终端消费者对生态农产品安全健康、新鲜可口、及时便捷的需求无法得到满足，同时也制约了上游生态农业的发展。

市场需求是动态变化的，时间推移带来的主导消费者年龄结构、消费偏好在变；经济发展使得消费者对生态农产品品质需求在日益升级；物联网、移动互联网的普及使得农产品购买方式在改变。然而对于生态农产品的生产，目前我们还无法要求广大中小农户能够主动精确地把握住市场需求。

新零售商业模式的兴起，为消除生态农业持续发展的上限带来了机遇。如何借助新零售的思维，如何通过产业链的优化与协同，使生态农产品生产经营者，尤其是面广而分散的农户，能及时掌握准确的终端消费者需求信息，减少生产的盲目性，是值得我们进一步深入研究的问题。

第 15 章　新零售时代生态农业动态管理策略研究展望

2016 年 10 月，马云在阿里云栖大会上提出“线上 + 线下 + 物流”的深度融合的“新零售”理念，受到各界的广泛关注。“新零售”“无界零售”“智慧零售”是对当前零售业模式巨大变革的不同称谓。新零售以消费者需求为导向、依托数据和技术提升零售效率，必将驱动产业链向以消费者为核心变革等观点已成为共识。

生态农产品供应链覆盖生态农产品从“田间”到“餐桌”全过程，涉及多方利益相关者，包括众多中小生态养种生产主体、线上线下农产品零售主体、物流配送主体以及终端消费者。新零售以满足消费者日益提升和变化的需求为核心，将生产模式转化为消费方式逆向牵引生产方式。探索新零售背景下生态农产品产业链的结构优化，应当从新零售对供应链“货–场–人”商业模式的重构入手进行探究。

作者基于长期对生态农业产业链研究的积累，以及对农产品新零售商业模式的前期研究，通过多途径的相关文献资料分析，在如图 14-1 所示现行生态农产品产业链基础上，建立了新零售背景下消费逆向牵引的生态农产品产业链反馈结构体系，如图 15-1 所示。

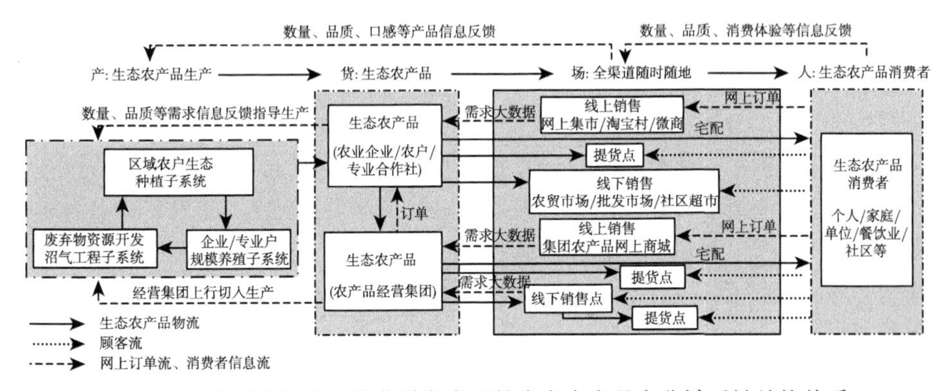

图 15-1　新零售趋势下消费逆向牵引的生态农产品产业链反馈结构体系

对于新零售时代生态农业动态管理策略，作者认为围绕如图 15-1 所示的生态农产品产业链反馈结构体系，值得对以下诸问题进一步深入研究。

15.1 对新零售时代生态农业动态管理策略的研究

目前实践应用较多的生态农产品产业链新零售模式包括以下三种：适度规模家庭农场 + 全渠道 + 区域性物流；(ii) 合作社 + 农户 + 全渠道 + 物流；(iii) 合作社 + 农户 + 基地 + 农产品经营集团。

模式 (i) 是基于本地化销售思维的自产自销农产品产业链模式：种养循环生态方式产出肉、鱼、蛋、稻米、蔬菜、水果等初级农产品；交叉利用线下实体销售渠道 (如批发市场、农贸市场、社区便利店等) 和电商渠道 (网上集市、淘宝村、微商等)；自配小批量小范围配送设施，或利用第三方快递物流实施配送。

模式 (ii) 是基于本地化销售思维的小区域 (如村、镇) 种养循环生产主体组成农民合作社共同生产销售的产业链模式：龙头企业或大户牵头成立农民合作社，组织带动周边众多分散农户按生态生产要求连片种植，交叉利用线下实体销售渠道 (如批发市场、农产品中介、加工企业、超市、社区便利店等) 和电商渠道 (合作社电商平台、企业 APP 等)；自备小范围配送设施，或由第三方物流实施配送，或消费者自行到附近提货点取货。

模式 (iii) 是近年来兴起的农民合作社与农产品经营集团签署合作协议，集团上行切入生产端的订单式生产大区域营销产业链模式：专业合作社与经营集团签订农产品采购合同，经营集团负责消费大数据分析、品牌推广、生产计划、销售、农产品加工配送中心的建立、物流配送，合作社农户的种养区域依据合作协议成为经营集团的直采基地，合作社负责基地农户整合、标准化生产、采收、加工、包装，提供种养技术指导。

围绕上述三种典型生态农产品产业链模式，进行生态农业持续发展策略的深入研究主要包括以下方面。

(1) 分析明确这三种典型模式运行中存在的管理问题。

管理问题，包括消费端反馈信息获取及分析所需技术或人才、农场养殖种植品种和规模决策、产品品牌创立、农场微商公众号的推广、销售渠道和配送模式选择与协调等等关键环节问题，厘清其中需考虑的主要影响因素等等。

(2) 进行三种典型模式有效运行管理策略的系统动力学研究。

针对各模式存在的问题，分别构建其产业链结构系统动力学仿真模型，进行各模式有效运行管理策略的生成与运行效果的仿真分析与动态调整研究，为生态农产品产业链实现向以消费者需求牵引的转化提供有效的决策依据。

(3) 进行三种典型模式各主体联盟利益分配机制研究。

在新零售趋势下，为最好地满足消费者对生态农产品品质 (包括质量、新鲜度、品相、口感等)、服务 (如高效性、便捷性、消费体验等) 的需求，农产品产业链上下游各环节主体开始倾向于多方合作联盟，生产、线上/线下销售、物流全面融合，实现互利共赢。例如：2016 年线下连锁水果零售商百果园以交叉持股方式并购互联网生鲜电商一米鲜；2017 年上海崇明区农业委员会与阿里巴巴旗下新零售企业盒马鲜生签署战略合作协议：双方建立上海崇明生态农业发展有限公司旗下近 2000 亩的现代化生态农产品基地建立直采合作关系；2018 年初，电商巨头国美与中国优质农产品开发服务协会签署合作协议，共同推进地方优质农产品的公共品牌建设及线上线下流通渠道建设。

企业联盟本质上是企业为追求更大经济收益而形成的一种契约合作关系。虽然在现实运营中，联盟利润分配通常取决于契约或谈判能力等因素，但合理分配是维持联盟稳定、合作持续的关键。基于此，应用合作博弈理论方法，研究构建生产(家庭农场/农民合作社/企业)、销售 (线下/线上农产品经销商)、物流各环节主体间的合作博弈模型，确定联盟收益分配方案，分析联盟稳定的条件，探究新零售趋势下生态农产品产业链的协同机制。这一研究具有重要的理论与实践价值。

15.2 对系统动力学分析方法的深入研究

系统动力学是模拟分析复杂性动态行为、进行系统管理策略分析和动态调整优化研究的有效方法。本书前面的章节中介绍了系统动力学的基本概念、观点、模型工具，全面展示了系统动力学模型理论与方法在生态农业系统管理策略生成、效果评价、策略优化研究中的规范化应用。对于上节提到的有关生态农业管理的后续研究，作者认为，生态农产品产业链覆盖了农产品从田间到餐桌的全过程，是一个由生产、流通、消费各环节构成的动态复杂系统。可以应用系统动力学反馈结构分析与动态仿真方法，研究建立生态农产品产业链的反馈结构优化策略。通过研究构建消费逆向牵引的生态农产品产业链系统动力学模型，通过反馈结构分析、结合主导回路及其转移规律的理论研究，制定生态农产品产业链的反馈结构优化策略，并通过政策参数调控仿真分析，对策略实施效应进行仿真评价与动态调整改进。在应用研究的同时，进行系统动力学反馈结构分析与动态仿真方法的创新研究。

15.2.1 复杂系统反馈结构主导回路确定及其转移规律的研究

“系统的反馈结构决定系统动态行为” 是系统动力学最基本的前提假设。复杂系统具有非线性、高阶次、多回路的特征。在复杂系统发展的不同阶段，其内部的诸多反馈回路 (也称作反馈环) 中总是存在一个或一个以上的主导反馈回路，这些主导反馈回路的性质及它们相互间的作用，主要地决定了系统行为的性质及其变化与发展。为提高系统反馈分析的效率，寻求规范化主导回路分析的方法一直是系统动力学学者关注的一个热点 (Forrester C, 1982; Richardson, 1996; Kampmann, 1996;

Ford, 1999; Saleh, 2002; Mojtahedzadeh et al., 2004; Güneralpa，2006，Oliva, 2016)。在众多主导回路分析方法中较有影响力的是结构导向的特征值弹性分析 (EEA) 方法 (Kampmann CE, 2012; Kampmann and Oliva, 2006; Oliva, 2015) 和 (Ford, 1999) 提出的行为导向的方法，以及传统的回路剔除方法 (Forrester, 1982，Sterman, 2000)。然而这些方法的实用性一直都有学者质疑，例如 EEA 方法，有学者质疑其诸如特征值之类的抽象数学术语对大多数不精通数学的建模者是否适用；此外，其对主导回路的分析仅仅停留与数学模型层面，没有明确地与模型中的任何状态变量联系起来 (Saleh, 2002；Güneralpa, 2006)。

从已有文献看出，系统动力学反馈结构分析是复杂系统管理策略制定的有效途径，反馈结构主导反馈回路分析方法主要从结构导向和行为导向两个视角提出与改进，规范和普遍适用的主导反馈回路分析方法还在不断的探索和改进中。

15.2.2 政策参数估计、选择和寻优方法的研究

非线性，动态复杂系统中一项干预策略 (政策) 实施，通常会出现反直观的后果。系统动力学基于 Vensim 平台的仿真分析为动态复杂系统的策略评价、修正和优化提供了可能。目前常用系统动力学常用的政策仿真分析方法包括政策参数调控仿真分析和系统结构变化仿真分析两种。系统结构变化仿真分析就是通过增加或改变系统的反馈结构，然后通过仿真分析结构变化对系统行为的影响；政策参数调控仿真分析是在通过调整政策参数进行相应的政策实验，模拟策略实施前后相关评价指标变量的变化趋势，通过仿真趋势规律比较分析，评价各项干预策略实施效应，调整确定策略。

政策参数的确定是参数调控仿真分析的关键，系统动力学学者一直在探索政策参数估计或选择和寻优的方法。有学者提出基于优化方法的参数估计、选择和寻优方法，如爬山法 (Coyle, 1999)，遗传算法 (Grossmann, 2002；Duggan，2008)。Yücela 和 Barlas(2011) 指出这两种方法都存在严重的缺陷：爬山法的目标函数考虑的是某一时点模型输出与目标状态的偏差，遗传算法的目标函数考虑整个仿真期限内模型输出与目标状态偏差的累积，关注点是数值拟合程度，然而系统动力学强调的是行为特征的接近性，而不是数值拟合的精度；Ford 和 Flynn(2005) 提出利用统计筛选的方法识别系统的关键参数，但 Hosseinichime(2016) 认为这种统计筛选的方法是基于偏差平方和，关注的是输出数值与期望数值的拟合精度，并不能反映系统行为与目标的特征切合性；Gönenç 和 Barlasb(2011) 提出了基于系统行为识别的参数搜寻方法，利用定性特征确定期望行为模式，据此搜索模型参数；本书第 2 章提出了基于干预策略效率仿真确定政策参数取值参考区间，根据参考区间设置初始补贴方案，然后通过参数调控仿真实验，逐步调整改进补贴参数，搜索优化补贴方案的方法，但此方法搜索最优方案的过程耗时，仅适用于政策参数较少的

情况。

总之，目前常用的系统动力学政策参数调控仿真分析方法，其关键环节是政策参数估计、选择和寻优，对此还缺乏普遍接受的规范化方法。

15.3 本 章 小 结

当前我国零售市场上销售的生态农产品主要有绿色食品、有机农产品和无公害农产品。生态农产品具有安全、优质、价高等特点，其生产和销售对产业链上中下游各主体信息共享、供需对接、产销衔接等的要求更高。新零售商业模式的变革深刻地影响和引领着农产品产业链的重构；系统动力学是动态复杂系统管理策略制定与评价调整的有效工具，但其主导反馈回路确定及转移规律理论与参数调控仿真中政策参数估计、选择和寻优的规范化方法有待进一步研究和改进。

本章通过对已有理论与实践研究分析提炼出“新零售”时代的生态农业管理以及系统动力学方法有待进一步研究的问题。

以养种循环生态农产品产业链为例，应用系统动力学理论，研究建立新零售趋势下，生态农产品产业链以消费者需求为导向的结构优化策略，对于建立标准化生产、信息畅通、供需对接的生态农产品产业链，降低销售风险，提高农户生态生产积极性和经济收入，满足城乡居民对生态农产品安全可靠、新鲜可口、购买便捷的消费需求，促进生态农业持续发展，具有重要的现实意义。

主要参考文献

卞有生. 2005. 生态农业中废弃物的处理与再生利用 [M]. 北京: 化学工业出版社. 271, 287, 550.

蔡宝成, 黎德富, 何昭蓉, 等. 2009. 农业规模经营: 现状、问题及对策: 四川省南充市后实让分析 [J]. 农村经济 (6): 109-112.

曹裕, 杜志伟, 万光羽. 2018. 不同农药残留标准下家庭农场种植行为选择 [J]. 系统工程理论与实践, 38(6): 1492-1501.

常亮, 刘凤朝, 杨春薇. 2017. 基于市场机制的流域管理 PPP 模式项目契约研究 [J]. 管理评论, 29(3): 197-206.

陈明, 邱俊钦. 2017. "新零售" 背景下地标产品演化为区域公共品牌的新模式研究: 以赣南脐橙为例 [J]. 企业经济 (11): 28-34.

陈子爱, 邓良伟, 王超, 等. 2013. 欧洲沼气工程补贴政策概览 [J]. 中国沼气 (6): 29-34.

邓若鸿, 陈晓静, 刘普合, 等. 2006, 新型农产品流通服务体系的协同模式研究 [J]. 系统工程理论与实践, 26(7): 59-65.

丁雄, 王翠霞, 贾仁安. 2014. 系统发展对策生成的子系统流位反馈环结构分析法: 以银河杜仲经济生态系统现代农业区建设为例 [J]. 系统工程理论与实践, 34(9): 2312-2321.

董嘉明, 范玲, 吴洁珍, 等. 2016. 政府在推进环境污染第三方治理中的作用研究 [J]. 环境与可持续发展, (2): 27-31.

杜睿云, 蒋侃. 2017. 新零售：内涵、发展动因与关键问题 [J]. 价格理论与实践 (2): 139-141.

方颉, 杨磊. 2017. "新零售" 背景下的生鲜供应链协调 [J]. 中国流通经济 (7): 55-63.

方仁声. 2004. 沼气工程 [M]. 南昌：江西科学技术出版社.

冯颖, 李智慧, 张炎治. 2018. 零售商主导下 TPL 介入的生鲜农产品供应链契约效率评价 [J]. 管理评论, 30(3): 215-225.

郭晓鸣, 廖祖君, 张鸣鸣. 2011. 现代农业循环经济发展的基本态势及对策建设 [J]. 农业经济问题, 30(12): 10-14.

何周蓉. 2015. 沼气产业发展的税收补贴政策支持 [J]. 中国沼气, 33(1): 53-57.

侯向阳, 郝志强. 2004. 生态农业与现代农业若干问题的讨论 [J]. 中国生态农业学报 (1): 16-18.

胡玲, 贾仁安. 2001. 强简化流率基本入树模型及枝向量矩阵反馈环分析法 [J]. 系统工程理论与实践, 21(11): 83-88.

胡振鹏, 胡松涛. 2006. "猪—沼—果" 生态农业模式 [J]. 自然资源学报, 21(4): 638-644.

贾仁安, 丁荣华. 2002. 系统动力学: 反馈动态性复杂分析 [M]. 北京: 高等教育出版社.

贾仁安, 胡玲, 丁荣华, 等. 2001. SD 简化流率基本入树模型及应用 [J]. 系统工程理论与实践, 21(10): 137-144.

贾仁安, 涂国平, 邓群钊, 等. 2005. "公司 + 农户" 规模经营系统的反馈基模生成集分析 [J]. 系统工程理论与实践. 25(12): 107-117.

贾仁安, 王翠霞, 涂国平, 等. 2007. 规模养种生态能源工程反馈动态复杂性分析 [M]. 北京: 科学出版社.

贾仁安, 伍福明, 徐南孙. 1998. SD 流率基本入树建模法 [J]. 系统工程理论与实践, 18(6): 18–23.

贾仁安, 徐南孙, 伍福明, 等. 1999. 作流率基本入树嵌运算建立主导结构反馈模型 [J]. 系统工程理论与实践, 19(7): 69-76.

贾仁安. 2014. 组织管理系统动力学 [M]. 北京: 科学出版社.

姜力文, 戢守峰, 孙琦, 等. 2016. 基于竞合博弈的 O2O 品牌制造商定价与订货联合策略 [J]. 系统工程理论与实践, 36(8): 1951-1961.

蒋辉. 2014. 武陵山片区特色农业适度规模经营效率与实现路径研究 [D]. 北京: 中国农业科学院.

金高峰. 2007. 大户经营: 现代农业规模经营的有效模式 [J]. 农村经济 (7): 89-91.

金亮. 2018. 不对称信息下 "农超对接" 供应链定价及合同设计 [J]. 中国管理科学 (6): 153-166.

柯炳生. 2007. 关于加快推进现代农业建设的若干思考 [J]. 农业经济问题 (2): 18-23.

柯炳生. 2007. 正确认识和处理发展现代农业中的若干问题 [J]. 中国农村经济 (9): 4-8.

黎振强, 杨新荣. 2014. 生态农业投入产出的经济利益诱导机制研究 [J]. 经济问题 (12): 104-110.

李桂君, 李玉龙, 贾晓菁, 等. 2016. 北京市水—能源—粮食可持续发展系统动力学模型构建与仿真 [J]. 管理评论 (10): 11-26.

李闽. 2010. 种养结合家庭农场猪粪尿水还田利用环境安全匹配农田面积研究 [J]. 上海畜牧兽医通讯 (5): 39-40.

李泉林, 黄亚静, 鄂成国. 2017. "农超对接" 下配送中心与 n 个超市的合作机制研究 [J]. 运筹与管理 (3): 27-35.

李冉, 沈贵银, 金书秦. 2015. 畜禽养殖污染防治的环境政策工具选择及运用 [J]. 农村经济 (6): 95-100.

李文华, 刘某承, 闵庆文. 2010. 中国生态农业的发展与展望 [J]. 资源科学 (6): 1015-1021.

李宪宝. 2014. 沿海地区适度规模现代农业实现路径研究 [D]. 青岛: 中国海洋大学.

李旭. 2009. 社会系统动力学: 政策研究的原理、方法和应用 [M]. 上海: 复旦大学出版社.

李学东, 文勇立, 王永, 等. 2010, 实施种养结合循环利用模式对土壤养分含量的影响 [J]. 西南民族大学学报 (自然科学版) (5): 747-752.

李英, 王晨筱, 杨晨, 等. 2016. 支撑产业链协同的公共服务平台研究综述 [J]. 计算机工程与科学 (6): 1111-1117.

李滋睿, 屈冬玉. 2007. 现代农业发展模式与政策需求分析 [J]. 华夏星火, 2009, 28(4): 23-25.

林善浪. 2005. 农户土地规模经营的意愿和行为特征：基于福建省和江西省 224 个农户问卷调查的分析 [J]. 福建师范大学学报 (哲学社会科学版) (3): 15-20.
刘涓, 谢谦, 倪九派, 等. 2014. 基于农业面源污染分区的三峡库区生态农业园建设研究 [J]. 生态学报, 34(9): 2431-2441.
刘军, 卓玉国. 2016. PPP 模式在环境污染治理中的运用研究 [J]. 经济研究参考 (33): 40-42.
刘培芳, 陈振楼, 许世远, 等. 2002. 长江三角洲城郊畜禽粪便的污染负荷及其防治对策 [J]. 长江流域资源与环境, 11(5): 456-460.
刘文昊, 张宝贵, 陈理, 等. 2012. 基于外部性收益的畜禽养殖场沼气工程补贴模式分析 [J]. 可再生能源 (8): 118-122.
刘助忠, 龚荷英. 2015. “互联网 +” 时代农产品供应链演化新趋势：基于 “云” 的农产品供应链运作新模式 [J]. 中国流通经济 (9): 91-97.
栾谨崇. 2013. 规模化经营下的农业微观组织的演变与选择 [J]. 理论探讨 (5): 83-86.
骆世明. 2017. 农业生态转型态势与中国生态农业建设路径 [J]. 中国生态农业学报 (1): 1-7.
马晓河, 崔红志. 2002. 建立土地流转制度, 促进区域农业生产规模化经营 [J]. 管理世界 (11): 63-77.
苗泽伟. 2000. 我国现代农业发展趋势与生态农业建设 [J]. 农业现代化研究 (3): 171-174.
潘晓峰, 张永峰, 那伟, 等. 2010. 松辽平原农牧结合循环农业技术发展研究 [J]. 吉林农业科学 (6): 54-57.
潘孝珍. 2013. 中国地方政府环境保护支出的效率分析 [J]. 中国人口资源与环境 (11): 61-65.
彭靖. 2009. 对我国农业废弃物资源化利用的思考 [J]. 生态环境学报 (2): 794-798.
浦徐进, 金德龙. 2017. 生鲜农产品供应链的运作效率比较：单一 “农超对接”vs. 双渠道 [J]. 中国管理科学 (1): 98-105.
钱明, 黄国桢. 2012. 种养结合家庭农场的基本模式及发展意义 [J]. 现代农业科技 (19): 294, 295.
乔玮, 李冰峰, 董仁杰, 等. 2016. 德国沼气工程发展和能源政策分析 [J]. 中国沼气 (3): 74-80.
青平, 严奉宪, 王慕丹. 2006. 消费者绿色蔬菜消费行为的实证研究 [J]. 农业经济问题 (6): 73-78.
仇焕广, 蔡亚庆, 白军飞, 等. 2013. 我国农村户用沼气补贴政策的实施效果研究 [J]. 农业经济问题 (2): 85-92.
曲劲亮. 2017. “新零售” 背景下宁夏特色农产品物流供应链体系构建研究 [J]. 人力资源管理 (12): 438, 439.
任维彤, 王一. 2014. 日本环境污染第三方治理的经验与启示 [J]. 环境保护 (20): 34-38.
上海市农村经营管理站专题调研组. 2006. 关于农业规模经营的调研报告 [J]. 上海农村经济 (5): 13-16.
邵腾伟, 吕秀梅. 2018. 生鲜电商众筹预售与众包生产联合决策 [J]. 系统工程理论与实践 (6): 1502-1511.
沈根祥, 汪雅谷. 1994. 上海市郊农田畜禽粪便负荷量及其警报与分级 [J]. 上海农业学报, 10(A00): 6-11.

沈颂东, 亢秀秋. 2018. 大数据时代快递与电子商务产业链协同度研究 [J]. 数量经济技术经济研究 (7): 41-58.

石岿然, 孙玉玲. 2017. 生鲜农产品供应链流通模式 [J]. 中国流通经济 (1): 57-64.

宋金波, 宋丹荣, 付亚楠. 2015. 垃圾焚烧发电 BOT 项目收益的系统动力学模型 [J]. 管理评论, 27(3): 67-74.

宋世涛, 魏一鸣, 范英. 2004. 中国可持续发展问题的系统动力学研究进展 [J]. 中国人口资源与环境, 14(2): 42-48.

苏杨. 2006. 我国集约化畜禽养殖场污染问题研究 [J]. 中国生态农业学报 (2): 15-18.

孙芳.2013. 现代农牧业纵横一体化综合效益及创新模式以北方农牧交错带为例 [J]. 中国农业资源与区化 (2): 68-72.

唐润, 李倩倩, 彭洋洋. 2018. 考虑质量损失的生鲜农产品双渠道市场出清策略研究 [J]. 系统工程理论与实践 (10): 2542-2555.

汪旭晖, 赵博, 刘志. 2018. 从多渠道到全渠道: 互联网背景下传统零售企业转型升级路径: 基于银泰百货和永辉超市的双案例研究 [J]. 北京工商大学学报 (社会科学版) (4): 22-32.

汪雅谷, 沈根祥, 钱永清. 1994. 上海市畜禽粪便处理利用发展方向 [J]. 上海农业学报, 10(A00): 1-5.

王翠霞, 贾仁安, 邓群钊. 2007. 中部农村规模养殖生态系统管理策略的系统动力学仿真分析 [J]. 系统工程理论与实践 (12): 158-169.

王翠霞, 贾仁安. 2006. 中国中部规模养殖沼气工程系统顶点赋权图分析 [J]. 南昌大学学报 (理科版) (6): 538-544.

王翠霞, 贾仁安. 2007. 猪场废水厌氧消化液的污染治理工程研究 [J]. 江西农业大学学报 (理科版), 29(3): 437-442.

王翠霞, 丁雄, 贾仁安, 等. 2017. 农业废弃物第三方治理政府补贴政策效率的 SD 仿真 [J]. 管理评论 (11): 216-226.

王翠霞. 2007. 规模养殖循环经济增长上限系统反馈分析 [J]. 系统工程 (5): 66-71.

王翠霞. 2008. 农村生猪养殖区域生态系统管理的反馈仿真及应用研究: 以江西萍乡泰华生猪养殖区域为例 [D]. 南昌: 南昌大学.

王翠霞. 2015. 生态农业规模化经营政策的系统动力学仿真分析 [J]. 系统工程理论与实践, 35(12): 3171-3181.

王其藩. 1995. 高级系统动力学 [M]. 北京: 清华大学出版社.

王其藩. 1995. 系统动力学理论与方法的新进展 [J]. 系统工程理论方法应用 (2): 6-12.

王琦. 2011. 推进我国农业规模化经营应注意的几个问题 [J]. 经济纵横 (8): 82-85.

王日照, 董云彪, 吴青华. 2011. 仙居县农牧结合型生态农业技术探讨 [J]. 现代农业科技 (6): 323, 324.

王占伟, 刘茂军, 冯志新, 等. 2013. 种养结合养猪新模式的研究 [J]. 江西农业学报 (3): 93-95.

武淑霞. 2005. 我国农村畜禽养殖业氮磷排放变化特征及其对农业面源污染的影响 [D]. 中国农业科学院.

肖静华, 谢康, 吴瑶, 等. 2015. 从面向合作伙伴到面向消费者的供应链转型: 电商企业供应链双案例研究 [J]. 管理世界 (4): 137-154.
肖泽尧, 崔粲, 陈贤丽. 2018. 新零售的概念、模式和案例研究报告 [R]. 北京：亿欧智库.
徐广姝, 张海芳. 2017. "新零售" 时代连锁超市发展生鲜宅配的策略: 基于供应链逆向整合视角 [J]. 企业经济 (8): 155-162.
徐南孙, 贾仁安. 1998. 王禾丘能源系统生态工程研究 [M]. 南昌：江西科学技术出版社.
徐志刚, 朱哲毅, 邓衡山, 等. 2017. 产品溢价、产业风险与合作社统一销售: 基于大小户的合作博弈分析 [J]. 中国农村观察 (5): 102-115.
薛亮. 2008. 从农业规模经营看中国特色农业现代化道路 [J]. 农业经济问题 (6): 4-9.
颜廷武, 何可, 张俊飚. 2016. 社会资本对农民环保投资意愿的影响分析: 来自湖北农村农业废弃物资源化的实证研究 [J]. 中国人口. 资源与环境, 26(1): 158-164.
杨国玉, 郝秀英. 2005. 关于农业规模经营的理论思考 [J]. 经济问题 (12): 42-45.
杨坚争, 齐鹏程, 王婷婷. 2018. "新零售" 背景下我国传统零售企业转型升级研究 [J]. 当代经济管理 (9): 24-31.
杨志坚. 2008. 种养结合型农业生产结构调整的实证分析 [J]. 贵州农业科学, 36(1): 147, 148.
叶敏, 闫兰玲. 2016. 杭州市环境污染第三方治理现状及发展对策 [J]. 环境科学与管理, 41(7): 47-50.
易凯凯, 朱建军, 张明, 等. 2017. 基于不完全信息动态博弈模型的大型客机主制造商: 供应商协同合作策略研究 [J]. 中国管理科学, 25(5): 125-134.
于荣, 裴小伟, 唐润. 2018. 基于食品绿色度和声誉的绿色食品供应链主体协同模式研究 [J]. 软科学 (1): 130-135.
曾悦, 洪华生, 曹文志, 等. 2005. 九龙江流域规模化养殖环境风险评价 [J]. 农村生态环境, 21(4): 49-53.
张冰, 殷海善, 刘宏柄. 2011. 农民家庭小规模土地经营条件下农业现代化发展探讨 [J]. 山西农业科学 (3): 287-290.
张国兴, 郭菊娥, 席酉民, 等. 2008. 政府对秸秆替代煤发电的补贴策略研究 [J]. 管理评论, 20(5): 33-36, 57.
张建军, 赵启兰. 2018. 新零售驱动下流通供应链商业模式转型升级研究 [J]. 商业经济与管理 (11): 5-15.
张全国. 2005. 沼气技术及其应用 [M]. 北京：化学工业出版社：349-350, 162.
张伟. 2018. "互联网 + " 视域下我国农业供给侧结构性改革问题研究 [J]. 甘肃社会科学 (3): 116-122.
张旭梅, 梁晓云, 但斌. 2018. 考虑消费者便利性的 "互联网 +" 生鲜农产品供应链 O2O 商业模式 [J]. 当代经济管理, 40(1): 21-27.
张玉珍, 洪华生, 曾悦, 等. 2003. 九龙江流域畜禽养殖业的生态环境问题及防治对策探讨 [J]. 三峡环境与生态, 25(7): 29-31, 34.
张正, 孟庆春. 2017. 供给侧改革下农产品供应链模式创新研究 [J]. 山东大学学报 (哲学社会科学版) (3): 101-106.

章家恩, 骆世明. 2005. 现阶段中国生态农业可持续发展面临的实践和理论问题探讨 [J]. 生态学杂志, 24(11): 1365-1370.

赵晓飞, 李崇光. 2012. 农产品流通渠道变革: 演进规律、动力机制与发展趋势 [J]. 管理世界 (3): 81-95.

赵旭强. 2006. 农业规模化经营面临的矛盾及出路 [J]. 经济问题 (7): 44-46.

郑琛誉, 李先国, 张新圣. 2018. 我国农产品现代流通体系构建存在的问题及对策 [J]. 经济纵横 (4): 125-128.

钟庆君. 2013. 家庭积聚式规模农业对完善农村基本经营制度和推进现代农业发展的作用 [J]. 山东农业大学学报 (社会科学版) (1): 69-78.

钟永光, 贾晓菁, 钱颖. 2017. 系统动力学前沿与应用 [M]. 北京: 科学出版社.

钟珍梅, 黄勤楼, 翁伯琦, 等. 2012. 以沼气为纽带的种养结合循环农业系统能值分析 [J]. 农业工程学报, 28(14): 196-200.

周业付. 2018. 虚拟农产品供应链合作联盟构建及利益博弈 [J]. 华东经济管理, 32(12): 174-179.

朱启臻. 2012. 理清发展现代农业的认识误区 [J]. 中国乡村发现 (2): 106-109.

Arguitt S, Xu H G, Johnstone R. 2005. A System dynamics analysis of boom and bust in the shimp aquaculture industry[J]. System Dynamics Review, 21(4): 305-324.

Babinard J, Josling T. 2001. The stakeholders and the struggle for public opinion, regulatory control and market development[J] // Gerald C. Nelson. Genetically Modified Organisms in Agriculture-Economics and politics. New York: Academic Press: 81-96.

Barlas Y. 1996. Formal aspects of model validity and validation in system dynamics[J]. System Dynamics Review, 12(3): 183-210.

Coyle R G. 1999. Simulation by repeated optimization[J]. The Journal of the Operational Research Society, 50: 429-438.

Duggan J, Oliva R. Methods for identifying structural dominance. System Dynamics Review 29 (Virtual Special Issue). Available at http://onlinelibrary.wiley.com /journal/ 10.1002/(ISSN)1099-1727/homepage/Virtual Issues Page. html.

Ford A, Flynn H. 2005. Statistical screening of system dynamics models[J]. System Dynamics Review, 21(4): 273-303.

Ford A. 2000. Modeling the Environment: An Introduction to System Dynamics Modeling of Environmental Systems[M]. Washington DC: Island Press.

Ford D N. 1999. A behavioral approach to feedback loop dominance analysis[J]. System Dynamics Review, 15(1): 3-36.

Forrestor C. 1982. A dynamic synthesis of basic macroeconomic theory: implications for stabilization policy analysis[D]. PhD dissertation, MIT, Cambridge, MA.

Forrester J W, Senge P M. 1980. Tests for building confidence in system dynamics models[J]. TIME Studies in the Management Sciences, 14(1): 209-228.

Forrester J W. 1961. Industrial Dynamics[M]. MIT Press: Cambridge, Massachusetts.

Forrester J W. 1968c. Principles of Systems[M]. MIT Press: Cambridge, Massachusetts.

Forrester J W. 2007. System dynamics: a personal view of the first fifty years [J]. System Dynamics Review, 23 (2/3): 345-358.

Güneralp B. Towards coherent loop dominance analysis: progress in eigenvalue elasticity analysis[J]. System Dynamics Review, 2006, 22(2): 263-289.

Grossmann B, Back G. 2002. Policy optimization in dynamic models with genetic algorithms[C]. Proceedings of the 20th International Conference of the System Dynamics Society, Palermo, Italy.

Hosseinichimeh N, Rahmandad H, Jalali M S, et al. 2016, Estimating the parameters of system dynamics models using indirect inference [J]. System Dynamics Review, 32(2): 156-180.

Kampmann C E, Oliva R. 2006. Loop eigenvalue elasticity analysis: three case studies. System Dynamics Review, 22(2): 141-162.

Meadows D H, Randers J, Meadows D L, et al. 1974. The Limits to Growth: A Report for the club of Rome's Project on the Predicament of Mankind [M]. New York: Universe Books.

Oliva R. 2016. Structural dominance analysis of large and stochastic models [J]. System Dynamics Review, 32(1): 26-51.

Saleh M, Oliva R, Kampmann C E, et al. 2010. A comprehensive analytical approach for policy analysis of system dynamics models[J]. European Journal of Operational Research, 203(3): 673-683.

Sanders R. 2006. A market road to sustainable agriculture? Ecological agriculture, green food and organic agriculture in China[J]. Development and Change, 37(1): 201-226.

Senge P M. 1990. The fifth Discipline: The Art and Practice of the Learning Organization[M]. New York: Doublelay, 30(5): 37.

Sterman J D. 2000. Business Dynamics: Systems Thinking and Modeling for a Complex World[M]. Boston, MA: Irwin/McGraw-Hill.

Yücela G, Barlasb Y. 2011. Automated parameter specification in dynamic feedback models based on behavior pattern features[J]. System Dynamics Review, 27(2): 195-215.